日本分光学会
THE SPECTROSCOPICAL SOCIETY OF JAPAN

Near-Infrared Spectroscopy

分光法シリーズ 2
SPECTROSCOPY SERIES

近赤外分光法

YUKIHIRO OZAKI
尾崎幸洋 [編著]

講談社

執筆者一覧 (執筆順)

尾崎 幸洋	関西学院大学 理工学部（1章，2章，付録，編者）
森澤 勇介	近畿大学 理工学部（2章，5.1節）
森田 成昭	大阪電気通信大学 工学部（3.1, 3.2, 3.4節）
新澤 英之	産業技術総合研究所 計測フロンティア研究部門（3.3節，6章）
二見 能資	熊本高等専門学校 生物化学システム工学科（3.5節）
池羽田 晶文	農業・食品産業技術総合研究機構（4章，5.2節）
佐藤 春実	神戸大学 大学院人間発達環境学研究科（5.3節）
源川 拓磨	筑波大学 生命環境系（5.4節）
土川 覚	名古屋大学 大学院生命農学研究科（5.5節）
大塚 誠	武蔵野大学 薬学部（5.6節）
作道 章一	琉球大学 医学部（5.7節）
石川 大太郎	東北大学 大学院農学研究科（6章）

まえがき

　本書は日本分光学会の「分光法シリーズ」の第2巻として発行されるものである．「分光法シリーズ」は分光学会編集委員会の編集方針に基づいて刊行されるもので，その方針はそれぞれの分光学の基礎をしっかりと学ぶことができる本を世に送り出すこと，さらに20年間読み続けられても十分に役に立つ本を出版することである．今から19年前にやはり分光学会から「測定法シリーズ」の一つとして尾崎幸洋，河田 聡 編の『近赤外分光法』が出版されている．この本はその本の改訂版という位置づけもできるが，執筆者は大方が変わり，内容も大幅に書き換えられている．

　本書は6章からなる．第1章では近赤外分光法の歴史的展開が述べられている．19世紀末にすでに最初のスペクトル測定が行われながら，実際に応用研究が始まったのは1960年代になってからという，興味深い歴史が書かれている．第2章は近赤外分光法の基礎に関するもので，その特徴，原理などが解説されている．近赤外分光法は振動分光法でもあると同時に電子分光法でもあるという点も強調されている．第3章のテーマはスペクトル解析である．近赤外分光法の一つの大きな特徴は，スペクトルに多くの倍音，結合音が重なるため，スペクトル解析がしばしば容易でないということである．第3章では振動スペクトル解析の従来法，ケモメトリックス法，二次元相関分光法，量子化学計算法が詳しく述べられている．近赤外バンドの帰属と強度の問題という非常に重要な事柄がこの章で扱われている．第4章は装置と実験法に関するものである．分光器，光源，検出器など近赤外分光光度計のハードとさまざまな試料に対するセルなどについて解説されている．装置と実験法においても近赤外分光はいろいろとユニークな面が多々ある．第5章では物理化学への応用に始まり，溶液化学，高分子，オンライン分析，農業，薬品，医学への応用に至るまで，近赤外の応用が幅広く解説されている．近赤外分光法の応用における多面性がよく理解できるであろう．最後の章は近赤外イメージングに関するものである．イメージングの基礎から応用までがわかりやすく書かれている．付録として基本的な化合物の近赤外スペクトルと近赤外グループ振動数表が掲載されている．

まえがき

　本書は学部3, 4年生から現場の技術者，専門の研究者に至るまで幅広い読者層を想定している．まったくの初心者にでも十分に理解できることを念頭に執筆・編集した．近赤外分光法のおもしろさ，ユニークさを学ぶと同時に，バンドの帰属や強度など注意すべき点などを理解していただければ幸いである．

　本書は執筆者の熱意と情熱の賜物である．最後にこの本を出版するにあたって執筆者の方々，分光学会編集委員会の皆様，特に編集委員長の鈴木栄一郎博士に感謝したいと思います．さらに講談社サイエンティフィクの五味研二さんにはたいへんお世話になりました．五味さんの鋭い質問や親切な示唆によりこの本は格段によくなったと思います．

2015年3月
関西学院大学 理工学部
尾崎幸洋

目　　次

第 1 章　近赤外分光法の発展……………………………………1
　1.1　近赤外光の発見……………………………………………1
　1.2　近赤外スペクトルの測定…………………………………2
　1.3　近赤外分光法の発展………………………………………3

第 2 章　近赤外分光法の基礎……………………………………7
　2.1　近赤外分光法の特色………………………………………7
　　2.1.1　近赤外分光法の概要…………………………………7
　　2.1.2　近赤外スペクトルの例………………………………8
　　2.1.3　近赤外域に観測されるバンドの特徴………………10
　　2.1.4　近赤外分光法の特色…………………………………11
　　2.1.5　近赤外分光法と赤外分光法の比較…………………12
　2.2　近赤外分光法の原理………………………………………14
　　2.2.1　光の吸収と吸収スペクトル…………………………14
　　2.2.2　バンドの強度…………………………………………16
　　2.2.3　ランベルトーベールの法則…………………………17
　2.3　分子の振動…………………………………………………20
　　2.3.1　二原子分子の振動……………………………………20
　　2.3.2　多原子分子の振動……………………………………26
　2.4　非調和性と倍音・結合音…………………………………31
　　2.4.1　非調和性とは…………………………………………31
　　2.4.2　倍音，結合音…………………………………………34
　　2.4.3　フェルミ共鳴…………………………………………35
　2.5　拡散反射法…………………………………………………38

第 3 章　近赤外スペクトル解析法………………………………43
　3.1　近赤外バンドの帰属の仕方………………………………43

v

     3.1.1　グループ振動 ･････････････････････････････････43
     3.1.2　孤立モードとカップリングモード ･････････････44
     3.1.3　重水素置換 ･････････････････････････････････47
  3.2　近赤外スペクトルの前処理 ･････････････････････････49
     3.2.1　ノイズ除去 ･･････････････････････････････････50
     3.2.2　微分スペクトル ･･････････････････････････････52
     3.2.3　差スペクトル ････････････････････････････････55
     3.2.4　ベースライン補正 ････････････････････････････56
     3.2.5　standard normal variate（SNV）･･････････････57
     3.2.6　multiplicative scatter correction（MSC）･････59
  3.3　ケモメトリックス ･････････････････････････････････59
     3.3.1　ケモメトリックスとは ････････････････････････59
     3.3.2　スペクトルデータの行列表記 ･･････････････････60
     3.3.3　主成分分析 ･･････････････････････････････････60
     3.3.4　主成分回帰分析，PLS 回帰分析 ･･･････････････66
  3.4　二次元相関分光法 ･････････････････････････････････75
     3.4.1　二次元相関分光法に用いられるデータセット ･･･76
     3.4.2　二次元相関スペクトルの計算 ･･････････････････77
     3.4.3　二次元相関スペクトルの解釈 ･･････････････････79
     3.4.4　最近の二次元相関分光法 ･･････････････････････81
  3.5　量子化学計算 ･････････････････････････････････････83
     3.5.1　分子振動のシュレーディンガー方程式 ･････････84
     3.5.2　分子軌道計算法 ･･････････････････････････････86
     3.5.3　赤外分光法における量子化学計算 ･････････････87
     3.5.4　近赤外分光法における量子化学計算 ･･･････････90
     3.5.5　最後に ･･････････････････････････････････････95

第 4 章　近赤外分光法の実際 ･････････････････････････････97
  4.1　近赤外分光光度計の構成 ････････････････････････････97
     4.1.1　分光光度計内部の構成 ････････････････････････97
     4.1.2　光源 ･･98
     4.1.3　分光方式 ･･･････････････････････････････････102
     4.1.4　試料室と光ファイバー ･･･････････････････････114

	4.1.5	検出器	115

      4.1.5　検出器······115
      4.1.6　光学材料など······116
      4.1.7　近赤外分光法におけるノイズ除去······118
  4.2　近赤外スペクトルの測定法······120
      4.2.1　近赤外分光測定の概要······121
      4.2.2　具体的な試料の配置······121
      4.2.3　光路長の最適化······123
      4.2.4　リファレンスの選択······125
      4.2.5　測定条件······126
      4.2.6　ルーチン分析の注意点······127
      4.2.7　まとめ······129

第5章　近赤外分光法の応用······131
  5.1　構造化学······132
      5.1.1　水······132
      5.1.2　マトリックスの中の水二量体······134
      5.1.3　脂肪酸の水素結合······135
      5.1.4　イオン液体の構造······137
      5.1.5　C＝O伸縮振動の倍音······138
      5.1.6　電場変調近赤外分光法による結合音の研究······140
  5.2　溶液化学······142
      5.2.1　水素結合状態の基本的な見かた······142
      5.2.2　OH伸縮振動の解析······146
      5.2.3　CH伸縮振動の解析······152
  5.3　高分子化学······156
      5.3.1　近赤外イメージング法によるポリマーブレンドの相互作用の解析···156
      5.3.2　近赤外分光法による高分子の結晶構造形成過程の追跡······162
  5.4　プロセス分析······167
      5.4.1　プロセス分析と近赤外分光法······167
      5.4.2　ラボ分析との比較······168
      5.4.3　アルコール発酵のモニタリング······171
      5.4.4　プロセス分析の今後の展開······176
  5.5　農業・食品分析······179

5.5.1　作物生産学分野・・179
　5.5.2　園芸科学分野・・183
　5.5.3　土壌学分野・・188
　5.5.4　食品科学分野・・189
　5.5.5　水圏科学分野・・191
　5.5.6　動物科学分野・・193
　5.5.7　森林圏科学分野・・・195
5.6　医薬品分析・・200
　5.6.1　打錠工程における錠剤硬度と空隙量のオフライン同時予測・・・・・・・・201
　5.6.2　顆粒の製造工程のインラインモニタリング・・・・・・・・・・・・・・・・・・・・・204
　5.6.3　顆粒の製造工程における水和物転移のモニタリング・・・・・・・・・・・・・207
5.7　医学への応用・・212
　5.7.1　脳機能解析・・215
　5.7.2　臨床検査への応用・・・218
　5.7.3　おわりに・・223

第6章　近赤外イメージング・・229
6.1　近赤外イメージングの原理と装置・・・・・・・・・・・・・・・・・・・・・・・・・・・・・・・・230
　6.1.1　近赤外イメージングの原理・・・・・・・・・・・・・・・・・・・・・・・・・・・・・・・・・・230
　6.1.2　近赤外イメージング装置の特徴・・・・・・・・・・・・・・・・・・・・・・・・・・・・・・232
　6.1.3　近赤外イメージング装置の実際・・・・・・・・・・・・・・・・・・・・・・・・・・・・・・233
6.2　近赤外イメージングの応用・・・・・・・・・・・・・・・・・・・・・・・・・・・・・・・・・・・・・・238
　6.2.1　医療品製造工程のプロセスモニタリングおよび品質評価・・・・・・・・・238
　6.2.2　高分子分析への応用・・243

付録A　さまざまな物質の近赤外スペクトル・・・・・・・・・・・・・・・・・・・・・・・・・・・249
付録B　グループ振動数表・・・269
索引・・・274

第1章 近赤外分光法の発展

　この20年ばかりの間に近赤外分光法は国内外で大きく発展し，基礎研究から応用に至るまで，さまざまな分野で用いられるようになってきた．近赤外分光法は基礎・応用の両面で非常にユニークな分光法といえる．倍音，結合音を扱う分光法であるため，基礎研究においては分子振動の非調和性や振動のポテンシャルの研究の中心となる．一方，近赤外光は透過性にすぐれるため，非破壊分析やその場分析などの応用に非常に向いている．この点が赤外分光法や紫外可視分光法に比べて際立った特徴である．

1.1 ■ 近赤外光の発見

　今日でいう近赤外光を最初に発見したのは，望遠鏡（Herschel 望遠鏡）でも有名な英国の Herschel である（1800 年）．今から 200 年ほど前，Herschel は太陽光とプリズム，温度計を用いて，プリズムで分けられた太陽光の紫から赤の色の違いにより，温度計の温度上昇がどのように変化するかを研究していた．**図 1.1.1** はその実験の様子を描いたものである．この実験の過程において，おそらく偶然と思われるが，赤より外側の領域においても顕著な温度上昇が生じることを見出した．そして可視光とは質の異なる輻射が存在すると考え，熱線と名付けた．当時としては大発見であったが，これが波長の長い光であるとまでは考えが及ばず，熱線としたわけである．Herschel はこのときすでに 62 歳であった．当時の 62 歳といえば今では 80 歳ぐらいに相当するであろう．いかに彼が探究心に満ちて，しかも鋭い観察力をもっていたかがわかる．

　その後，この「熱線」の研究が進み，「熱線」は単に可視光線に比べて波長の長い，眼に見えない光であることがわかった．このことをきちんと確認したのは Ampère で，1835 年のことである．このとき赤の外，すなわち "infra-red"（ラテン語で赤を越えるという意味）という名がつけられた．可視光線も赤外線も同じ電磁波であることを理論的に明らかにしたのは Maxwell で（1864 年），さらに実験的に Hertz がそれを証明した（1888 年）．

第 1 章　近赤外分光法の発展

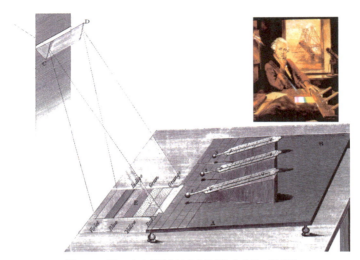

図 1.1.1　Herschel が近赤外光を発見した実験の模式図

1.2 ■ 近赤外スペクトルの測定

　1880 年代に入ると可視，近赤外，赤外域のスペクトル測定が行われるようになった．その中心になったのが Abney と Festing である．彼らは写真乾板を用いていろいろな有機化合物のスペクトルを測定した．近赤外スペクトルについては 700 nm から 1200 nm の範囲のスペクトルが 1880 年代に報告されている．量子論や量子力学が生まれるかなり前からスペクトル測定が活発であったというのは興味深い．1892 年に Julius によってボロメーター（電磁波のエネルギーを検出する装置）が発明されると，写真乾板に代わり機器による放射エネルギーの測定が可能となり，分子スペクトルの測定が飛躍的に拡がった．

　20 世紀に入ってまず盛んになった分子スペクトルの測定は赤外スペクトルで，驚くべきことに 20 世紀初頭には赤外スペクトルチャート集が作成されている．量子力学の誕生（1926 年）よりも先にチャート集が作られたのである．赤外スペクトルは官能基の分析に適しており，得られる情報は分子の指紋ともいえるほど価値が高いので，早いうちから化学者に注目された．一方，近赤外スペクトルは解析が難しいため，その進歩はかなり遅れた．本格的に近赤外スペクトルの測定が行われたのは，1930 年以降のことである．1930 年に Brakett により分光光度計が開発さ

れたのを皮切りに，可視，近赤外域の機器の開発は飛躍的に進んだが，近赤外分光法の研究は細々と続けられた程度であった．研究の中心は基礎的なもの，例えば，非調和性の研究などであった．1954年に革命的ともいえる分光光度計Carey14がApplied Physics社から市販され，近赤外分光法の研究がかなり進歩した．また1950年，1960年代には近赤外分光法に関する総説がいくつか出版された[1~3]．その後，非調和定数などの地道な研究が進められる中で，一部の研究者が水素結合の研究における近赤外分光法の有効性に気づき，論文が報告されるようになった．注目すべきものとして1963年のBujisとChoppinによる水の研究，Sandorfyによる非調和性と水素結合の関係の研究などがある．

当時出版された総説の中にはすでに，近赤外分光法の特徴として，スペクトル測定における試料調製が簡単で，赤外スペクトル測定に比べて大量の試料をそのまま使った測定が可能であるという記述がある．しかし倍音，総合音からなる複雑な近赤外スペクトルをどのように解析し，有益な情報を引き出すのかは，大きな問題となって立ちはだかった．近赤外分光法にとって「眠れる巨人」の時代ともいえるだろう．

1.3 ■ 近赤外分光法の発展

実用的にはほとんど役に立たず，一部の分光学者にのみ知られていた近赤外分光法を実際に役に立つ分光法として確立したのは，米国農務省（USDA）ベルツビル農業研究センターで農産物の非破壊分析の研究をしていたKarl Norrisらのグループであり，1955年頃のことである．第二次世界大戦が終わって10年ばかりが経ち，米国ではすでに農畜産物の品質評価が重要になっていた．Norrisらは当時，紫外線や可視光線を用いて鶏卵などの農畜産物の非破壊分析の研究を行っていた．彼らは穀物の赤外線乾燥の研究の最中に近赤外線と出会う．加熱効率の高い赤外線の波長を探す中で，穀物が近赤外域に吸収帯を有することを見出し，これが近赤外分光法による穀物中の水分定量の研究へとつながったのである．

Norrisらは近赤外分光法が非破壊分析法としてすぐれている点に着目し，複雑な農産物の近赤外スペクトルから水分量などの必要な情報を定量的に得る方法を考えた[4]．最初は単回帰式による検量線に基づく定量分析を行っていたが，この方法では限界があることにすぐに気がついた．そこで用いたのが重回帰分析である．およそ従来の分光学者では考えられないアイデアでスペクトルの解析に挑戦したわけ

である．Norris らが分光学者でなかったということが逆に幸いしたといえる．

　Norris らは光学的技術やエレクトロニクスに長けており，近赤外光用の分光器を自ら数多く開発した．また当時発展しつつあったコンピュータを測定系に取り入れ，分光器の操作からスペクトル解析に至るまでコンピュータを用いて行った．当時のベルツビルには Williams（カナダ），McClure（米国），岩元（日本）ら世界中からすぐれた農学研究者が集まり，まさに梁山泊のごとくという状態であった．彼らは，近赤外分光器やスペクトル解析法の開発だけでなく，さまざまな応用への展開を行った．スペクトルに統計的方法を用いて定量・定性分析する方法はその後ケモメトリックスとして大きく発展することになる．今日，Norris が「近赤外分光学の父」と呼ばれるのも当然のことといえよう．

　Norris の他にもう一人，近赤外分光学の分野を大きく発展させた研究者に Jobsis がいる．彼は 1977 年にネコやヒトの頭，あるいはイヌの心臓に照射した近赤外光の透過光の検出に成功し，さらにこの透過光量が動物の呼吸状態によって変動することを示した．この研究はまさに近赤外分光法の医学応用への先駆的研究である．Norris らの研究が近赤外振動分光法の応用であるのに対し，Jobsis の研究は近赤外電子分光法の応用である．

　Norris や Jobsis の研究が土台となり，近赤外分光法は 1980 年代，1990 年代に大きく発展した．最初は，統計的方法をスペクトル解析に用いることに懐疑的であった分光学者らも近赤外分光法の応用研究に加わった．なかでも Hirschfeld の果たした役割は大きい．近赤外分光法の応用分野は当初，農学・食品分野が中心であったが，次第に石油化学，高分子化学，化学工業，生命科学，医学，医薬品の分野へと拡がっていった[5〜7]．また 1990 年代以降，装置もめざましく発展した．まず 1990 年代半ばからフーリエ変換型の近赤外分光器（FT-NIR）が普及し，その一方で CCD などを検出器とするマルチチャンネル型の分光器も発展した．現在も近赤外域にはいろいろな分光器が参入し，まさに「分光器の戦場」とでもいうべき状況が続いている．前述のケモメトックスの進歩も著しく，特に部分最小二乗（partial least squares, PLS）回帰分析の導入により，近赤外分光法の応用は大きく拡がった．その他，乗法的散乱補正（multiplicative scattering correction, MSC 補正）など前処理法の進歩も重要である．最近では古文化財や美術品の分析，環境科学分析にも近赤外分光法が利用されている．

　この 5〜10 年の間で特に注目されるのは，近赤外イメージング，ハンドヘルド近赤外分光器，オンラインモニタリング，プロセス分析技術（process analysis technology, PAT), 医用診断などであろう.

　さて, 近赤外分光法の基礎研究への応用はどうであろうか. 1980 年代から 1990 年代初めの注目すべき研究として, 谷口, 鈴木による近赤外分光法を用いた氷の構造に関する研究や岩橋らによるオレイン酸の水素結合に関する研究がある[5]. しかし基礎研究への応用が大きく発展するようになったきっかけは, やはり 1990 年代に始まる FT-NIR の進歩であろう. FT-NIR により精度が高いスペクトルが高感度で短時間に測定できるようになり, また FT-NIR と FT-IR を用いて同じ条件で赤外, 近赤外スペクトルを測定し, それらを比較することも可能となった. そして, 尾崎らや Siesler らによりいろいろな有機化合物, 高分子, タンパク質の水素結合, 分子間相互作用, 水和などに関する基礎研究が展開された[5,6]. また, 1990 年代には複雑な近赤外スペクトルを解析するために二次元相関分光法が導入された. さらに応用分野で誕生したケモメトリックスが基礎研究においても用いられるようになった[5〜7]. 基礎研究に関する最近の重要な展開は, 量子化学計算により倍音の振動数や強度を計算できるようになったことである. 実験と理論的研究をあわせた非調和性や振動ポテンシャルの研究も活発になっている.

　近赤外分光法は基礎・応用両面においてますます発展し, 非常に広範囲な分野でユニークな分光法として重要性を増しつつある.

文　献

1) W. Kaye, *Spectrochim. Acta*, **7**, 181（1955）
2) O. H. Wheeler, *Chem. Rev.*, **59**, 629（1959）
3) R. F. Goddu and D. A. Delker, *Anal. Chem.*, **32**, 140（1960）
4) K. H. Norris, *Agric. Eng.*, **45**, 370（1964）
5) 尾崎幸洋, 河田 聡 編著, 近赤外分光法（日本分光学会測定法シリーズ）, 学会出版センター（1996）
6) H. W. Siesler, Y. Ozaki, S. Kawata, and H. M. Heise, *Near-Infrared Spectroscopy, Principles, Instruments, Applications*, Wiley-VCH, Weinhelm（2002）
7) Y. Ozaki, W F. McClure, and A. A. Christy eds., *Near-Infrared Spectroscopy in Food Science and Technology*, Wiley-Interscience, Hoboken（2007）

第2章 近赤外分光法の基礎

2.1 ■ 近赤外分光法の特色

2.1.1 ■ 近赤外分光法の概要

近赤外光は通常,波長 800〜2500 nm(波数 12500〜4000 cm^{-1})の領域の光を指す.この領域は可視域(380〜800 nm;26300〜12500 cm^{-1})と赤外(中赤外)域(2.5〜25 μm;4000〜400 cm^{-1})の中間の領域にあたる.近赤外域の短波長端は,まさに眼に見える(可視)か見えないかの境目であるが,ある程度の強度があれば 785 nm のレーザー光は赤色として見えるので,本書ではきりのよい 800 nm を可視域と近赤外域の境界とする[注1].一方,近赤外域の長波長端を 2.5 μm(4000 cm^{-1})とする理由は,これより短波長側(高波数)には基本音(後述)による吸収バンドが現れないからである(H–F 伸縮振動によるバンドが 3962 cm^{-1} に観測される.H–H 伸縮振動の振動数は 4160 cm^{-1} であるが,振動分光法の選択律により,この振動によるバンドは吸収スペクトルには観測されない).近赤外分光法は近赤外域における光の吸収,発光,反射,拡散反射に基づく分光法である.広い意味での近赤外分光法は近赤外光励起のラマン分光法や近赤外円偏光二色性なども含むが,本書では主に吸収と拡散反射を扱う.近赤外域には倍音,結合音によるバンドだけでなく,電子遷移によるバンドも現れる.したがって,近赤外分光法は振動分光法であるとともに電子分光法でもある.

近赤外域は大まかに領域 I(800〜1200 nm;12500〜8500 cm^{-1}),領域 II(1200〜1800 nm;8500〜5500 cm^{-1}),領域 III(1800〜2500 nm;5500〜4000 cm^{-1})に分けることができる.もちろんこれらの領域の境界は厳密ではない.領域 I は特にユニークで,short-wave NIR(SWNIR;短波近赤外)領域,near NIR("近"近赤外)領域,Herschel 領域など多くのニックネームももつ.領域 I には電子遷移によるバンドと高次倍音,結合音によるバンドが観測されるが,いずれも強度が非常に弱いた

[注1] この可視域と近赤外域の境界について国際的に定められた定義があるわけではない.

め，この領域はきわめて透過性にすぐれる．紫外～可視～赤外域の中で生体に対してすぐれた透過性をもつのはこの領域のみであるため，領域Iは"生体の窓"とも呼ばれている．この"窓"を用いた農産物への応用（第5章5.5節）や生物学・医学への応用（第5章5.7節）が活発に行われている．領域Iで用いられる装置や光学部品は領域II，IIIで用いられるものとしばしば異なる．

領域IIには主に基準振動の第一，第二倍音と結合音が観測される．領域IIIに観測されるのはほとんどが結合音であるが，C＝O伸縮振動の第二倍音も観測される．領域IIIは透過性がかなり悪い．領域II，IIIもさまざまな基礎研究や応用用途に用いられる．

赤外分光と近赤外分光ははっきりと区別することができる．赤外分光では分子振動の基本音と倍音，結合音が観測されるが，近赤外分光では倍音，結合音のみが観測され，基本音が観測されることはない．近赤外域に観測される電子遷移のほとんどは，d-d遷移，電荷移動（charge-transfer, CT）遷移，長い共役系分子のπ-π遷移などである．

2.1.2 ■ 近赤外スペクトルの例

近赤外分光法の特色について述べる前に，まず近赤外スペクトルの簡単な例を3つあげよう．図2.1.1には透過法を用いて測定した水の近赤外吸収スペクトルを示す．この図では横軸に波数，縦軸に吸光度をとっている．10300 cm^{-1}（970 nm，領域I），6900 cm^{-1}（1450 nm，領域II），5150 cm^{-1}（1940 nm，領域III）付近に観

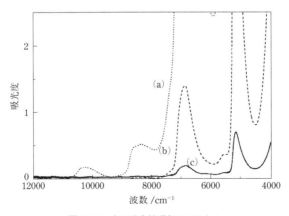

図2.1.1 水の近赤外吸収スペクトル

測されるバンドは，それぞれ水の3つの基準振動 ν_1, ν_2, ν_3（2.3節参照）の結合音 $2\nu_1+\nu_3$, $\nu_1+\nu_3$, $\nu_2+\nu_3$ によるものである．4000 cm^{-1} 付近から低波数側にかけて急に強くなる裾は，水の OH 伸縮振動の基本音（〜3400 cm^{-1}）の裾である．水のバンドは，短波長側にいくにつれて階段状に弱くなっていく．短波長側にいくにつれて透過性が次第に良くなっていくのは，近赤外分光法の特徴の一つである．このように領域によって透過性が異なるということは，透過法の場合には，試料の厚さあるいは濃度に応じて測定領域を選べることを意味する．このことはさらに，どんな試料についても厚さや光路長を幅広く選択できることにつながる．図 2.1.1 に示す3つのスペクトルは，光路長 1 cm(a)，1 mm(b)，0.1 mm(c) のセルを用いて測定したスペクトルである．

図 2.1.2 はピロールの近赤外・赤外吸収スペクトル（9000〜3000 cm^{-1}）である．ピロールの NH 伸縮振動の基本音によるバンドは赤外域（3498 cm^{-1}）に，その第一倍音によるバンドは近赤外域（6857 cm^{-1}）に観測される．強度は基本音から第一倍音になると著しく弱くなる（吸光度で約 1/100）．

次に近赤外電子吸収スペクトルの例を示そう．図 2.1.3 は Co_3O_4，Fe_2O_3，HRGB（High Reflective Green-Black）色素の(a)近赤外電子吸収スペクトル（12000〜4000 cm^{-1}）と(b)その二次微分スペクトル（10000〜5000 cm^{-1}）である[1]．HRGB 色素は $Co_{0.5}Mg_{0.5}Fe_{0.5}Al_{1.5}O_4$ の組成をもつ．二次微分スペクトルをみると HRGB が多くのバンドをもつことがわかる．Co_3O_4 のバンドは d–d 遷移によるもの，Fe_2O_3 の裾は CT 遷移によるものである．HRGB のバンドは主に Co_3O_4 の d–d 遷移によ

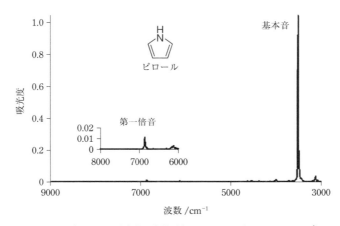

図 2.1.2　ピロールの近赤外・赤外吸収スペクトル（9000〜3000 cm^{-1}）

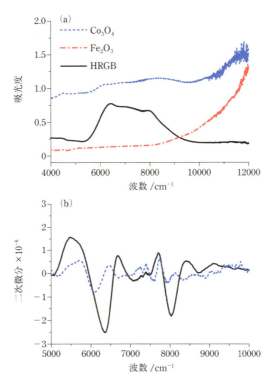

図 2.1.3 Co_3O_4, Fe_2O_3, HRGB (High Reflective Green-Black) 色素の(a)近赤外電子吸収スペクトル (12000〜4000 cm^{-1}) と(b)その二次微分スペクトル (10000〜5000 cm^{-1})
[Y. Morisawa, S. Nomura, K. Sanada, and Y. Ozaki, *Appl. Spectrosc.*, **66**, 666 (2012)]

るものである.

近赤外電子吸収スペクトルの例として 5.7 節(図 5.7.1)に酸素化型と脱酸素化型のヘモグロビンとミオグロビンのスペクトルが示されている.

2.1.3 ■ 近赤外域に観測されるバンドの特徴

近赤外域に観測されるバンド(以下,近赤外バンド)の特徴をまとめると以下のようになる.なお,ここでは振動バンドのみを考える.
(1) 近赤外バンドは赤外バンドに比べはるかに弱い.これは近赤外バンドは調和振動近似の下では禁制遷移に基づくバンドであるためである
(2) バンドの帰属は一般に容易ではない.これは,多数の倍音や結合音によるバン

ドが重なったり，フェルミ共鳴によるバンドが現れるためである．
(3) 近赤外域に現れるバンドは，水素原子を含む官能基（OH，NH，CH など；XH と表す）によるバンドが圧倒的に多い．つまり，近赤外分光法は XH 分光法といえる．その理由は，XH 結合の非調和性（後述）が大きいこと，および，XH 伸縮振動によるバンドが赤外域の高波数域に現れることである．なお，XH 伸縮振動の倍音・結合音以外で近赤外域に観測されるのは，C=O 伸縮振動の第二倍音ぐらいである．C=C 伸縮振動は，=C-H 伸縮振動や CH_2 逆対称伸縮振動との結合音という形で近赤外域に観測される．
(4) 赤外スペクトルの場合と同様に，水素結合や分子間の相互作用によって特定のバンドにシフトが起こるが，そのシフトの大きさは，赤外バンドの場合に比べてはるかに大きい．
(5) アルコールの単量体（モノマー），二量体（ダイマー），…，多量体（オリゴマー）などの遊離した OH，NH 基と水素結合した OH，NH 基による伸縮振動バンドは，赤外域よりも近赤外域でより明確に分離する．赤外域に観測される基本音では，水素結合した OH，NH 基のバンドの吸収強度は遊離あるいは末端 OH，NH 基によるバンドに比べて増大する．よって，遊離あるいは末端 OH，NH 基は水素結合したものに隠れてはっきりと観測されない場合もある．一方，近赤外域に観測される倍音では，水素結合した OH，NH 基のバンドの吸収強度は，遊離あるいは末端 OH，NH 基によるバンドと比べて同程度か，むしろ基本音とは逆に減少する（3.5.4 項参照）．よって，遊離や末端モノマーの OH，NH 基に関しては倍音を用いれば，赤外分光法よりも容易にモノマーからオリゴマーの形成過程，あるいはオリゴマーからモノマーへの解離過程を追跡することができる．

2.1.4 ■ 近赤外分光法の特色

近赤外分光法の特色についてまとめると次のようになる．

[基礎研究の立場から]
(1) 倍音，結合音，非調和性，振動ポテンシャルなどの研究に用いることができる．
(2) 水素結合，分子間，分子内相互作用，水和などの研究においてユニークな情報が得られる．
(3) 電子分光法として，d-d 遷移，CT 遷移などの電子遷移についての情報が得られる．

[応用の立場から]

(1) 固体，粉体，繊維，フィルム，ペースト，液体，溶液，気体などさまざまな状態にある試料に適用することができる．また，いろいろな形や厚さの試料に用いることができる．
(2) 非破壊，その場分析法である．
(3) 非接触分析あるいは光ファイバーによる分析も可能である（危険な環境にプローブを置き，遠隔操作を行うことも可能である）．そのため，オンライン分析に向いている．
(4) 水溶液系での測定が赤外分光法よりも容易である．
(5) いろいろな光路長のセルを用いてスペクトルが測定できる．赤外分光法では水溶液などの場合，薄いセルやATRセルを用いることが多いので，しばしばセルへの吸着が問題となるが，近赤外分光法ではそのような問題は少ない．
(6) 近赤外分光法ではガラスや光ファイバーなど安価で耐久性の高い応用に適した素材を使うことができる．

2.1.5 ■ 近赤外分光法と赤外分光法の比較

　近赤外分光法を学ぶには，よく知られている赤外分光法と比較するのがやはり一番である．スペクトルの例をあげて近赤外分光法と赤外分光法を比較しよう．

　図 2.1.4(a)，(b)は，それぞれ液体のオクタン酸の赤外スペクトルと近赤外スペクトルである．また，**図 2.1.5**(a)は赤外スペクトルの $1800 \sim 1600 \, \mathrm{cm}^{-1}$ の領域の拡大図である．赤外スペクトルで特徴的なのは，$3000 \sim 2800 \, \mathrm{cm}^{-1}$ の領域の一群のバンドと $1712 \, \mathrm{cm}^{-1}$ の非常に強いバンドである．$2930 \, \mathrm{cm}^{-1}$ と $2858 \, \mathrm{cm}^{-1}$ のバンドはそれぞれ CH_2 基の逆対称伸縮振動と対称伸縮振動（後述，図 2.3.5）によるものである．一方，$2957 \, \mathrm{cm}^{-1}$ と $2875 \, \mathrm{cm}^{-1}$ に観測されるバンドは CH_3 基の縮重伸縮振動と対称伸縮振動に帰属される．$1712 \, \mathrm{cm}^{-1}$ の強いバンドは水素結合した C=O 基の伸縮振動によるバンドであり，$1712 \, \mathrm{cm}^{-1}$ のバンドの高波数側（$\sim 1745 \, \mathrm{cm}^{-1}$）にある非常に弱いバンド（図 2.1.5(a)）は水素結合していない C=O 基の伸縮振動によるものである．$1712 \, \mathrm{cm}^{-1}$ の C=O 伸縮振動の第一倍音が $3400 \, \mathrm{cm}^{-1}$ 付近に観測されるはずであるが，その吸光度が小さいためこのスペクトルのスケールではみえない．$3200 \sim 2400 \, \mathrm{cm}^{-1}$ 付近に観測されるブロードなバンドは水素結合した OH 基の伸縮振動によるバンドである．このようにカルボン酸の赤外スペクトルからは C=O 基に関する情報ははっきりと得られるが，OH 基に関する情報は得られにくい．

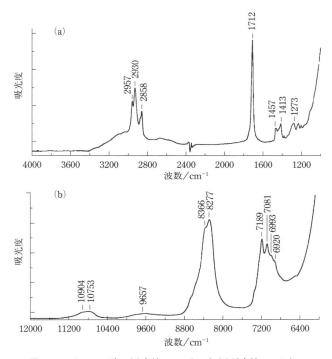

図 2.1.4 オクタン酸の(a)赤外スペクトルと(b)近赤外スペクトル

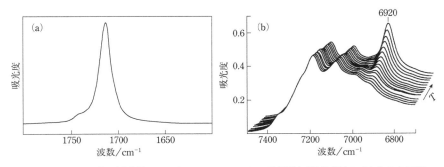

図 2.1.5 オクタン酸の(a)赤外スペクトルの 1800〜1600 cm^{-1} 領域と(b)近赤外スペクトルの 7500〜6700 cm^{-1} 領域の温度変化 [2]

さて次に近赤外スペクトルをみてみよう．11000〜10500 cm^{-1} 付近に観測されるバンドは，CH$_2$ 基と CH$_3$ 基の CH 伸縮振動の第三倍音あるいは種々の結合音によるものである．8700〜8100 cm^{-1} に観測される強いバンドは，CH 基の伸縮振動の

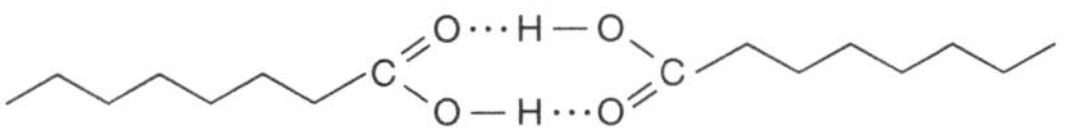

図 2.1.6　カルボン酸のリングタイマー

第二倍音あるいは種々の結合音に帰属される．7300〜6800 cm^{-1} の領域には多くの結合音（CH 伸縮振動の第一倍音と CH 変角振動の結合音など）が観測されるが，6920 cm^{-1} のバンドには結合音の他に水素結合をしていないオクタン酸の OH 伸縮振動の第一倍音が重なっている．図 2.1.5(b)はオクタン酸の 7450〜6700 cm^{-1} の領域の近赤外スペクトルの温度変化を示した．温度が上昇するにつれて 6920 cm^{-1} のバンドだけが強度を増すことがわかる．これは温度の上昇とともに，一部の二量体（リングタイマー，図 2.1.6）が解離し，遊離の OH 基が生じるためである．このように近赤外スペクトルでは C＝O 基に関する情報は得にくいが，遊離の OH 基をはっきりととらえることができる．赤外スペクトルと近赤外スペクトルの違いと相補性が見事にみられる例である．

2.2 ■ 近赤外分光法の原理

2.2.1 ■ 光の吸収と吸収スペクトル

　近赤外分光法においても，紫外・可視分光法，赤外分光法と同様に吸収分光法が基本となる．分子の吸収スペクトルが観測されるのは，ある波長域の光を分子に照射すると，その分子は特定の波長 λ の光を吸収し，低いエネルギー状態（始状態）から高いエネルギー状態（終状態）に遷移するからである．波長 λ の光（振動数 ν ＝ c/λ；c は光速）は hν（h はプランク定数）というエネルギーをもつので，吸収する光のエネルギーと分子のエネルギー状態の関係を式で表すと次のようになる．

$$h\nu = E_n - E_m \tag{2.2.1}$$

E_m, E_n はそれぞれ始状態と終状態のエネルギーを表す．式(2.2.1)の条件を**ボーアの振動数条件**という．ここで注意しなければならないのは，ボーアの条件が満足されれば必ず吸収が起こるというわけではない点である．遷移はある確率（遷移確率）をもって起こる．これについては後に述べる．

　図 2.2.1 には分子のエネルギー準位を示す．この図に示すように，分子のエネルギー準位は，**電子エネルギー準位**（E_1, E_2, …），**振動エネルギー準位**（$v = 0$, 1,

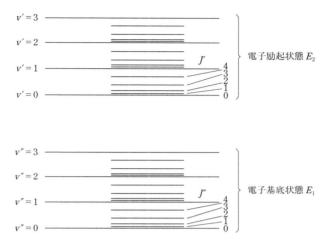

図 2.2.1 分子のエネルギー準位
E_1, E_2：電子エネルギー準位，$v'' = 0$, 1, 2, …，$v' = 0$, 1, 2, … ：振動エネルギー準位，$J'' = 0$, 1, 2, …，$J' = 0$, 1, 2, … ：回転エネルギー準位．

2, …)，**回転エネルギー準位**（$J = 0$, 1, 2, …）からなる．これらの準位は分けて考えることができる．各電子準位にはそれに応じた振動準位があり，それぞれの振動準位にはそれに応じた回転準位がある．やや大雑把にいえば，電子状態が異なると電子の配置が変わり，分子の形が変わるので，それに応じて異なる振動状態が決定される．振動状態が変われば分子の大きさが変わるので，それに応じて異なる回転状態が存在する．電子エネルギー準位，振動エネルギー準位，回転エネルギー準位間の間隔は大きく異なり，それぞれおよそ数万 cm^{-1}，数千～数百 cm^{-1}，数十 cm^{-1} 以下であるので，遷移を引き起こすのに必要な光の波長域は，それぞれ紫外・可視域，赤外域，遠赤外～マイクロ波域になる．**表 2.2.1** には，各分光法に用いられる光の波長・振動数と関係する分子の遷移を示した．

電子エネルギー準位間，振動エネルギー準位間，回転エネルギー準位間の遷移に相当するのが，電子分光法（紫外・可視分光法），振動分光法（赤外分光法），回転分光法（遠赤外／マイクロ波分光法）である．なお，遠赤外域には振動スペクトルも観測されるので，遠赤外分光法は振動分光法でもある．

近赤外光はエネルギー的には可視光と赤外光の間で，その領域の光を分子に照射すると，すでに述べたように分子の結合音や倍音に相当する遷移が起こる．また電子遷移も起こる．他の分光法と近赤外分光法が明確に異なるのは，近赤外分光法が

第2章 近赤外分光法の基礎

表 2.2.1 それぞれの分光法に用いられる光の波長（波数・振動数）と関係する分子の遷移

分光法	波長（波数・振動数）の範囲	関係する分子の遷移
遠紫外分光法	140〜200 nm, 71430〜50000 cm^{-1}	電子遷移（リュードベリ遷移なども観測される）
紫外・可視分光法	200〜800 nm, 50000〜12500 cm^{-1}	電子遷移
近赤外分光法	800〜2500 nm, 12500〜4000 cm^{-1}	電子遷移，振動遷移の倍音，結合音
赤外分光法	2.5〜25 μm, 4000〜400 cm^{-1}	振動遷移
遠赤外分光法	25 μm〜1 mm, 400〜10 cm^{-1}	振動遷移，回転遷移
テラヘルツ分光法	333〜3.3 cm^{-1} (0.1〜10 THz)	振動遷移，回転遷移
マイクロ波分光法	1 mm〜1 m (30 GHz〜300 MHz)	回転遷移

もっぱら禁制遷移を扱うという点である（先述のようなCT遷移などの電子遷移の場合を除く）。

2.2.2 ■ バンドの強度

ある分子の吸収スペクトルを測定するといくつかのバンドが観測されるが、それらのバンドは吸収極大の波長、強度、および線幅によって特徴づけられる。そのうちバンドの強度を決める重要な要素は、占有数と選択律である。

A. 占有数

特定のエネルギー状態にある分子の数を占有数という。熱平衡状態では占有数はボルツマンの分布則によって決まる。ボルツマンの分布則によれば、エネルギー E_m と E_n をもつ、2つの状態にある分子の数（それぞれ N_m と N_n とする）の比は、

$$\frac{N_n}{N_m} = \exp\left(-\frac{E_n - E_m}{k_B T}\right) \tag{2.2.2}$$

となる。ここで、k_B はボルツマン定数、T は絶対温度である。いま、室温において基底振動エネルギー準位と第一励起振動エネルギー準位に存在する分子数の比を考えると、$E_n - E_m \approx$ 数千〜数百 cm^{-1}、$k_B T \approx 200$ cm^{-1} なので、$N_n/N_m \approx 1/\mathrm{e}$〜$1/\mathrm{e}^{20}$ となる。このことは、振動基底エネルギー準位以外の占有数はほんのわずかであることを示している。したがって、振動スペクトルに現れるバンドは通常、基底状態からの遷移によるものであると考えてよい。

B. 選択律

一般に分光学では，選択律によって許される遷移（**許容遷移**）と許されない遷移（**禁制遷移**）とに分けられる．ここでは，赤外分光の選択律について概説する．いうまでもなく，赤外分光の選択律は，近赤外分光の選択律の基礎となる．

赤外分光の選択律は「一般に（調和振動子近似（2.3 節）の下で）振動量子数 v が ±1 だけ変化する遷移が許容遷移となり，それ以外の遷移は禁制遷移となる」と「ある分子振動によって**遷移双極子モーメント**が変化する場合に限り，赤外吸収が観測される」である．これら 2 つの選択律は以下に述べるように，電磁波の吸収（または放出）の量子力学的取り扱いから導かれる．

始状態と終状態の波動関数をそれぞれ ψ_m，ψ_n とすると，遷移双極子モーメント μ_{nm} は次式のように計算することができる．

$$\mu_{nm} = \int_{-\infty}^{\infty} \psi_n \mu \psi_m \mathrm{d}Q \tag{2.2.3}$$

ここで，μ は分子の電気双極子モーメント，Q は基準座標（2.3 節で説明）である．μ_{nm} が有限の値をもつ場合にその遷移は許容遷移となり，μ_{nm} が 0 の場合は禁制遷移となる．遷移確率は μ_{nm}^2 に比例する．分子振動にともなって生じる一時的な双極子モーメントのことを遷移双極子モーメントというが，振動遷移が起こるためには，この遷移双極子モーメントの発生が必要である．μ_{nm} の計算式から 2 つの選択律を導くことができるが，それについては 2.3 節で説明する．

2.2.3 ■ ランベルト－ベールの法則

バンドの強度の測定面での尺度は**ランベルト－ベールの法則**に従うので，しばしばこの法則に基づいて定量分析が行われる．この法則は紫外・可視，赤外分光法だけでなく，近赤外分光法においてももちろん有用である．ランベルト－ベールの法則について説明する前に，まず光の**透過率** T と**吸収率** E を定義しよう．

いま，平行光束が**図 2.2.2** に示すような厚さ d（単位 cm）の透明体に入射した場合を考える．平行光束の入射位置における強度を I_0，透明体を通過した後の強度を I_t とすると，透過率 T は

$$T = \frac{I_t}{I_0} \tag{2.2.4}$$

となる．すなわち，透過率 T は「入射光の強度 I_0 に対する透過光 I_t の強度の比」として定義される．一方，吸収率 E は「入射光の強度 I_0 に対する吸収された光の

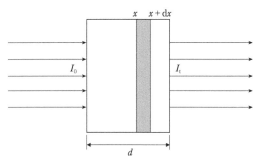

図 2.2.2 試料による光の吸収

強度 I_a の比」

$$E = \frac{I_a}{I_0} \tag{2.2.5}$$

として定義される．透明体は光を散乱せず，非蛍光性であると仮定すると，

$$I_0 = I_a + I_t \tag{2.2.6}$$

が成立する．したがってこの場合は，

$$E + T = 1 \tag{2.2.7}$$

となる．

次に入射光が減衰する様子を数式で表そう．図 2.2.2 の透明体中に厚さ dx の薄層を考え，入射光が x から $x+dx$ に進むことで，その入射断面積あたりの強度が i（J m^{-2} s^{-1}）から $i+di$ に減衰したとする．入射した光の粒子（フォトン，光子）が，透明体試料の分子と衝突したときにある一定の確率で吸収されて消えるとすると，このときの減衰量 di は，入射光強度 i，試料の濃度 c（mol dm^{-3}），距離 dx に比例する．

$$-di = \varepsilon^* i c \, dx \tag{2.2.8}$$

ここで，ε^* は比例定数である．位置 0 および d（厚さ）における光の強度をそれぞれ I_0，I_t として式(2.2.8)を 0 から d の範囲で定積分すると，

$$-\int_{I_0}^{I_t} \frac{di}{i} = \varepsilon^* c \int_0^d dx \tag{2.2.9}$$

よって

$$I_\mathrm{t} = I_0 \exp(-cd\varepsilon^*) \tag{2.2.10}$$

が得られる．式(2.2.10)は，光の強度が試料の厚みに応じて指数関数的に減衰することを示している．これをランベルト—ベールの法則という．この法則は，10の累乗とした

$$I_\mathrm{t} = I_0 \cdot 10^{-cd\varepsilon} \tag{2.2.11}$$

を式変形して常用対数で表した

$$A = \log\left(\frac{I_0}{I_\mathrm{t}}\right) = \log\left(\frac{1}{T}\right) = cd\varepsilon \tag{2.2.12}$$

の形で用いられることが多い．ただし

$$\varepsilon = 0.434\varepsilon^* \tag{2.2.13}$$

である．$A = \log(I_0/I_\mathrm{t})$ を**吸光度**（absorbance）という．通常，吸収スペクトルの縦軸にはこの吸光度がとられ，吸光度は物質の濃度 c と光路長 d に比例する．比例定数 ε は特定の波長における吸収の強さを表す尺度で，**モル吸光係数**（molar absorption coefficient）と呼ばれる．式(2.2.12)からわかるように，A は単位をもたない無次元数なので，ε の単位は $\mathrm{M^{-1}\,cm^{-1}}$ となる（SI単位では $\mathrm{mol^{-1}\,dm^3\,cm^{-1}}$）．$\varepsilon$ はもちろん物質固有の値であって，ε と d がわかっていれば，濃度 c を求めることができる．逆に既知の d と c から，ε を決定することができる．一般に式(2.2.12)の吸光度 A を縦軸にとり，横軸に波長または波数変化を表したグラフを吸収スペクトルと呼ぶ．ε は特定の波長に対する値であるから，1つの波長についての ε を測定しても，バンド全体の強度を測定したことにはならない．そこで $\varepsilon(\nu)$ をバンドの範囲で積分した**積分吸収係数** B

$$B = \int \varepsilon(\nu) d\nu \tag{2.2.14}$$

を定義する．この量によって，バンドの強度を表すことができる．強度をもう少し簡単に表す方法として，極大吸収波長におけるモル吸光係数 ε_max を用いる方法がある．通常，文献などに記載されている ε 値とは ε_max のことである．

　実際の測定で注意しなければならないのは，ランベルト—ベールの法則が常に成立するとは限らないということである．ランベルト—ベールの法則からのずれは，

溶質の分子会合（水素結合，溶媒和など）や解離など濃度の変化にともなって ε が変化する場合に起こる．したがって，吸収分光法によって物質の定量を行う場合には，対象とする濃度範囲でのランベルト－ベールの法則の有効性を確かめておく必要がある．

2.3 ■ 分子の振動

　近赤外分光法を理解するためには分子の振動についてしっかりと学んでおく必要がある．多原子分子において，原子核の平衡位置からのずれを元に戻そうとする復元力がフックの法則に従うとする近似を**調和振動子近似**，調和振動子近似の下での振動を**調和振動**という．多原子分子の振動は一般に複雑であるが，調和振動子近似の下では，いかなる分子の振動も**基準振動**（normal vibration）と呼ばれる簡単な振動の重ね合わせで表すことができる．基準振動は分子内での原子核の振動で，分子全体の並進運動や回転運動を含まない．各々の基準振動において，すべての原子は同じ振動数（**基準振動数**）で振動し，また同時にそれぞれの平衡点を通るとする．一般に n 個の原子からなる分子は，$3n-6$ 個（直線分子の場合は $3n-5$ 個）の基準振動をもつ．基準振動は分子の構造で決まり，その振動数は，原子量，力の定数によって決まるので，これらがわかっていれば，基準振動数や基準振動形を計算することができる．

2.3.1 ■ 二原子分子の振動

　ここでは，分子振動のもっとも簡単な例としてまず，二原子分子の振動について考える．

A. 古典力学的方法による二原子分子の振動計算

　HCl（塩化水素）のような二原子分子は常に直線分子であるから，ただ1個（$3\times2-5=1$）の基準振動しかもたない．この振動はいうまでもなく分子が伸びたり縮んだりする伸縮運動である（**図 2.3.1**(a)）．いま，2つの原子核を質量 m_1，m_2 の質点，化学結合をフックの法則に従うバネ（バネ定数を k とする）とみなし（**図 2.3.1**(b)），古典力学によって二原子分子の伸縮振動を記述することを考える．

　図2.3.1(b)に示す質点 m_1，m_2 が Δx_1，Δx_2 だけ変位したとすると，系の位置エネルギー V と運動エネルギー T はそれぞれ以下のようになる．

図 2.3.1 (a) 二原子分子の伸縮振動，(b) 二原子分子のモデル（バネ定数 k のバネで結ばれた 2 つの質点）

$$V = \frac{1}{2}k(\Delta x_2 - \Delta x_1)^2 \tag{2.3.1}$$

$$T = \frac{1}{2}m_1\dot{x}_1{}^2 + \frac{1}{2}m_2\dot{x}_2{}^2 \quad \left(\dot{x}_i = \frac{\mathrm{d}x_i}{\mathrm{d}t}\right) \tag{2.3.2}$$

ここで，T を以下のように書き換える．

$$T = \frac{1}{2}\frac{(m_1\dot{x}_1 + m_2\dot{x}_2)^2}{m_1 + m_2} + \frac{1}{2}\frac{m_1 m_2}{m_1 + m_2}(\dot{x}_1 - \dot{x}_2)^2 \tag{2.3.3}$$

この V と T を**ラグランジュの運動方程式**

$$\frac{\mathrm{d}}{\mathrm{d}t}\left(\frac{\partial T}{\partial \dot{x}_i}\right) + \frac{\partial V}{\partial x_i} = 0 \tag{2.3.4}$$

に代入した式を解くことにより系の運動を記述することができる．式(2.3.1)，(2.3.3)の V, T をラグランジュの運動方程式(2.3.4)に代入する前に次のような新しい座標 Q と X を導入する．

$$Q = \sqrt{\mu}(\Delta x_2 - \Delta x_1) \tag{2.3.5}$$

$$X = \frac{m_1 \Delta x_1 + m_2 \Delta x_2}{\sqrt{m_1 + m_2}} \tag{2.3.6}$$

ここで，μ は次式で定義される換算質量である．

$$\mu = \frac{m_1 m_2}{m_1 + m_2} \tag{2.3.7}$$

Q は質点間の距離の変化に関する座標（基準座標），X は系の重心の変位に関する座標（重心座標）である．Q と X を用いると後でわかるように分子の運動を振動運動(Q)と並進運動(X)に分けることができる．さて Q と X を用いて位置エネルギー V と運動エネルギー T を書き改めると，次のようになる．

$$V = \frac{1}{2}k \cdot \frac{Q^2}{\mu} \tag{2.3.8}$$

$$T = \frac{1}{2}\dot{Q}^2 + \frac{1}{2}\dot{X}^2 \qquad (2.3.9)$$

この V と T をラグランジュの運動方程式に代入すると，まず座標 X に関しては（$x_i = X$）

$$\ddot{X} = 0 \qquad (2.3.10)$$

が得られる．これは位置エネルギーによる束縛のない自由な並進運動を表す．次に，座標 Q に関するラグランジュの運動方程式（$x_i = Q$）から

$$\frac{d^2 Q}{dt^2} + k\frac{Q}{\mu} = 0 \qquad (2.3.11)$$

が得られる．式(2.3.11)のような微分方程式の一般解は次のような形で与えられる．

$$Q = Q_0 \cos 2\pi \nu t \qquad (2.3.12)$$

式(2.3.12)は図 2.3.1 の系が振動数 ν，振幅 Q_0 で単振動していることを意味する．式(2.3.12)を式(2.3.11)に代入すると

$$\left(-4\pi^2 \nu^2 + \frac{k}{\mu}\right)Q = 0 \qquad (2.3.13)$$

が得られ，結局バネの振動数は，

$$\nu = \frac{1}{2\pi}\sqrt{\frac{k}{\mu}} \qquad (2.3.14)$$

で表される．バネの振動数は分子の振動数に，バネ定数は化学結合の力の定数に相当するので，式(2.3.14)から二原子分子の振動数は力の定数の平方根に比例し，原子の換算質量の平方根に反比例することがわかる．すなわち，分子の伸縮振動数は化学結合が強くなればなるほど，また原子の換算質量が軽くなればなるほど高くなる．

具体的な例を用いて式(2.3.14)を確かめてみよう．H_2 と D_2 の伸縮振動を考えると，H_2 と D_2 とでは力の定数 k は同じである．異なるのは換算質量で，H_2 と D_2 の換算質量 μ_{H_2}，μ_{D_2} はそれぞれ，1/2，1 なので，$\mu_{H_2}/\mu_{D_2} = 1/2$ となる．したがって，式(2.3.14)より H_2 の伸縮振動数は D_2 のそれの $\sqrt{2}$ 倍となるはずである．実際，H_2 と D_2 の実測振動数[注2]はそれぞれ，4160 cm^{-1} と 2944 cm^{-1} であり，約 $\sqrt{2}$ 倍となっている．次に N_2 と O_2 の伸縮振動数を比較してみよう．これらの換算質量 μ はあまり変わらない．しかし，力の定数に関しては N_2 が三重結合で O_2 が二重結合な

ので，N_2 の方が倍近く大きい．したがって，式(2.3.14)から N_2 の伸縮振動数が O_2 のそれの約 $\sqrt{2}$ 倍となることが予測され，実際に N_2 と O_2 の伸縮振動数は 2331 cm^{-1} と 1555 cm^{-1} で約 $\sqrt{2}$ 倍となっている．

B. 二原子分子の振動の量子力学的取り扱い

分子の振動は量子力学によってはじめて厳密に記述できる．量子力学では，まずシュレーディンガーの波動方程式 $\hat{H}\psi = E\psi$ を立て，それを解くことによって固有値 E と固有関数 ψ を求める．振動の全エネルギー H は，運動エネルギー $T = 1/2\dot{Q}^2$（式(2.3.9)，ただし，並進の運動エネルギー $\dot{X}^2$ は 0 とする）と位置エネルギー $V = (1/2)k \cdot (Q^2/\mu)$（式(2.3.8)）の和であるから，

$$H = T + V = \frac{1}{2}\left(\dot{Q}^2 + \frac{k}{\mu} \cdot Q^2\right) \tag{2.3.15}$$

となる．$\dot{Q} = p/\sqrt{\mu}$ を運動量演算子 $-ih/2\pi \cdot (\mathrm{d}/\mathrm{d}Q)$ で置き換えて $\hat{H}$ を計算すると

$$\hat{H} = -\frac{h^2}{8\pi^2} \cdot \frac{\mathrm{d}^2}{\mathrm{d}Q^2} + \frac{1}{2}\frac{k}{\mu}Q^2 \tag{2.3.16}$$

が得られる．これを $\hat{H}\psi = E\psi$ に代入して整理すると，二原子分子の調和振動のシュレーディンガーの波動方程式が得られる．

$$\frac{\mathrm{d}^2\psi}{\mathrm{d}Q^2} + \frac{8\pi^2}{h^2}\left(E - \frac{1}{2}k\frac{Q^2}{\mu}\right)\psi = 0 \tag{2.3.17}$$

この方程式の解き方は多くの成書に詳しく書かれているので，ここでは結果についてのみ説明する．式(2.3.17)は次に与える固有値 E_v

$$E_v = \left(v + \frac{1}{2}\right)h\nu \quad (v \text{ は振動量子数}; v = 0, 1, 2, \cdots) \tag{2.3.18}$$

に対してのみ解をもち，E_v のそれぞれの値に対して固有関数は

$$\psi_v = N_v H_v(\sqrt{\alpha}Q)\exp\left(-\frac{\alpha Q^2}{2}\right) \tag{2.3.19}$$

となる．ここで，N_v は規格化の定数，H_v はエルミート多項式，$\alpha = 4\pi^2\mu\nu/h$ である．H_v は $H_0(Z) = 1$，$H_1(Z) = 2Z$，$H_2(Z) = 4Z^2 - 2$，$H_3(Z) = 8Z^3 - 12Z$，$H_4(Z) = 16Z^4 - 48Z^2 + 12$，$H_5(Z) = 32Z^5 - 160Z^3 + 120Z$，…である．また，$Z = \sqrt{\alpha}Q$ である．

[注2] H_2 と D_2 は等核二原子分子なので，それらの伸縮振動によるバンドは赤外スペクトルには現れずラマンスペクトルに観測される．N_2，O_2 なども同様である．

なお,エルミート多項式は偶関数,奇関数,偶関数,奇関数と変化することに注意されたい.

以上から,$v = 0, 1, 2, 3$ に対する波動関数は次のようになる.

$$\psi_0 = (\alpha / \pi)^{1/4} \exp(-\alpha Q^2 / 2) \tag{2.3.20a}$$

$$\psi_1 = (\alpha / \pi)^{1/4} (2\alpha)^{1/2} Q \exp(-\alpha Q^2 / 2) \tag{2.3.20b}$$

$$\psi_2 = (\alpha / \pi)^{1/4} \left(1/\sqrt{2}\right)\left(2\alpha Q^2 - 1\right) \exp(-\alpha Q^2 / 2) \tag{2.3.20c}$$

$$\psi_3 = (\alpha / \pi)^{1/4} 4\sqrt{\alpha} Q \left(2\alpha Q^2 - 3\right) \exp(-\alpha Q^2 / 2) \tag{2.3.20d}$$

これらの式から明らかなように,調和振動の波動関数は量子数が偶数のときは偶関数に,奇数のときは奇関数になる.**図 2.3.2** に調和振動のポテンシャルエネルギー,波動関数 ψ_v,存在確率 ψ_v^2,エネルギー固有値 E_v を示す.

二原子分子の振動を量子力学で扱うといくつかの点で古典力学的描像と異なる結果を与える.まず第一に最低の状態の振動エネルギーは 0 ではなく,$E_0 = \frac{1}{2}h\nu$ となる.以下,エネルギーはすべてとびとびの値,つまり $E_1 = \frac{3}{2}h\nu$, $E_2 = \frac{5}{2}h\nu$, $E_2 = \frac{5}{2}h\nu$, $E_3 = \frac{7}{2}h\nu$, …をとり,隣接エネルギー準位間の間隔は常に $h\nu$ となる.もう1つの

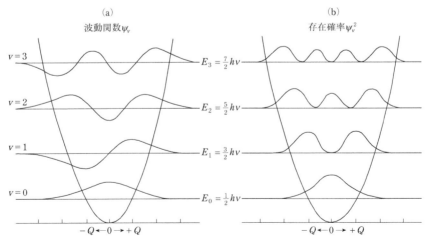

図 2.3.2 調和振動のポテンシャルエネルギー,波動関数,存在確率,エネルギー固有値 存在確率は波動関数の二乗となる.

大きな相違は，分子振動の振幅である．古典力学では二原子分子の振幅，すなわち存在確率がポテンシャルエネルギーの外側まで伸びるなどということは考えられないが，量子力学では各状態において，わずかではあるがポテンシャルエネルギーの外側にも存在確率がある（図 2.3.2）．

C. 選択律の量子力学的取り扱い

すでに説明したように，量子力学によると，分子が赤外光を吸収または放出してある状態 m から状態 n へ遷移するためには，定積分（遷移双極子モーメント）

$$(\mu_x)_{nm} = \int_{-\infty}^{\infty} \psi_n \mu_x \psi_m \mathrm{d}Q \tag{2.3.21}$$

または同様の式で表される $(\mu_y)_{nm}$，$(\mu_z)_{nm}$ のうちの少なくとも 1 つの値が 0 でないことが必要である．ここで，μ_x は電気双極子モーメントの x 成分，ψ は分子の振動状態の固有関数である．以下では，$(\mu_x)_{nm}$ についてのみ考察する．振動により座標が変化すると電子の分布も変化するので，双極子モーメントは基準座標 Q の関数である．したがって，μ_x は次のように展開することができる．

$$\mu_x = (\mu_x)_0 + \left(\frac{\partial \mu_x}{\partial Q}\right)_0 Q + \frac{1}{2}\left(\frac{\partial^2 \mu_x}{\partial Q^2}\right)_0 Q^2 + \cdots \tag{2.3.22}$$

Q は振動の際の原子の変位に対応するのでその値は小さく，上式の Q^2 以上の項は省略することができる．式(2.3.22)の Q までの項を式(2.3.21)に代入すると，

$$(\mu_x)_{nm} = (\mu_x)_0 \int \psi_n \psi_m \mathrm{d}Q + \left(\frac{\partial \mu_x}{\partial Q}\right)_0 \int \psi_n Q \psi_m \mathrm{d}Q \tag{2.3.23}$$

となる．上式の第 1 項は固有関数の直交条件より，$m=n$ のとき以外は 0 となる．この項は分子のもつ永久双極子モーメントの大きさを表す．第 2 項が 0 でない値をもつためには，

$$\left(\frac{\partial \mu_x}{\partial Q}\right)_0 \neq 0 \tag{2.3.24}$$

かつ

$$\int \psi_n Q \psi_m \mathrm{d}Q \neq 0 \tag{2.3.25}$$

でなければならない．この 2 つの条件から 2 つの選択律が導かれる．積分値が 0 でない値をもつのは，振動の波動関数の性質から $n=m\pm1$ の場合に限る．これにより赤外分光の最初の選択律が証明された．

第2章 近赤外分光法の基礎

もう1つの選択律(分子の対称性による選択律)は式(2.3.24)から導かれる.この式は双極子モーメントがある振動によって変化するときにのみ,その振動が赤外吸収に現れるということを意味し,赤外活性という.一方,$\left(\frac{\partial \mu_x}{\partial Q}\right)_0 = 0$ のとき赤外不活性という.

近赤外域に観測されるのは倍音や結合音であるから,それらが活性か不活性かを調べる必要がある.結合音が活性かどうかを判断するにはその波動関数の対称性を調べればよい.結合音 $\nu_a + \nu_b$ に対応する波動関数は,ν_a の波動関数 ψ_a と ν_b の波動関数 ψ_b の積 $\psi_a\psi_b$ で与えられる.したがって,$\psi_a\psi_b$ が双極子モーメントと同じ対称性であれば活性になる.倍音,結合音の対称性の詳しい議論については参考書B3を参照されたい.

2.3.2 ■ 多原子分子の振動

A. 多原子分子の振動の例

もっとも簡単な多原子分子の例として三原子分子である水(H_2O;非直線三原子分子)と二酸化炭素(CO_2;直線三原子分子)の基準振動について考えよう.H_2O は $3 \times 3 - 6 = 3$ 個の基準振動をもつ.**図 2.3.3** はその3つの基準振動 1,2,3 を示したものである.基準振動 1 と 3 は 2 つの OH 結合が同位相(1)あるいは逆位相(3)で伸びたり縮んだりする振動で,それぞれ**対称伸縮振動**(ν_1),**逆対称伸縮振動**(ν_3)と呼ばれる.一方,基準振動(2)は H-O-H の角度が変化する振動で**変角振動**(ν_2)と呼ばれる.

直線分子 CO_2 は $3 \times 3 - 5 = 4$ 個の基準振動をもつ.**図 2.3.4** にはその4つの基準振動 1,2,3a,3b を示した.基準振動 1 と 2 はそれぞれ対称伸縮振動と逆対称伸縮振動である.基準振動 3a,3b は独立した振動(変角振動)であるが,振動する面が90°異なるだけで,振動に要するエネルギーは原理的に等しい.すなわち,2

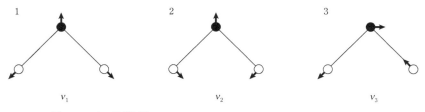

図 2.3.3 水の基準振動
1:対称伸縮振動(ν_1),2:変角振動(ν_2),3:逆対称伸縮振動(ν_3)

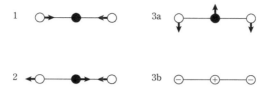

図 2.3.4 二酸化炭素の基準振動
1：対称伸縮振動，2：逆対称伸縮振動，3a, 3b：縮重変角振動．＋，－印は原子核が紙面の垂直方向に運動している様子を示す．

つの振動は同じ振動数をもつ．このように振動としては別であるが（それを表す波動関数は異なる），原理的に同じ振動数をもつ振動を**縮重振動**という．図2.3.3や図2.3.4に示す分子振動の様子は，やはりバネとボール（質点）のモデルを用いて古典力学の運動方程式を解くことで得られる．二原子分子の場合とは異なり，三原子分子の場合には力の定数として伸縮の力の定数の他に，変角に関する定数も考える必要がある．

多原子分子の例としてベンゼンを考えよう．ベンゼンは $3 \times 12 - 6 = 30$ 個の基準振動をもつ．この中には赤外活性・ラマン不活性のもの，ラマン活性・赤外不活性のもの，赤外・ラマンともに不活性なものがある．なお，ベンゼンや CO_2, H_2 のように対称中心をもつ分子の場合，赤外活性のものはラマン不活性，ラマン活性のものは赤外不活性となる．これを**赤外・ラマン交互禁制律**という．

次に原子団の振動を考えてみよう．図2.3.5には CH_2 や NH_2 などの AX_2 基の6つの振動モードを示す（AX_2 基を AX_2–R と考え4原子分子とみなすと，振動モードの数が $3 \times 4 - 6 = 6$ であると理解できる）．6つのうち2つは伸縮振動で，一方が対称伸縮振動（symmetric stretching），もう一方が逆対称伸縮振動（antisymmetric stretching）である．残りの4つは変角振動で，それぞれ**はさみ振動**（対称面内変角振動；scissoring（bending）），**横ゆれ振動**（逆対称面内変角振動；rocking），**縦ゆれ振動**（対称面外変角振動；wagging），**ひねり振動**（逆対称面外変角振動；twisting）と呼ばれる．4つの変角振動のうち，はさみ振動と横ゆれ振動は CH_2 の面内での変角振動（**面内変角振動**）であり，縦ゆれ振動とひねり振動は CH_2 の面に垂直に変位する振動（**面外変角振動**）である．CH_3 や NH_3 などの AX_3 基の場合は9個の振動モードがある．AX_2 基より単純な AX 基（CH，NH，OH など）の場合には，AX 伸縮振動と AX 変角振動がある．こうした特定の原子団（官能基）の振動を**グループ振動**という．AX，AX_2，AX_3 基の振動のほか，カルボニル基の C=

第 2 章　近赤外分光法の基礎

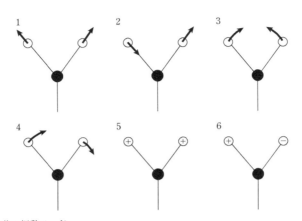

図 2.3.5　AX$_2$ 基の振動モード
1：対称伸縮振動，2：逆対称伸縮振動，3：はさみ振動，4：横ゆれ振動，5：縦ゆれ振動，6：ひねり振動

O 伸縮振動などもその例である．近赤外スペクトルには，こうしたグループ振動の倍音，結合音が観測される．

　グループ振動の考え方は一般に三原子分子以上の多原子分子の場合に役に立つ．グループ振動によるバンドのことを特性帯という．グループ振動の考え方が成り立つのは，隣りあう 2 個あるいは数個の原子（原子団）の運動によってある基準振動が実質上決まるような場合である．言い換えれば，ある基準振動において，この原子団に含まれる原子核の振幅は非常に大きいが，それ以外の原子核の振幅が非常に小さい場合には，前者の基準振動は有効なグループ振動を与える．

　グループ振動数の例としてアミドの振動を考えよう．アミド基は，ナイロン，ポリアミド，ペプチドやタンパク質に含まれる官能基で，これらの化合物の近赤外スペクトルにはアミド基によるバンドが現れる．アミド基は特有のグループ振動を示し，アミド基のグループ振動については N-メチルアセトアミドをモデル化合物として詳しく研究されている．メチル基を 1 つの原子とみなすと，N-メチルアセトアミドは六原子分子となるので，$3 \times 6 - 6 = 12$ 個の基準振動をもつ．このうち重要なものは，アミド I，II，III の基準振動である．アミド I，II，III の基準振動を**図 2.3.6** に示す．図から明らかなように，アミド I は C=O 伸縮振動の性質を強くもっている．一方，アミド II，III は C-N 伸縮振動と N-H 面内変角振動の混成モードである．アミド I は赤外スペクトルとラマンスペクトルの両方に強く観測される．アミド II は赤外スペクトルに，アミド III はラマンスペクトルにはっきりと現れる．

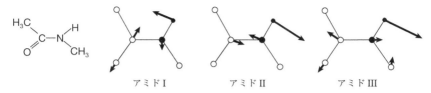

図 2.3.6 N-メチルアセトアミドのアミド I, II, III の基準振動
[Y. Sugawara *et al.*, *J. Mol. Spectrosc.*, **108**, 206 (1984) に基づいて作図]

近赤外スペクトルにはアミド I の第二倍音,NH 伸縮振動とアミド II の結合音,NH 伸縮振動とアミド III の結合音などによるバンドが観測される.

このようにグループ振動数は赤外,ラマンスペクトルの解析に大きな役割を果たしているが,近赤外スペクトルの解析にも非常に役に立つ.近赤外スペクトルにおけるグループ振動の利用については第 3 章 3.1 節でより詳しく解説する.

B. 多原子分子の分子振動の量子力学的取り扱い

次に多原子分子の分子振動を量子力学的に考察する.運動エネルギー T と位置エネルギー V は次の式で表される.

$$T = \frac{1}{2}\dot{Q}_1^2 + \frac{1}{2}\dot{Q}_2^2 + \cdots + \frac{1}{2}\dot{Q}_n^2 = \frac{1}{2}\sum_{i=1}^{n}\dot{Q}_i^2 \tag{2.3.26}$$

$$V = \frac{1}{2}\lambda_1 Q_1^2 + \frac{1}{2}\lambda_2 Q_2^2 + \cdots + \frac{1}{2}\lambda_n Q_n^2 = \frac{1}{2}\sum_{i=1}^{n}\lambda_i Q_i^2 \tag{2.3.27}$$

よって,全エネルギーは

$$E = T + V = \frac{1}{2}\sum_{i=1}^{n}\dot{Q}_i^2 + \frac{1}{2}\sum_{i=1}^{n}\lambda_i Q_i^2 \tag{2.3.28}$$

となる.$\dot{Q}$ を再び $-ih/2\pi \cdot (\mathrm{d}/\mathrm{d}Q)$ で置き換えて $\hat{H}$ を計算すると,多原子分子の振動に関する波動方程式

$$-\frac{h^2}{8\pi^2}\sum_{i=1}^{n}\frac{\partial^2 \psi}{\partial Q_i^2} + \frac{1}{2}\sum_{i=1}^{n}\lambda_i Q_i^2 \psi = E\psi \tag{2.3.29}$$

が得られる.

各々の基準振動は独立であるから,上の式は各基準振動に対応する n 個の波動方程式に分離することができ,固有値 E_v は各基準振動の固有値 E_i の和で,固有関数 ψ_v は各基準振動の固有関数 ψ_i の積で表すことができる.すなわち,式 (2.3.29) は式 (2.3.17) と同じ形であるから,固有値 E_i も式 (2.3.18) と同じになる.

$$E_i = \left(v_i + \frac{1}{2}\right)h\nu_i \qquad (2.3.30)$$

よって，振動数が ν_1, ν_2, …, ν_n である n 個の基準振動の振動エネルギーは全体で

$$\begin{aligned}E_v &= E_1 + E_2 \cdots + E_n \\ &= \left(v_1 + \frac{1}{2}\right)h\nu_1 + \left(v_2 + \frac{1}{2}\right)h\nu_2 + \cdots + \left(v_n + \frac{1}{2}\right)h\nu_n\end{aligned} \qquad (2.3.31)$$

となる．

図 2.3.7 には水分子の ν_1, ν_2, ν_3（図 2.3.3）のエネルギー準位を示す．図中の $(0, 0, 0)$ は最低基底状態を表す．$(1, 0, 0)$，$(0, 1, 0)$，$(0, 0, 1)$ は，それぞれ ν_1, ν_2, ν_3 の量子数が 1 であるもので，**基本準位**と呼ばれる．最低基底状態と基本準位との間の遷移が**基本音**である．次に $(2, 0, 0)$，$(0, 2, 0)$，$(0, 0, 2)$ は，それぞれ ν_1, ν_2, ν_3 の量子数が 2 であるもので，**倍音準位**と呼ばれる．$(3, 0, 0)$ …なども倍音準位である．**倍音**とはこれらの倍音準位と最低基底準位との間の遷移のことをいう．最低基底状態 $(0, 0, 0)$，$(0, 0, 0)$，$(0, 0, 0)$ からそれぞれ倍音準位 $(2, 0, 0)$，$(0, 2, 0)$，$(0, 0, 2)$ への遷移を第一倍音，$(3, 0, 0)$，$(0, 3, 0)$，$(0, 0, 3)$ への遷移を第二倍音という．

$(1, 0, 1)$ や $(0, 1, 1)$ のように 2 つ以上の基準振動が励起された準位のことを**結合音準位**といい，結合音準位と最低基底準位との間の遷移を**結合音**という．$(2, 1, 0)$ のように基本音と倍音の結合音，あるいは $(2, 2, 0)$ のように倍音同士の結合音もある．

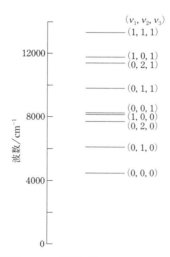

図 2.3.7 水分子の 3 つの基準振動 ν_1, ν_2, ν_3 のエネルギー準位

2.4 ■ 非調和性と倍音・結合音

2.4.1 ■ 非調和性とは

　これまでは分子の振動を調和振動として取り扱った．しかし調和振動子モデルは，実際にはポテンシャルエネルギー曲線の底付近以外では分子振動のよいモデルにはなっていない．もし調和振動子モデルが正しいならば，フックの法則により，バネにはたらく力 $F(r)$ は，バネ定数 k，変位 r を用いて $F(r) = -kr$ となる．ポテンシャルエネルギーは $V(r) = \int -F(r)\mathrm{d}r$ なので，$V(r) = \frac{1}{2}kr^2$ となる．したがって，r が無限に大きくなれば，$F(r)$ も $V(r)$ も無限に大きくなる．言い換えれば，調和振動子近似の下ではどんなに大きな振幅においても分子は決して解離しないことになる（図 2.3.2）．しかしながら，実際には分子もバネもある長さ以上では切れる．したがって，実際の分子の振動をより正確に表すポテンシャルエネルギー関数 $V(r)$（この r は原子間間隔）を考える必要がある．$V(r)$ は $r < r_\mathrm{e}$（r_e は平衡原子間間隔）では急速に大きくなり，$r \gg r_\mathrm{e}$ では次第に解離エネルギー D_e に近づくような関数でなければならない．このような条件を満足する関数としてよく知られているものに，次に示す**モースのポテンシャル関数**がある．

$$V(r) = D_\mathrm{e}\left[1 - \exp\{-a(r - r_\mathrm{e})\}\right]^2 \tag{2.4.1}$$

ここで，a は定数である．**図 2.4.1** はモースのポテンシャル関数の形を示す．この関数は 1929 年にモース（P. M. Morse）が提唱した近似式である．式(2.4.1)に $r = r_\mathrm{e}$ を代入すると $V(r) = 0$，すなわち平衡位置ではポテンシャルエネルギーがゼロになることがわかる．また $r = \infty$ とすると，$V(\infty) = D_\mathrm{e}$ となる．$Q = r - r_\mathrm{e}$ は r に比べて常に小さいと考え，$V(r)$ を r_e の近傍で Q の多項式としてテーラー展開すると，

$$V(r) = V(r_\mathrm{e}) + \left(\frac{\partial V}{\partial r}\right)_{r_\mathrm{e}} Q + \frac{1}{2}\left(\frac{\partial^2 V}{\partial r^2}\right)_{r_\mathrm{e}} Q^2 + \frac{1}{6}\left(\frac{\partial^3 V}{\partial r^3}\right)_{r_\mathrm{e}} Q^3 + \frac{1}{24}\left(\frac{\partial^4 V}{\partial r^4}\right)_{r_\mathrm{e}} Q^4 + \cdots \tag{2.4.2}$$

となる．ここで，右辺第 1 項は定数項であり，上の説明から 0 とおくことができる．また，第 2 項の係数も V が r_e で極小をとるので 0 となる．いま，第 4 項以下を無視し，$\left(\dfrac{\partial^2 V}{\partial r^2}\right)_{r_\mathrm{e}} = k$ とおくと

第 2 章 近赤外分光法の基礎

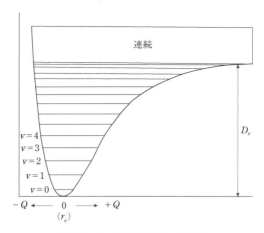

図 2.4.1 モースのポテンシャル関数

$$V(r) = \frac{1}{2}kQ^2 \quad (2.4.3)$$

となる．すなわち，第 3 項までの近似で成り立つ平衡原子核間距離 r_e に近いところではモースポテンシャル関数は調和振動子近似の関数と等価になる．なお，式 (2.4.1) の 2 回微分から $k = 2a^2 D_e$ となる．

ポテンシャルエネルギー V は一般に

$$V = k_2 Q^2 + k_3 Q^3 + k_4 Q^4 + \cdots \quad (2.4.4)$$

と表される．この Q^3，Q^4 などの高次項のことを**非調和項**という．モースポテンシャル関数を位置エネルギーとしてシュレーディンガーの波動方程式を解くと固有値 E'_v は次式のようになる．

$$E'_v = \left(v + \frac{1}{2}\right) h\nu_e - \left(v + \frac{1}{2}\right)^2 h\nu_e \chi_e \quad (2.4.5)$$

ここで，$\nu_e = \dfrac{a}{\pi}\sqrt{\dfrac{D_e}{2\mu}}$ であり，χ_e は**非調和定数**と呼ばれる定数である．非調和定数の値から非調和性の大きさの程度を推定することができる．**表 2.4.1** は主な二原子分子について伸縮振動数（cm^{-1}）と非調和定数の大きさを示したものである．χ_e はおよそ 0.01 程度の値となるが，質量の軽い水素原子を含むときには大きくなる．H_2 と I_2 の χ_e を比較すると約 10 倍の違いがある．非調和定数 χ_e は a や D_e と

表 2.4.1 主な二原子分子の非調和定数
[水島三一郎, 島内武彦, 赤外線吸収とラマン効果, 共立出版 (1958) の表 5.1 を改変]

分子	伸縮振動数/cm^{-1}	非調和定数
H$_2$	4395.2	0.02685
D$_2$	3118.5	0.02055
HF	4138.52	0.02176
HCl	2989.74	0.01741
HBr	2649.67	0.01706
HI	2309.53	0.01720
Cl$_2$	564.9	0.007081
I$_2$	214.57	0.002857
N$_2$	2359.61	0.006122
O$_2$	1580.36	0.007639
NO	1904.03	0.007337

$$\chi_e = \frac{h\nu_e}{4D_e} = \frac{ha}{4\pi\sqrt{2\mu D_e}} \tag{2.4.6}$$

のように関係づけられるので，その値からモースポテンシャル関数の形や分子の解離エネルギーを知ることができる．式(2.4.6)からわかるように，χ_e は換算質量 μ が小さければ小さいほど，解離エネルギー D_e が小さければ小さいほど大きくなる．χ_e が大きくなると D_e が小さくなり，ポテンシャルエネルギー曲線がより大きくゆがむことがわかる．

式(2.4.5)から振動量子数 v と $v+1$ のエネルギー準位の間隔 ΔE_v を計算することができる．

$$\Delta E_v = h\nu_e - 2h\nu_e\chi_e(v+1) \tag{2.4.7}$$

式(2.4.7)は，v が大きくなればなるほど ΔE_v が小さくなることを示している．このように非調和性の存在下ではエネルギー準位は等間隔にはならず，次第に狭くなる．また χ_e が大きくなればなるほど，等間隔からずれる．式(2.4.7)で $v=0\to1$ への遷移を考えると，

$$\Delta E_v = h\nu_e - 2h\nu_e\chi_e = h\nu_e(1-2\chi_e) \tag{2.4.8}$$

となり，$\Delta E_v = h\nu_e$ にはならない．式(2.4.8)を波数で表すと，

$$\frac{\Delta E_v}{hc} = \Delta \tilde{E}_v = \tilde{\nu}_e - 2\tilde{\nu}_e \tilde{\chi}_e = \tilde{\nu}_e \left(1 - 2\tilde{\chi}_e\right) \tag{2.4.9}$$

となる.

以下では,観測値となる振動量子数 0 から v へのエネルギー準位の間隔 $\Delta \tilde{E}_{(0 \to v)}$ から $\tilde{\nu}_e$ を求める方法を説明しよう. $\Delta \tilde{E}_{(0 \to v)}$ は式 (2.4.5) から次のように表される.

$$\begin{aligned}\Delta \tilde{E}_{(0 \to v)} &= \tilde{\nu}_e v - \tilde{\nu}_e \tilde{\chi}_e v(v+1) \\ &= \tilde{\nu}_e v \left[1 - (v+1)\tilde{\chi}_e\right]\end{aligned} \tag{2.4.10}$$

HCl は $2886\ \mathrm{cm}^{-1}$ に基本音 ($v = 0 \to 1$) による強いバンドを,$5668\ \mathrm{cm}^{-1}$ に第一倍音 ($v = 0 \to 2$) による弱いバンドを示す.これらの観測値から基本音の吸収波数 $\tilde{\nu}_e$ と非調和定数 $\tilde{\chi}_e$ を計算することができる.

$v = 0 \to 1$ については

$$\Delta \tilde{E}_{(0 \to 1)} = \tilde{\nu}_e \left(1 - 2\tilde{\chi}_e\right) \tag{2.4.11a}$$

より,

$$2886 = \tilde{\nu}_e \left(1 - 2\tilde{\chi}_e\right) \tag{2.4.11b}$$

$v = 0 \to 2$ については

$$\Delta \tilde{E}_{(0 \to 2)} = 2\tilde{\nu}_e \left(1 - 3\tilde{\chi}_e\right) \tag{2.4.12a}$$

より,

$$5668 = 2\tilde{\nu}_e \left(1 - 3\tilde{\chi}_e\right) \tag{2.4.12b}$$

この連立方程式を解くことで,$\tilde{\chi}_e = 0.0174$,$\tilde{\nu}_e = 2990\ \mathrm{cm}^{-1}$ と得られる.化学結合の強さを議論するときには $\tilde{\nu}_e$ を考えなければならず,1 つの観測値では不十分である.

2.4.2 ■ 倍音,結合音

倍音,結合音がスペクトルに観測されるのも非調和性の結果である.ここでもう一度,赤外分光の選択律について考えてみよう.双極子モーメント μ_x のテーラー展開式 (2.3.21) から

$$\begin{aligned}(\mu_x)_{nm} = (\mu_x)_0 \int \psi_n \psi_m \mathrm{d}Q &+ \left(\frac{\partial \mu_x}{\partial Q}\right)_0 \int \psi_n Q \psi_m \mathrm{d}Q \\ &+ \frac{1}{2}\left(\frac{\partial^2 \mu_x}{\partial Q^2}\right)_0 \int \psi_n Q^2 \psi_m \mathrm{d}Q + \cdots\end{aligned} \tag{2.4.13}$$

となる.さて,上式右辺の第 3 項は $\left(\frac{\partial^2 \mu_x}{\partial Q^2}\right) \neq 0$ かつ $\int \psi_n Q^2 \psi_m \mathrm{d}Q \neq 0$ のときにのみ 0 でない値をもち,後者の積分は $v' = v$,$v \pm 2$ のときに 0 でない値をもつ.した

2.4 非調和性と倍音・結合音

表 2.4.2 クロロホルムの CH 伸縮振動の基本音と倍音の振動数と強度

基本音と倍音	バンドの位置／nm	バンドの位置／cm^{-1}	バンドの強度／cm^2 mol^{-1}
v	3290	3040	25000
$2v$	1693	5907	1620
$3v$	1154	8666	48
$4v$	882	11338	1.7
$5v$	724	13831	0.15

がって，Q^2 の項まで考えると第一倍音も禁制ではなくなる．同様に，Q^3，Q^4，…の項までを考えると第二，第三…倍音も禁制ではなくなる．もっとも，これらの倍音の強度は基本音に比べればはるかに弱い．第一，第二，第三…倍音の振動数は基本音の振動数の2，3，4…倍より小さくなる．これは図 2.4.1，式 (2.4.7) から明らかなように，振動エネルギー準位の間隔が振動量子数 v の増大とともに狭くなるためである．

同様に，結合音も同様に非調和性によって禁制ではなくなるが，結合音の強度も一般に弱い．ここで，実際の倍音の振動数と強度を基本音のそれらと比較してみよう．**表 2.4.2** は CHCl$_3$ の CH 伸縮振動の基本音の振動数・強度と倍音のそれらを比べたものである．この表ではバンドの位置を波長 nm と波数 cm^{-1} で表している．波長，波数からわかるように基本音は赤外域に，第一倍音，第二倍音，第三倍音は近赤外域に，そして第四倍音は可視域に観測されている．波数をみれば，第一倍音の波数が基本音の波数の2倍よりも少し小さくなっていることがわかる．同じように第二倍音の波数は基本音の波数の3倍よりかなり小さくなっている．強度については，基本音に比べて第一倍音の強度は 1/10 以下，第二倍音は 1/100 以下になっている．第三倍音の強度は基本音の強度の 1/10000 以下である．

2.4.3 ■ フェルミ共鳴

倍音，結合音の強度が基本音と同じくらいの強度をもつことがある．それは**フェルミ共鳴**が起こった場合である．フェルミ共鳴は非調和性によって生じるもので，倍音あるいは結合音の振動数がたまたま基本音の振動数とほとんど一致する場合（倍音，結合音同士でもよい）に起こる．フェルミ共鳴が起こると基本音による1本の強いバンドだけが観測されるはずの領域に比較的強い2本のバンドが，1本は基本音あるいは倍音より高波数側に，1本は低波数側に観測される．これら2本の

第 2 章　近赤外分光法の基礎

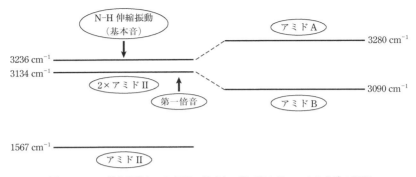

図 2.4.2　NH 伸縮振動とアミド II の倍音との間で起こるフェルミ共鳴の説明

バンドはともに基本音と倍音両方からの寄与を含んでいる．すなわち，非調和性によって基本音と倍音の混合が起こった結果，フェルミ共鳴が起こる．

フェルミ共鳴の簡単な例として CO_2 のフェルミ共鳴がある．CO_2 は 667 cm^{-1} に縮重変角振動（図 2.3.4）によるバンドを示す．この振動の倍音の波数（〜2×667＝1344 cm^{-1}）は対称伸縮振動（図 2.3.4）の波数 1337 cm^{-1} に近い．倍音の 1 つの成分の対称性は基本音の対称性と同じである．したがって，フェルミ共鳴が起こり，1388 cm^{-1} と 1285 cm^{-1} に 2 本の強いバンドが生じる．アルデヒドの CH 面内変角振動（〜1400 cm^{-1}）の倍音と CH 伸縮振動（〜2800 cm^{-1}）のフェルミ共鳴もよく知られている．

その他の例としてアミドの NH 伸縮振動とアミド II の倍音との間のフェルミ共鳴がある．**図 2.4.2** に示すように，NH 伸縮振動の振動数はアミド II の倍音の振動数ときわめて近いので，両者の間にフェルミ共鳴が起こる．その結果，アミド A，B と呼ばれる 2 本のバンドが生じる．

以下ではフェルミ共鳴が起こる理由について考えてみよう．いま，フェルミ共鳴が起こる前には十分にエネルギーが近い 2 つのエネルギー準位 E_1，E_2（$E_1 \geq E_2$）があるとして，これらを縮重している（擬縮重）と考えるならば，この準位に対する波動関数 ψ_a と ψ_b は共鳴前の 2 つの波動関数 ψ_1 と ψ_2 の線形結合で表記されなければいけない．

$$\psi_a = c_{a1}\psi_1 + c_{a2}\psi_2, \quad \psi_b = c_{b1}\psi_1 + c_{b2}\psi_2 \qquad (2.4.14)$$

ここで，C_{an}，C_{bn} は共鳴後の波動関数 ψ_a，ψ_b に対する共鳴前の波動関数 ψ_1，ψ_2 の寄与を表す係数である．このように波動関数を書き換えたので，それに対応するエネ

ルギーも変わってくる．このエネルギーの変化を摂動論で扱うとすると，量子力学の教科書[注3]を参照すれば，新しい波動関数に対するエネルギー W は，次の式を解くことによってその値を求めることができる．

$$\begin{vmatrix} E_1 - W & \beta \\ \beta & E_2 - W \end{vmatrix} = 0 \qquad (2.4.15)$$

ここで，β は摂動項で E_1，E_2，W に比べて小さい値をもち，縮重することによる摂動のハミルトニアンを H' とすれば次の全空間の積分で表される．

$$\beta = \int \psi_1^* H' \psi_2 \mathrm{d}\tau = \int \psi_2^* H' \psi_1 \mathrm{d}\tau \qquad (2.4.16)$$

式(2.4.13)を展開すると

$$W^2 - (E_1 + E_2)W + E_1 E_2 - \beta^2 = 0 \qquad (2.4.17)$$

となる．この式を解くと，

$$W = \bar{E} \pm \frac{1}{2}\sqrt{4\beta^2 + \delta^2} \qquad (2.4.18)$$

が得られる．ここで，$\bar{E} = (E_1 + E_2)/2$ であり，$\delta = E_1 - E_2$ である．$\delta \gg 2\beta$ の場合は $W \fallingdotseq E_1$ または E_2 となり，変動はきわめて小さいものとなる．しかし，$\delta \fallingdotseq 0$ の場合，すなわち E_1 と E_2 が接近している場合は $W = \bar{E} \pm \beta$ となり，摂動に従った分裂が観測されることになる．

フェルミ共鳴で注意しなければならないのは，H' は分子に対して全対称の関数であるため，E_1 と E_2 の準位は同じ振動の対称性をもつ振動同士だけが β の値をもちフェルミ共鳴を起こすという点である．例えば，水分子の2つの OH 伸縮振動 ν_1 と ν_3（図 2.3.4）は対称性が異なるため共鳴を起こさないが，それらの倍音同士（$2\nu_1$ と $2\nu_3$）は同じ対称性をもつので，フェルミ共鳴を起こす．

式(2.4.14)を見ると，共鳴後の波動関数 ψ_a，ψ_b には共鳴前の波動関数 ψ_1，ψ_2 の両方が寄与していることがわかる．よって，もし ψ_1 への遷移が強い吸収をもつのであれば，たとえ ψ_2 への遷移が吸収をもたないものであっても，共鳴後の ψ_a，ψ_b への遷移は両方ともある程度の吸収をもつようになる．その結果，1本しか観測されない波数域に2本の遷移が観測されるようになる．

[注3] 例えば，朝永振一郎，量子力学，みすず書房（1969）．

2.5 ■ 拡散反射法

近赤外分光法で用いられる反射法には鏡面反射（正反射）法（**図 2.5.1**(a)）と拡散反射法（**図 2.5.1**(b)）がある．鏡面反射法は大部分の入射光が試料表面で正反射する場合の測定法で，結晶のスペクトル測定などに適している．鏡面反射法が近赤外分光で用いられるのはやや珍しい．

拡散反射法では，試料表面に入射し，反射，屈折透過，散乱などを繰り返した後に，再び外に出てくる光（これを拡散反射光という）を測定する．一般に粉体試料に光を照射すると，その一部は粒子表面で正反射されるが，残りの大部分は粒子内部に侵入し，拡散される．この拡散過程において特定の波長の光が試料によって吸収されるため，拡散反射光の強度を波長に対して測定すると，透過スペクトルと類似のスペクトルが得られる．**図 2.5.2** はヒトの皮膚の中を近赤外光が拡散反射する様子を示す．この例のように拡散反射法は，高分子，食品，農産物，医薬品，医学などの分野への応用への基礎となる方法である．

拡散反射光の強度は，一般に次の**クベルカ－ムンクの式**に従う．

$$\frac{K}{S} = \frac{(1-R_\infty)^2}{2R_\infty} \equiv f(R_\infty) \tag{2.5.1}$$

ここで，K, S, R_∞ はそれぞれ吸収係数，散乱係数，絶対拡散反射率である．また $f(R_\infty)$ をクベルカ－ムンク（Kubelka-Munk, KM）関数と呼ぶ．K はモル吸収係数 ε と試料濃度 c に比例するので（$K=\gamma\varepsilon c$，γ は比例定数），散乱係数が一定ならば，

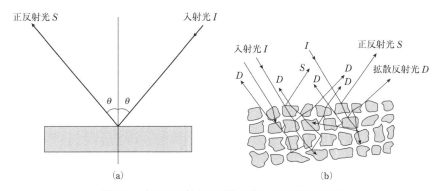

図 2.5.1 （a）鏡面反射（正反射）測定と（b）拡散反射測定

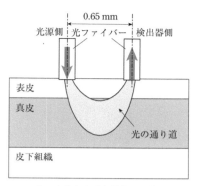

図 2.5.2 ヒトの皮膚中を近赤外光が拡散反射する様子

クベルカ−ムンク関数は試料濃度に比例することになる．絶対拡散反射率 R_∞ は測定が難しいので，その代わりに相対拡散反射率 R（試料からの反射光の強度と標準物質からの反射光の強度の比）が用いられる．

以下では，クベルカ−ムンクの式を導いてみよう．いま，図 2.5.3 のような厚さ d の粒子層に単色光が y 軸の正方向から入射したとすると，入射光は試料中を y 軸の負の方向に進み，拡散反射光は正の方向に進む．厚さ dy のごく薄い部分について負の方向に進む光の強度 I と正方向に進む光の強度 J の減少量 dI，dJ は次のように表される．

$$-dI = (K+S)Idy - SJdy \tag{2.5.2a}$$

$$dJ = -(K+S)Jdy + SIdy \tag{2.5.2b}$$

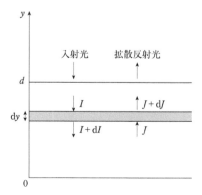

図 2.5.3 粒子層へ入射した光と拡散反射した光（クベルカ−ムンク理論）

式(2.5.2a)の右辺第1項は入射光の吸収と散乱による強度減少を，第2項は後方散乱光の寄与を表している．式(2.5.2b)も同様に考えることができる．ここで，$(S+K)/S = 1 + K/S \equiv a$ とおくと，式(2.5.2a)，(2.5.2b)はそれぞれ次のように書き換えることができる．

$$-\frac{dI}{Sdy} = aI - J \tag{2.5.3a}$$

$$\frac{dJ}{Sdy} = -aJ + I \tag{2.5.3b}$$

式(2.5.3a)を I で，式(2.5.3b)を J で割り，$J/I \equiv r$ とおいて両者を足すと次の式が得られる．

$$\frac{dr}{Sdy} = r^2 - 2ar + 1 \tag{2.5.4}$$

この式を積分すると次のようになる．

$$\int (r^2 - 2ar + 1)^{-1} dr = S \int dy \tag{2.5.5}$$

ここで，$y = 0$，d での r の値をそれぞれ R_g（バックグラウンド反射率），R_s（試料の反射率）とする．0から d の範囲での式(2.5.5)の積分は

$$\frac{dr}{(r^2 - 2ar + 1)} = \frac{1}{\{r + (2ar - 1)^{1/2}\}\{r - (2ar - 1)^{1/2}\}} dr \tag{2.5.6}$$

とするとうまく解けて

$$\ln \frac{\{R_s - a - (a^2 - 1)^{1/2}\}\{R_g - a + (a^2 - 1)^{1/2}\}}{\{R_g - a - (a^2 - 1)^{1/2}\}\{R_s - a + (a^2 - 1)^{1/2}\}} = 2sd(a^2 - 1)^{1/2} \tag{2.5.7}$$

となる．いま，きわめて厚い試料を考えると R_g を無視することができ（すなわち $d = \infty$ のとき $R_g = 0$ と考える），式(2.5.7)は次のように簡単になる．

$$\{-a - (a^2 - 1)^{1/2}\}\{R_\infty - a + (a^2 - 1)^{1/2}\} = 0 \tag{2.5.8}$$

この式を R_∞ について解くと次のようになる．

$$R_\infty = \frac{1}{a + (a^2 - 1)^{1/2}} = \frac{1}{1 + K/S + \{(K/S)^2 + 2K/S\}^{1/2}} \tag{2.5.9}$$

そして，この式を K/S について解くとクベルカ–ムンクの式(2.5.1)が得られる．

拡散反射法を用いて定性・定量分析を行うには，拡散反射光の強度と吸収成分の

2.5 拡散反射法

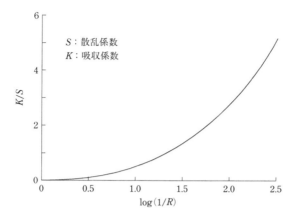

図 2.5.4　クベルカ-ムンクの式から導かれる $\log(1/R)$ と K/S との関係

吸収特性を結びつける式が必要となる．通常，よく用いられるのはクベルカ-ムンクの式から導かれる次の式である．

$$\frac{K}{S} = \cosh[\log(1/R)] - 1 \qquad (2.5.10)$$

式(2.5.10)を図示すると**図 2.5.4** のようになる．試料の吸収特性と関係がある K/S と拡散反射光の強度と関係がある $\log(1/R)$ は直線関係にないが，K/S の狭い範囲では近似的に直線関係にあるとみなすことができる．近赤外拡散反射スペクトルでは通常，縦軸に $\log(1/R)$ をとる．

拡散反射法で問題となるのは，正反射と散乱係数の影響である．前者は粉体の大きさ，形状，吸光係数の影響を受け，一般に粒子径が小さくなると正反射光は減少する．散乱光は粉体の粒径，形状，充填密度などの影響を受けるので，試料間のばらつきを抑える必要がある．

引用文献

1) Y. Morisawa, S. Nomura, K. Sanada, and Y. Ozaki, *Appl. Spectrosc.*, **66**, 666 (2012)
2) M. A. Czarnecki, Y. Ozaki, M. Suzuki, and M. Iwahashi, *Appl. Spectrosc.*, **47**, 2157 (1993)

参考書および文献

分子分光学，特に振動分光学の基礎に関して

B1) 水島三一郎，島内武彦，赤外線吸収とラマン効果，共立出版（1958）
B2) 中川一朗，振動分光学（日本分光学会測定法シリーズ），学会出版センター（1987）
B3) 北川禎三，A. T. Tu，ラマン分光学入門，化学同人（1988）：ラマン分光法の入門書であるが，振動分光学全体の入門書としてもすぐれている．また，群論に関するわかりやすい解説がある．
B4) 田隅三生 編著，落合周吉，加藤裕志，古川行夫，増谷浩二 著，FT-IRの基礎と実際 第2版，東京化学同人（1994）：赤外分光法の良い入門書
B5) 尾崎幸洋，分光学への招待，産業図書（1997）：分光学全般のわかりやすい入門書
B6) 尾崎幸洋，岩橋秀夫，生体分子分光学入門，共立出版（1992）：紫外，可視，近赤外，赤外，ラマンなどの分子分光学の基礎全般についてやさしく書かれている．
B7) G. Herzberg, *Molecular Spectra and Molecular Structure I. Spectra of Diatomic Molecules, 2nd Edition*, Van Nostrand, Amsterdam（1950）
B8) G. Herzberg, *Molecular Spectra and Molecular Structure II. Infrared and Raman Spectra of Polyatomic Molecules*, Van Nostrand, Amsterdam（1945）
B9) E. B. Wilson, Jr., J. C. Decius, and P. C. Cross, *Molecular Vibrations*, Mc-Graw Hill, New York（1955）
B10) L. J. Bellamy, *The Infrared Spectra of Complex Molecules, Vol.1, 3rd Edition*, Chapman and Hall, London（1975）；*Vol.2, 2nd Edition*, Chapman and Hall, London（1980）
B11) N. B. Colthup, L. H. Daly, and S. E. Wiberley, *Introduction to Infrared and Raman Spectroscopy, 3rd Edition*, Academic Press, San Diego（1990）：B10，B11は赤外域のグループ振動数に関するすぐれた参考書である．
B12) 岩元睦夫，河野澄夫，魚住 純，近赤外分光法，幸書房（1994）
B13) 岩本令吉，近赤外分光法，講談社（2008）
B14) B. G. Osborne, T. Fearn, and P. H. Hindle, *Practical NIR Spectroscopy with Applications in Food and Beverage Analysis*, Longman Scientific and Technical, Harlow（1993）
B15) P. Williams and K. Norris, *Near-Infrared Technology in the Agricultural and Food Industries*, American Association of Cereal Chemists, St. Paul（1987）
B16) D. A. Burns and E. W. Ciurczak eds., *Handbook of Near-Infrared Analysis*, Marcel Dekker, New York（1992）
B17) H. W. Siesler, Y. Ozaki, S. Kawata, and H. M. Heise eds., *Near-Infrared Spectroscopy, Principles, Instruments, Applications*, Wiley-VCH, Weinhelm（2002）
B18) Y. Ozaki, W. F. McClure, and A. A. Christy eds., *Near-Infrared Spectroscopy in Food Science and Technology*, Wiley-Interscience, New York（2006）

第3章　近赤外スペクトル解析法

3.1 ■ 近赤外バンドの帰属の仕方

　近赤外スペクトルにおいて主に観測されるのは基準振動の倍音と結合音であるが，これらのバンドを帰属することは容易ではない．しかし，バンドをきちんと帰属しないままスペクトルを解析すると，誤った解釈をしてしまう恐れがある．ここでは振動遷移に基づく近赤外バンドを帰属する方法と，その際の注意点について述べる．

3.1.1 ■ グループ振動

　多原子分子では $3N-6$ 個もの振動モードを考えなければならず，生体分子のような複雑な化合物の振動スペクトルを解釈することは現実的ではないと思われるかもしれないが，そうでもない．実際には，特定の基準振動に対して特定の原子団の寄与が大きい場合が多く，その振動モードを近似的にグループ振動としてまとめることができる．例えば水の対称伸縮振動は気相において $3651.7\ \mathrm{cm}^{-1}$ に観測されるが，種々のアルコールにおける O–H 伸縮振動も同程度の波数領域に観測され，この領域を OH 基の特性帯（バンド）として扱うことができる．典型的な X–H 結合における基準振動の特性帯を**表 3.1.1** にまとめた．その他の中赤外域に観測される基準振動の特性帯は，例えば以下の書籍に詳しくまとめられている．

1. 詳細な帰属：G. Socrates, *Infrared and Raman Characteristic Group Frequencies: Tables and Charts*, John Wiley & Sons, Chichester（2004）
2. 主に有機化合物の帰属：N. B. Colthup, L. H. Daly, S. E. Wiberley, *Introduction to Infrared and Raman Spectroscopy*, Academic Press, San Diego（1990）
3. 無機化合物と配位化合物の帰属：K. Nakamoto, *Infrared and Raman Spectra of Inorganic and Coordination Compounds, Theory and Applications in Inorganic Chemistry, 6th Edition*, John Wiley & Sons, Chichester（2009）

第 3 章 近赤外スペクトル解析法

表 3.1.1 X–H 結合における基準振動の特性帯

波数 /cm^{-1}	振動モード
3700〜3100	OH, NH, ≡CH の伸縮振動
3100〜2980	=CH, 芳香族 CH の伸縮振動
3000〜2700	脂肪族 CH の伸縮振動
2600〜2100	SH, BH, PH, SiH の伸縮振動
1660〜1500	H$_2$O, NH の面内変角振動
1500〜1250	OH, CH の面内変角振動
1350〜1150	脂肪族 CH の面外変角振動
1000〜 600	≡CH, =CH, 芳香族 CH の面外変角振動

さらに，近赤外域における倍音と結合音の帰属については，以下の書籍にまとめられている．

4. 詳細な帰属：J. Workman, Jr., L. Weyer, *Practical Guide and Spectral Atlas for Interpretive Near-Infrared Spectroscopy, 2nd Edition*, CRC Press, Boca Raton（2012）
5. CH 基および OH 基に関する詳しい帰属：岩本令吉，近赤外スペクトル法，講談社（2008）

3.1.2 ■ 孤立モードとカップリングモード

近赤外スペクトルを解釈するうえで，原子団の振動が単一の成分からなる孤立モードであるか，複数の振動モードが結合しているカップリングモードであるかを区別することは重要である．その例として，**図 3.1.1** にクロロホルム（CHCl$_3$）とジクロロメタン（CH$_2$Cl$_2$）の近赤外スペクトルを示す．

クロロホルムは C–H 結合を 1 つもち，その振動は波数が異なる C–Cl 結合の振動と相互作用しない．このため，クロロホルム中の CH 基の振動は孤立モードとして扱うことができる．クロロホルムの CH 基の基準振動は中赤外スペクトルにおいて，伸縮振動が $\nu(\mathrm{CH}) = 3019\,\mathrm{cm}^{-1}$ に，変角振動が $\delta(\mathrm{CH}) = 1215\,\mathrm{cm}^{-1}$ に観測される．このことから図 3.1.1(a) にみられる近赤外バンドは，$4215\,\mathrm{cm}^{-1} \to \nu(\mathrm{CH}) + \delta(\mathrm{CH})$，$5374\,\mathrm{cm}^{-1} \to \nu(\mathrm{CH}) + 2\delta(\mathrm{CH})$，$5910\,\mathrm{cm}^{-1} \to 2\nu(\mathrm{CH})$，$7090\,\mathrm{cm}^{-1} \to 2\nu(\mathrm{CH}) + \delta(\mathrm{CH})$，$8229\,\mathrm{cm}^{-1} \to 2\nu(\mathrm{CH}) + 2\delta(\mathrm{CH})$，$8676\,\mathrm{cm}^{-1} \to 3\nu(\mathrm{CH})$ と帰属される．第一結合音 $\nu(\mathrm{CH}) + \delta(\mathrm{CH})$ の実測値（$4215\,\mathrm{cm}^{-1}$）が基準振動の和（$4234\,\mathrm{cm}^{-1}$）よりも低エネルギーとなっているのは振動の非調和性によるものである．その差は $19\,\mathrm{cm}^{-1}$ であるが，$\nu(\mathrm{CH}) + 2\delta(\mathrm{CH})$ においては $75\,\mathrm{cm}^{-1}$，$2\nu(\mathrm{CH})$ においては

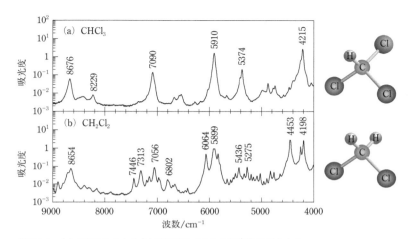

図 3.1.1 （a）クロロホルムと（b）ジクロロメタンの近赤外スペクトル
1 mm セルを用いて透過法で測定した．縦軸は対数表示となっていることに注意．

$128~\mathrm{cm}^{-1}$ と，倍音や結合音の次数の増加にともなってその差は大きくなる．

クロロホルムの C–H 結合が 1 つであるのに対してジクロロメタンは 2 つの C–H 結合をもつ．このような CH_2 基（メチレン基）は有機化合物中に多く存在する．図 3.1.1 をみると，クロロホルムの CH 基による近赤外バンドに比べてジクロロメタンの CH_2 基による近赤外バンドの数が急激に増えていることに気づく．これは，CH_2 基において 2 つの等価な C–H 結合の振動がカップリングを起こすためである．群論によると，メチレン基は点群 C_{2v} に属し，既約表現は A_1, A_2, B_1, B_2 の 4 種類となる．このうち A_1, B_1, B_2 は赤外活性（ラマン不活性）であり，A_2 は赤外不活性（ラマン活性）である．

CH_2 基の基準振動は，伸縮振動については対称伸縮振動（symmetric stretching, $\nu(CH_2)_s$）と逆対称伸縮振動（antisymmetric stretching, $\nu(CH_2)_{as}$）の 2 種類が，変角振動については対称面内変角振動（はさみ，bending あるいは scissoring, $\delta(CH_2)_b$），逆対称面内変角振動（横ゆれ，rocking, $\delta(CH_2)_r$），対称面外変角振動（縦ゆれ，wagging, $\delta(CH_2)_w$），逆対称面外変角振動（ひねり，twisting, $\delta(CH_2)_t$）の 4 種類が生じる（図 2.3.5，**表 3.1.2**）．よって，CH_2 伸縮振動（2 種類）と CH_2 変角振動（4 種類）の第一結合音は 8 種類であるが，そのうち A_2 に属する 2 種類を除いた 6 種類が赤外活性となる．

ジクロロメタンにおける CH_2 伸縮振動と CH_2 変角振動の第一結合音は次のよう

表 3.1.2 ジクロロメタンの基準振動
[S. Sasaki, K. Tanabe, *Spectrochim. Acta*, **25A**, 1325 (1969)]

振動モード	波数 /cm^{-1}	帰属
ν_1	2999	CH_2 対称伸縮振動 $\nu(CH_2)_s$
ν_2	1467	CH_2 対称面内変角振動（はさみ）$\delta(CH_2)_b$
ν_3	717	CCl_2 対称伸縮振動 $\nu(CCl_2)_s$
ν_4	282	CCl_2 対称面内変角振動（はさみ）$\delta(CH_2)_b$
ν_5	1153	CH_2 逆対称面外変角振動（ひねり）$\delta(CH_2)_t$
ν_6	3040	CH_2 逆対称伸縮振動 $\nu(CH_2)_{as}$
ν_7	898	CH_2 逆対称面内変角振動（横ゆれ）$\delta(CH_2)_r$
ν_8	1268	CH_2 対称面外変角振動（縦ゆれ）$\delta(CH_2)_w$
ν_9	758	CCl_2 逆対称伸縮振動 $\nu(CCl_2)_{as}$

波数は気相における値.

に帰属される.

$3945 \text{ cm}^{-1} \rightarrow \nu(CH_2)_{as} + \delta(CH_2)_r$, $4198 \text{ cm}^{-1} \rightarrow \nu(CH_2)_{as} + \delta(CH_2)_t$

$4253 \text{ cm}^{-1} \rightarrow \nu(CH_2)_s + \delta(CH_2)_w$, $4453 \text{ cm}^{-1} \rightarrow \nu(CH_2)_{as} + \delta(CH_2)_b$

ジクロロメタンにおける CH_2 伸縮振動の第一倍音も同様に複数あり，次のように帰属される.

$5899 \text{ cm}^{-1} \rightarrow 2\nu(CH_2)_s$, $5918 \text{ cm}^{-1} \rightarrow \nu(CH_2)_s + \nu(CH_2)_{as}$

$6064 \text{ cm}^{-1} \rightarrow 2\nu(CH_2)_{as}$

表 3.1.2 をみると，ジクロロメタンの C–Cl 結合に由来する基準振動はすべてが 800 cm^{-1} 以下であり，$\delta(CCl_2)_b$ に至っては中赤外域（4000〜400 cm^{-1}）よりも低波数側の遠赤外域である．このため，CCl_2 基の第一倍音と第一結合音は近赤外域ではなく中赤外域となる．C–Cl 結合に由来する基準振動でもっとも高波数の $\nu(CCl_2)_{as}$（758 cm^{-1}）において倍音が 4000 cm^{-1} 以上の近赤外域に達するのは $6\nu(CCl_2)_{as}$ 以上であり，このような高次の倍音や結合音によるバンド強度は非調和性により極端に小さくなる．このように，換算質量が大きな振動子の基準振動は，換算質量が小さな X–H 結合と比較して低波数側となり，近赤外域には高次の倍音や結合音しか存在しないために，実際には明確なバンドとして観測されにくい．

3.1.3 ■ 重水素置換

X–H 結合による振動モードは，軽水素原子 $^1_1\mathrm{H}$ を質量数が異なる重水素原子 $^2_1\mathrm{D}$ に置換すると，バンド位置が低波数側にシフトする．このことを利用すると，(1) 着目した官能基に由来するバンドを明確にする，(2) CH_3 基と CH_2 基のような吸収帯が近いバンドを分離する，(3) 溶媒のバンドと重なっている溶質のバンドを分離する，といったことが可能になる．例えばエタノールを例にとると，エタノール-d_6 (CD_3CD_2OD) やエタノール-d_5 (CD_3CD_2OH) だけでなく，エタノール-d_3 (CD_3CH_2OH)，エタノール-d_2 (CH_3CD_2OH)，エタノール-d_1 (CH_3CH_2OD) といった重水素置換化合物が市販されており，メチル基，エチル基，水酸基のバンドをそれぞれ個別にシフトさせることができる．

ここで，重水素置換によって力の定数 k は変化しないと仮定すると，重水素置換化合物の波数 ν_D と置換していない軽水素化合物の波数 ν_H の比は，式(2.3.14)および式(2.3.7)から，

$$\frac{\nu_D}{\nu_H} = \sqrt{\frac{\mu_H}{\mu_D}} \tag{3.1.1}$$

となる．軽水素 H や重水素 D と比べて結合原子 X の質量が十分に大きい場合，この比は以下のように近似される．

$$\frac{\nu_D}{\nu_H} \sim \sqrt{\frac{m_H}{m_D}} = \frac{1}{\sqrt{2}} \sim 0.71 \tag{3.1.2}$$

図 3.1.2 に軽水 H_2O と重水 D_2O の近赤外スペクトルを示す．軽水における O–H 伸縮振動の第一倍音に比べて重水における O–D 伸縮振動の第一倍音は低波数側にシフトしており，その波数はおよそ $1/\sqrt{2}$ 倍となっている．これにより，6900 cm^{-1} 付近に吸収がある試料を水溶液として測定する場合，軽水では溶質のバンドが溶媒のバンドと重なってしまうが，重水を用いることで溶媒のバンドに妨害されることなく，溶質のバンドを観測することが可能となる．ただしここで注意しなければならないのは，OH 基や NH 基におけるプロトンは脱離しやすく，容易に軽水素と重水素の交換（H/D 交換）が起こりやすいということである．例えば少量のメタノール（CH_3OH）を大量の重水（D_2O）に溶解した場合，酸解離指数 pK_a が大きな CH_3 基は H/D 交換をほとんど受けないが，OH 基は容易に H/D 交換を受けて溶液中ではほとんどが CH_3OD となってしまい，溶媒（D_2O）による OD バンドと溶質（CH_3OD）による OD バンドは区別がつかなくなる．このとき，たと

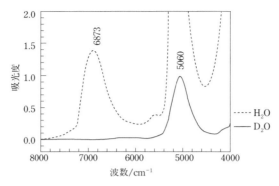

図 3.1.2 軽水 H_2O（破線）と重水 D_2O（実線）の近赤外スペクトル
1 mm セルを用いて透過法で測定した．OH 伸縮振動第一倍音（6873 cm^{-1}）に比べて OD 伸縮振動第一倍音（5060 cm^{-1}）はおよそ $1/\sqrt{2}$ 倍だけ低波数側に観測される．

え OH バンドが観測されたとしても，それは溶質（CH_3OH）によるものか，H/D 交換を受けた溶媒（H_2O）によるものかを区別することはできない．

ここまで，近赤外バンドを帰属する際に知っておくべきことを述べたが，実際に帰属を行うときには，前章で説明した非調和性やフェルミ共鳴の影響にも注意する必要がある．また，帰属を確認する際は，書籍などにまとめられている帰属集に頼るだけでなく，以下のような実験的方法を試みるとよい．

(1) 可溶な溶媒に溶かして溶液の状態で測定する．

 溶液とすることで溶質の分子間相互作用や分子内相互作用を変化させることができる．このとき，溶媒のバンドが溶質のそれと重ならないように溶媒を選択することが重要である．例えば四塩化炭素 CCl_4 は近赤外域にほとんど吸収がないため，溶液の近赤外スペクトルを測定する際の溶媒として適している．アルコールのような水素結合性化合物であっても，濃度を 0.1 mol dm^{-3} 以下にすると溶液中で孤立した状態になることがあり，濃度を変化させて測定することで，本来はブロードな OH 基の水素結合バンドが複数本に分離して観測され，各々の水素結合バンドを帰属することができる．十分な希釈によって孤立状態となった OH 基のシャープなバンドが複数本観測される場合，回転異性体のような分子構造に関する情報が得られている可能性がある．

(2) 溶液濃度を変えて測定する．

 溶質濃度，塩濃度，pH などを変えることで分子相互作用や化学構造が変わる場

合，その変化をスペクトルとしてとらえることが可能な場合がある．
(3) 試料温度を変えて測定する．
温度によって分子相互作用は変化する．また，温度の変化により相転移を生じる場合には，スペクトルの違いから構造変化を知ることができる．
(4) 分子配向状態を変えて測定する．
一軸延伸，ラビング処理，電場印加などにより分子配向状態を変えて偏光測定することにより，前処理や外場に敏感なバンドとそうではないバンドを区別することが可能となる．

こうした実験的手法以外に，ケモメトリックス，二次元相関分光法，量子化学計算といった分光スペクトルデータの数値解析やモデル分子の計算機シミュレーションを行うことで帰属が可能となることもある．そのような解析手法については次節以降で紹介する．

3.2 ■ 近赤外スペクトルの前処理[1)]

機器分析において分析精度を向上させるには，測定原理や装置構成を十分に理解したうえで最適な実験条件を達成するだけでなく，分析チャートに必然的に入り込んでしまう真の情報以外の外乱を可能な限り取り除くことが必要となる．ここでは，外的な要因を除去する方法と，その注意点を述べる．

蛍光分光やラマン分光のような試料からの発光や散乱光を直接観測する分光手法では，用いる装置の波長特性を知ったうえでその補正を行う必要がある．しかし，試料による入射光の減衰を観測する吸収分光や反射分光では，試料スペクトル $I(\lambda)$ と参照スペクトル $I_0(\lambda)$ の比である透過率 $T(\lambda) = I(\lambda)/I_0(\lambda)$ から求める吸光度 $A(\lambda) = -\log_{10}T(\lambda)$ が無次元量であるため，異なる装置で測定したとしても，原理的には同じ試料であれば完全に一致したスペクトルが得られることになる．しかし実際には，装置の仕様，測定条件，試料の状態などによってノイズやベースラインが測定スペクトル（原スペクトル）に加わり，分析精度を低下させてしまうことがある．

一般的に，透過法で測定する場合は吸光度スペクトルを，反射法で測定する場合は反射吸光度スペクトルを用いて定量分析が行われるが，原スペクトルのままでは真のスペクトルといえない場合，何らかの補正が行われる．例えば拡散反射法で

は，試料による光吸収が弱い波長帯の光は試料内で長距離を拡散しても十分に検出器に到達できるのに対して，光吸収が強い波長帯では長距離を拡散した光はほとんど検出器に到達しないため，反射吸光度スペクトルにおいて光吸収が弱い波長帯のバンドの強度が強調されてしまう．これを補正するためにはクベルカ–ムンク関数を用いたスペクトル変換が行われるが，このような補正は測定法の各論で扱い，本節では必要に応じて適切な補正がなされた後のスペクトルに対する前処理を説明する．

3.2.1 ■ ノイズ除去[2)]

機器分析において雑音（ノイズ）は避けて通れないものであり，それが分析精度に与える影響は小さくない．ノイズを与える要因は測定の段階で可能な限り排除することが望ましいが，それでも完全にノイズを除去することは不可能である．測定の段階でノイズを低減させる方法として積算回数を増やすことが有効であるが，積算回数をn倍にしたときのノイズレベルは$1/\sqrt{n}$倍にしかならない（ノイズレベルを$1/2$に減らしたいのであれば積算時間を4倍にしなければならない）．また，光源や室温の揺らぎを考えると，必ずしも長時間の積算が分析精度を向上させるとは限らない．

測定によって得られた離散データ$y(i)$（$i_{\min} \leq i \leq i_{\max}$，$i$は整数）からノイズを除去するもっとも簡単な方法に単純移動平均（simple moving average, SMA）による平滑化がある．i軸に沿った$i-m$から$i+m$までの大きさが$2m+1$である領域（これを窓という）を考えよう（mは自然数）．窓の中の点の数を窓幅といい，この場合は$2m+1$である．この窓の中における離散データの平均値は

$$\bar{y}(i) = \frac{1}{2m+1} \sum_{j=-m}^{m} y(i+j) \tag{3.2.1}$$

であり，この計算を$i_{\min}+m \leq i \leq i_{\max}-m$の範囲ですべての$i$について行うことで単純移動平均されたデータが得られる．この計算は高周波数成分を除去するローパスフィルターとしてはたらく．窓幅$2m+1$が吸収ピークの幅と同程度に大きい場合にはピークの情報を除去してしまうため，注意が必要である．

これを回避する一つの方法が重み関数を用いた加重移動平均（weighted moving average, WMA）である．この方法では，窓幅が$2m+1$の窓において適切な重み関数$w(j)$（$-m \leq j \leq m$）を考える（**図 3.2.1**）．この重み関数を用いると，平滑値$y_s(i)$は以下のように計算される．

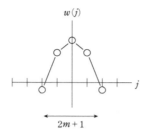

図 3.2.1 重み関数の例
この図では $m=2$, すなわち $j=-2$ から $j=+2$ までの窓幅が $2m+1=5$ である重み関数の例を示した.

$$y_s(i) = \frac{1}{W} \sum_{j=-m}^{m} w(j) \cdot y(i+j) \tag{3.2.2}$$

ただし,

$$W = \sum_{j=-m}^{m} w(j) \tag{3.2.3}$$

は正規化のための定数である.

近赤外スペクトルの平滑化においてもっとも使われている重み関数は, Savitzky と Golay によって提案された二次・三次多項式によるものである. 平滑化点数が $2m+1$ である二次・三次多項式による重み係数 $w(j)/W$ は

$$\begin{aligned} w(j) &= 3m(m+1) - 1 - 5j^2 \\ W &= \frac{(4m^2-1)(2m+3)}{3} \end{aligned} \tag{3.2.4}$$

から計算される. 平滑化点数 $2m+1$ が 5 から 11 における二次・三次多項式による重み係数の値を**表 3.2.1** に示した.

この値は j に対する二次関数となっている. これは測定によって得られた離散データ $y(i)$ が, $i-m \leq j \leq i+m$ の範囲で

$$y_s(j) = a(j-i)^2 + b(j-i) + c \quad (j = i-m, \cdots, i-1, i, i+1, \cdots, i+m) \tag{3.2.5}$$

によって近似できると仮定することによって得られる. この二次式で適合される重み関数は同様な三次式で適合される重み関数と一致するため, この方法を二次・三次多項式適合と呼ぶ. 同様に高次の多項式で適合させることもでき, 一次式で適合させる場合は単純移動平均と一致する.

表 3.2.1　二次・三次多項式による重み係数

	m	2	3	4	5
	$2m+1$	5	7	9	11
	$j=-5$				-36
	$j=-4$			-21	9
	$j=-3$		-10	14	44
	$j=-2$	-3	15	39	69
	$j=-1$	12	30	54	84
$w(j)$	$j=0$	17	35	59	89
	$j=1$	12	30	54	84
	$j=2$	-3	15	39	69
	$j=3$		-10	14	44
	$j=4$			-21	9
	$j=5$				-36
	W	35	105	231	429

ここで計算スペクトルを用いて単純移動平均と多項式適合による平滑化を比較してみよう．次のガウス関数

$$y(\nu) = y_0 \exp\left[-4\ln(2)\frac{(\nu-\nu_0)^2}{w^2}\right] \tag{3.2.6}$$

において，位置が $\nu_0=30$，強度が $y_0=1.0$，半値全幅が $w=10$ であるピークと，$\nu_0=40$，$y_0=0.4$，$w=10$ であるピークを足し合わせたものを考え，この計算スペクトルに10%のノイズを加えたものに対して，窓幅を $2m+1=21$ として平滑化したときの結果を図 3.2.2 に示す．サビツキー－ゴーレイ法を用いた二次・三次多項式適合（実線）では，$\nu_0=30$ におけるメインピークの強度 ($y_0=1.0$) がおよそトレースされ，$\nu_0=40$ におけるショルダーピークの存在がはっきりとわかるのに対し，単純移動平均（破線）ではメインピーク強度が小さくなり，ショルダーピークの存在が不明瞭となっている．

このように平滑化によってノイズを除去する際には，測定によって得られたデータ点がおよそトレースされるかどうかをチェックするとよい．

3.2.2 ■ 微分スペクトル[2]

サビツキー－ゴーレイ法を用いた多項式適合による平滑化では，窓幅 $2m+1$ における離散データを多項式で近似した．多項式の微分波形を求めることは容易であ

3.2 近赤外スペクトルの前処理

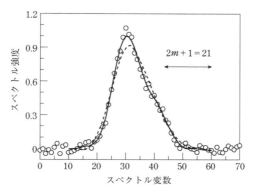

図 3.2.2 10%のノイズを与えた計算スペクトル（○）に対して単純移動平均（破線）と二次・三次多項式適合（実線）を用いて平滑化した結果

り，例えば二次多項式適合における式(3.2.5)の一次微分は

$$y'(j) = 2a(j-i) + b \tag{3.2.7}$$

となる．このことを利用して微分スペクトルを計算する方法も，平滑化と同様にサビツキー―ゴーレイ法という．この方法は，データの平滑化をともなって微分スペクトルが計算されることに特徴がある．**表 3.2.2** に，二次多項式適合によって微分

表 3.2.2 二次多項式適合によって微分スペクトル求める際の窓関数

	m	2	3	4	5
	$2m+1$	5	7	9	11
$w(j)$	$j=-5$				-5
	$j=-4$			-4	-4
	$j=-3$		-3	-3	-3
	$j=-2$	-2	-2	-2	-2
	$j=-1$	-1	-1	-1	-1
	$j=0$	0	0	0	0
	$j=1$	1	1	1	1
	$j=2$	2	2	2	2
	$j=3$		3	3	3
	$j=4$			4	4
	$j=5$				5
	W	10	28	60	110

第3章 近赤外スペクトル解析法

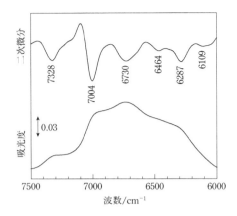

図 3.2.3 微結晶セルロースの拡散反射近赤外スペクトル(下)とその二次微分スペクトル(上)

スペクトルを求める際の窓関数の値を示した.この窓関数は二次多項式の微分波形であるから一次関数となっていることがわかる.

図 3.2.3 に拡散反射近法によって測定した微結晶セルロースの近赤外スペクトルとその二次微分スペクトルを示す.二次微分は傾きの変化量を表しており,それが極小となるところにピークが存在する.例えば図 3.2.3 の二次微分スペクトルにおいては,6464 cm^{-1} に明確な負のピークがみられる.これはセルロースのモノマー単位であるグルコピラノースにおける 3 位の OH 基が 5 位の O 原子と分子鎖内で水素結合することにより現れるバンドであるが,原スペクトルからその存在を確認することは難しい.7100 cm^{-1} 付近には正のピークがみられるが,これは二次微分スペクトルに特徴的なサイドピークであり,原スペクトルにおける 7004 cm^{-1} のバンドの立ち上がりによって計算上つくり出されてしまうピークである.

このように微分スペクトルではスペクトルのわずかな強度変化が強調されるため,定性的な解析に有用であり,近赤外スペクトルの解析に二次微分スペクトルが広く用いられてきた.例えば,真のスペクトルに対して $A = a\nu + b$ で表される傾きをもった直線状のベースラインが足し合わされたものが原スペクトルである場合,ベースラインの二次微分は $d^2A/d\nu^2 = 0$ となるため,どの波数位置でベースライン補正をすればよいかを考えることなく,二次微分スペクトルを計算するだけでベースライン補正が完了してしまう.しばしば二次微分スペクトルを用いて定量分析を行っている研究をみかけるが,その際には以下のことに注意しなければならない.

3.2 近赤外スペクトルの前処理

(1) 二次微分スペクトルを計算する際に窓幅 $2m+1$ を小さくすると，ノイズが強調されてしまい，本来は存在しないピークをつくり出してしまう．
(2) 二次微分スペクトルを計算する際に窓幅 $2m+1$ を大きくすると，ショルダーピークや小さなピークを消し去ってしまうことがある．
(3) 二次微分スペクトルのピーク強度は原スペクトルのバンド幅の変化に敏感である．
(4) 二次微分スペクトルのピーク強度は隣接するピークの裾野の変化に敏感である．

(1)と(2)から窓幅の決定が重要であることがわかるが，サビツキー－ゴーレイ法によって微分スペクトルを計算する際には，まずサビツキー－ゴーレイ法によって平滑化を行うことで，測定データ点がおよそトレースされる最大の窓幅を見積もっておき，同じ窓幅を用いて微分スペクトルを計算するとよい．

3.2.3 ■ 差スペクトル

大きなピークに隠れている小さなスペクトル変化の情報を読み取るために，2本のスペクトルの差を計算することがしばしばある．図3.2.4 に，水の温度依存スペクトルを用いて，各温度におけるスペクトルと 5℃ におけるスペクトルの差を計算した結果を示す．

ここで，2本の吸光度スペクトル

$$A_2(\nu) = -\log_{10}\frac{I_2(\nu)}{I_0(\nu)}, \quad A_1(\nu) = -\log_{10}\frac{I_1(\nu)}{I_0(\nu)} \tag{3.2.8}$$

の差スペクトルを考えよう．$I(\nu)$ は分光器によって測定される光強度の波数分散，すなわちシングルビームスペクトルである．このときの差スペクトルは次のように計算される．

$$\begin{aligned}A_2(\nu) - A_1(\nu) &= \left(\log_{10} I_0(\nu) - \log_{10} I_2(\nu)\right) - \left(\log_{10} I_0(\nu) - \log_{10} I_1(\nu)\right)\\ &= -\left(\log_{10} I_2(\nu) - \log_{10} I_1(\nu)\right) = -\log_{10}\frac{I_2(\nu)}{I_1(\nu)}\end{aligned} \tag{3.2.9}$$

例えばこの式で，$I_0(\nu)$ を空セルのシングルビームスペクトル，$I_2(\nu)$ を溶液のシングルビームスペクトル，$I_1(\nu)$ を純溶媒のシングルビームスペクトルと考えると，溶液の吸光度スペクトル $A_2(\nu)$ と純溶媒の吸光度スペクトル $A_1(\nu)$ の差スペクトルは，純溶媒をバックグラウンドとして測定した溶液の吸光度スペクトル，すなわち

第 3 章　近赤外スペクトル解析法

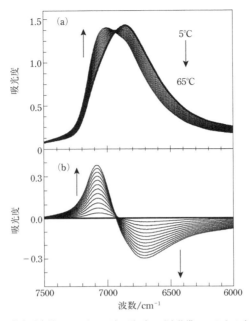

図 3.2.4　(a) 水の温度依存近赤外スペクトル $A(v, T)$ と，(b) 基準スペクトルを 5℃ としたときの差スペクトル $A(v, T) - A(v, 5℃)$
5℃ から 65℃ まで 5℃ ごとに測定．5℃ におけるスペクトルをそれぞれ太線で示した．

溶質の吸光度スペクトルと完全に一致し，$I_0(v)$ の情報がまったく入り込んでいないことがわかる．

図 3.2.4 の差スペクトルでは，基準スペクトルに実際の測定によって得られた吸光度スペクトルを用いたが，基準スペクトルは測定スペクトルでなくてもかまわない．例えば基準スペクトルに，各波数における吸光度の平均値を計算した平均スペクトルを用いてもかまわない．平均スペクトルとの差スペクトルを計算すると，スペクトル強度の情報はどの波数においてもゼロ点まわりに分散する．このようなスペクトルデータの前処理をセンタリング（中心化）という．センタリングの具体例は次節で紹介する．

3.2.4 ■ ベースライン補正

スペクトルのベースラインレベルが変動するということは，全波数領域の信号強度が影響を受けていることを意味する．こうした現象はさまざまな要因で起こりう

る．分光装置が原因となるものとしては，光源出力や検出器感度の揺らぎがあり，特に冷却型の検出器を用いている場合はその温度管理に注意する必要がある．温度依存スペクトルを測定する際には，試料からプランクの法則に従う黒体放射が生じるため，温度に対してベースラインがドリフトしやすい．これを避けるには，分散型の測定系ではなくフーリエ変換型の測定系を用いるとよい．透過測定においては，試料による光の反射や散乱が変化するとベースラインが変動する．例えば試料が結晶化によって白濁するような場合，ベースラインの変動から試料の状態変化に関する情報が得られる反面，単純な透過光ではなく拡散透過光として扱わなければならないため，真のスペクトルを得ることが難しくなる．一般的な中赤外スペクトルのように明瞭なベースラインがあればよいが，近赤外スペクトルではベースラインレベルを決定することが難しい場合がある．特に拡散反射スペクトルや拡散透過スペクトルでは，散乱体の大きさや形状により変動するだけでなく，光の吸収強度も影響を受けるので注意が必要である．このとき，多項式や指数関数といった何らかの関数を用いてベースライン補正を行うことができればよいが，それが難しい場合，以下に述べる standard normal variate（SNV）や multiplicative scatter correction（MSC）が用いられる．

3.2.5 ■ standard normal variate（SNV）

SNV は，複数本測定したスペクトルのばらつきを統計的に補正する手法である．いま，スペクトル $y(v)$ を N 本測定して得られたデータセットを $y(v, p)$ としよう．ここで p はスペクトルのインデックスである．p 番目のスペクトルにおいて，スペクトル変数 v の数を M とし，スペクトル強度の平均値

$$\bar{y}(p) = \frac{1}{M} \sum_{i=v_{\min}}^{v_{\max}} y(i, p) \tag{3.2.10}$$

と標準偏差

$$\sigma(p) = \sqrt{\frac{1}{N-1} \sum_{i=v_{\min}}^{v_{\max}} \left(y(i, p) - \bar{y}(p)\right)^2} \tag{3.2.11}$$

を求めておき，次の式によって SNV 変換を行う．

$$y_{\mathrm{SNV}}(v, p) = \frac{y(v, p) - \bar{y}(p)}{\sigma(p)} \tag{3.2.12}$$

図 3.2.5 に，散乱体となる試料の濃度を変化させて測定した水溶液の近赤外スペ

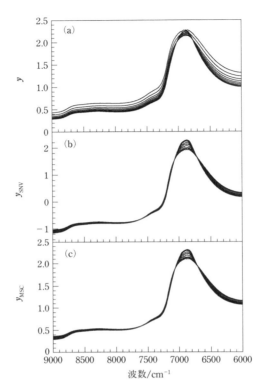

図 3.2.5 (a)散乱体の濃度を変化させて測定した水溶液の濃度依存近赤外スペクトルと，それを(b)SNV処理および(c)MSC処理したスペクトル

クトルと，それをSNV変換したスペクトルを示す．測定によって得られるスペクトルは試料の濃度によって散乱の度合いが異なるため，濃度に対してベースラインのドリフトがみられるが，SNV処理を施すことによって，概ねベースラインがそろったデータセットとなっていることがわかる．ただしこの方法は，スペクトル間の関係を無視して各々のスペクトルに統計処理を施しただけであるため，定量性に関わるバンドの強度を強制的に補正してしまう可能性があることを知っておかなければならない．そのために，どの波数領域でSNV処理を施すか，十分に考えておく必要がある．SNV処理をしたスペクトルにベースラインのトレンドが残る場合は，多項式を用いたトレンド除去（SNV-detrend）を施すことで，その後の定量分析の精度が向上することもある[3]．

3.2.6 ■ multiplicative scatter correction（MSC）

MSC は，実測スペクトル $y(v, p)$ が N 本のスペクトルの平均スペクトル

$$\bar{y}(v) = \frac{1}{N}\sum_{i=1}^{N} y(v, i) \tag{3.2.13}$$

を用いて

$$y(v, p) = a(p)\bar{y}(v) + b(p) + e(v, p) \tag{3.2.14}$$

で表されると仮定し，残差 $e(v, p)$ が最小となるような傾き $a(p)$ と切片 $b(p)$ を最小二乗法により求め，次式のように傾きと切片を取り除く．

$$y_{\mathrm{MSC}}(v, p) = \frac{y(v, p) - b(p)}{a(p)} \tag{3.2.15}$$

MSC 変換では，ベースライン成分と信号成分を区別しないで計算が行われるため，SNV 変換と同様に計算に用いる波数領域を考えてから処理を行う必要がある．図 3.2.5(c) に MSC 処理を施した近赤外スペクトルの例を示した．SNV 処理の場合と同様に概ねベースラインがそろったデータセットが得られていることがわかる．

3.3 ■ ケモメトリックス

3.3.1 ■ ケモメトリックスとは

ケモメトリックス（chemometrics）という単語は化学（chemistry）と計量学（metrics）からなる造語であり，しばしば化学計量学と訳される[4~6]．ケモメトリックスは比較的新しい学問であり，その誕生は 1970 年代後半と考えられている．1960 年代以降コンピュータが発達し，大量の数値データの演算が可能になり，数学・統計などの科学データもコンピュータによって取り扱われるようになった．この流れは次第に化学の領域にも及び，実験によって得られたデータを数学・統計学的な技法で解析するという考えが広まっていった．このように化学データの解析に用いられる数学・統計学的な技法の総称もケモメトリックスという．

ケモメトリックスの最大の特徴は，人間が直感的には解釈できない膨大なデータから「意味のある」情報を取り出すことができる点である．近赤外域では，物質による近赤外光の吸収がスペクトル上にブロードなバンドとなって現れ，倍音や結合音のバンドも数多く観測される．また，近赤外光は高い透過性をもつために，試料

の厚みや密度といった物理的な特性を反映しやすく，スペクトルのベースラインが変動しやすい．したがって，赤外スペクトルに比べると，近赤外スペクトルの形状は複雑なものになる．このような理由から，近赤外分光法は当初あまり積極的な評価は得られなかった[7]．この状況にブレークスルーをもたらした要因の一つがケモメトリックスによる近赤外スペクトルの解析である．逆に，近赤外分光法の普及とともにケモメトリックスも広く知られるようになり，市販のケモメトリックス用のソフトウェアの充実も相まって，誰もが自分の実験データに簡単にケモメトリックスを使えるようになっている．

ケモメトリックスに関する書籍はこれまでにも何冊か出版されているが，数式の意味に重点を置いたものや，適用事例を網羅的にあげたものなどが中心である[5〜8]．そこで本節では，実際のデータを解析する際にどのような流れでケモメトリックスの手法を使っていくのか，得られた結果をどう解釈していくのかといった解析の手順を中心として解説していく．本節で割愛されている細かな数学的説明については他の書籍を参照されたい[5〜7]．

3.3.2 ■ スペクトルデータの行列表記

スペクトルのような数値データは行列として取り扱うことができる．近赤外スペクトルを例に考えてみよう．近赤外スペクトルは試料に対してさまざまな波長（もしくは波数）の光を照射したときに測定される，試料によってどれだけ光が吸収・反射されたのかを表す数値の集合である．例えば，ある試料に対して波長 800 nm の光を照射し，その光がどれくらい試料を透過したのかを調べることで吸光度が得られる．スペクトルを測定する際にはこのような操作を 801 nm，802 nm，…，2500 nm といった他の波長について行う．さらに試料が複数個存在するような場合は，同様のスペクトル測定をそれぞれの試料について行う．この一連の測定によって得られたスペクトルデータは図 3.3.1 に示すような数値の集合となるため，行列として表記することが可能である．

3.3.3 ■ 主成分分析

A. 基本的な考え方

主成分分析（principal component analysis，PCA）はケモメトリックスのもっとも代表的な手法の一つである．先に述べたように，ケモメトリックスは，人間が直感的には解釈できないような膨大なデータから情報を抽出する手法である．まず

3.3 ケモメトリックス

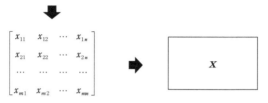

	800 nm	801 nm	⋯	2500 nm
試料 1	0.180	0.182	⋯	1.32
試料 2				
⋯	⋯	⋯	⋯	⋯
試料 m				

$$\begin{bmatrix} x_{11} & x_{12} & \cdots & x_{1n} \\ x_{21} & x_{22} & \cdots & x_{2n} \\ \cdots & \cdots & \cdots & \cdots \\ x_{m1} & x_{m2} & \cdots & x_{mn} \end{bmatrix} \Rightarrow X$$

図 3.3.1 スペクトルデータの行列表記

我々は通常,データをどのように調べ,解析を行っているのかを簡単な例を使って考えてみよう.

いま,いくつかの試料について近赤外スペクトルを測定し,他とは大きく性質が異なるような試料が存在するかどうかをスペクトルから調べるとする.測定する波長の数が少ない場合,データの解析は非常に簡単である.例えば,5つの試料A〜Eに関して,波長 x_1, x_2 での吸光度を測定したところ,**表 3.3.1** に示すような数値のデータが得られたとする.試料の中に他とは大きく性質が異なる試料が存在するかどうかを調べたいのだが,この数値だけをみて判断するのは少々困難である.一方,このデータを使って図を作成すると,データの解析は一転して非常に簡単になる.例えば,各試料について横軸に波長 x_1,縦軸に波長 x_2 での吸光度をプロットすると,各試料の性質は**図 3.3.2** のように x_1, x_2 軸によって定義される二次元平面上の点として表現される.この平面上での点と点との距離は試料間の「類似度」を表しており,例えば,近傍に位置するような2点は互いに類似している.逆に,2点間の距離が離れていれば互いに異なっていると解釈できる.では,図 3.3.2 から,試料A〜Eのうちのどの試料が他と性質が大きく異なっていると判断されるであろうか.他の試料から離れたところにプロットされた試料Aが他とは性質が大きく異なったものだと簡単にわかるはずである.では,なぜ試料Aは他の試料とは性質が大きく異なっているのであろうか.この答えも図をみれば一目瞭然であろう.試料Aは他よりも図の上方に位置している.すなわち,波長 x_2 の光を吸収する物質が他よりも多く含まれているのである.

表 3.3.1　2つの変数で表されるデータの例

試料	x_1	x_2
試料 A	100	145
試料 B	98	95
試料 C	102	98
試料 D	98	105
試料 E	105	102

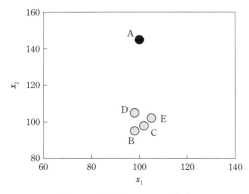

図 3.3.2　多変数データの可視化

　上の例のように，データを可視化することによって，データの解釈は非常に容易になる．しかし，このような方法は多数の波長（説明変数）をもつスペクトルデータには適用しにくい．例えば，短い波長間隔でスペクトルを測定すると，得られたデータは膨大な数の変数をもつことになる．多くの変数をもつデータは，空間上の点として直感的に認識すること，ひいてはそれから特徴的な試料を見つけ出すことが困難になる．では，この点をどう解決してデータを解析すればよいのかというと，説明変数の数が多いことが問題であるのだから，何らかの方法で説明変数の数を減らせばよい．もちろん，単純に数個の説明変数だけをデータから選択し，その他を除去するという方法では重要な情報をもった変数が失われてしまうかもしれない．そこで，互いに似たような情報をもった変数をまとめて，新しい1つの変数に変換する．このような考えに基づく方法が主成分分析である．

B. 主成分分析の方法

主成分分析では元の多変量データ（行列）X を数学的に分解してスコア T とローディング P と呼ばれる 2 つの行列に分解する．数式で表すと，

$$X = TP^t \tag{3.3.1}$$

となる．式中の上付き添え字 t は転置行列を意味している．式(3.3.1)を模式的に表すと図 3.3.3 のようになる．スコア T とローディング P はデータ X の中に含まれている情報を，より直感的にわかりやすい形で表したものである．スコア T の列は上記の数学的な変換によって作られた「新しい変数」を表しており，この「新しい変数」を主成分と呼ぶ．そして，スコアの行はそれぞれの主成分における吸光度などの値を表している．主成分の間には直交関係が成り立つ（互いに相関をもたない）という制約条件があり，式(3.3.1)を満たす T と P という 2 つの行列は，特異値分解や NIPLAS といった行列分解の反復計算によって算出することができる[6]．この行列分解により同じような情報をもつ変数が 1 つの変数にまとまり，より少ない変数でデータを表現できるようになり，解釈が非常に簡単になる．例えば，主成分分析の結果，図 3.3.3 の X が 2 つの主成分だけで記述できたとしよう．行列 T は各試料の第一主成分のスコアと第二主成分のスコアを表しているので，横軸に各試料の第一主成分のスコア，縦軸に第二主成分のスコアの値をプロットすることで，各試料の性質は第一主成分と第二主成分という 2 つの変数によって定義される二次元空間上の点として表される．先の図 3.3.2 の例と同様に，プロットされた点と点

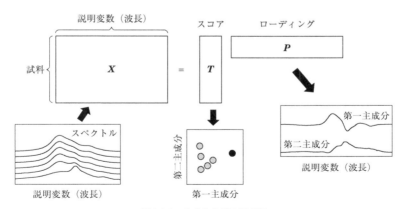

図 3.3.3 主成分分析の模式図

との距離は試料間の類似度を表しているので，点の分布や位置関係をみれば，試料間の違いや特徴的な試料の存在を特定するのは容易である．

いま，このスコアプロット上の分布に何らかの特徴的なパターンがみられたとする．こうした場合は，このスコアプロット上の点の間の距離は何を意味しているのか，つまり第一主成分と第二主成分とは一体何なのかということを理解する必要がある．このためには第一主成分と第二主成分のローディングを調べる．ローディングとはある波長や波数での吸光がどれくらい重要な情報であるかを示す尺度のことであり，言い換えれば，ローディングは主成分が多変量データ X のどの変数によって特徴付けられているかを表す．ローディングの値の絶対値が大きなものほど，寄与の高い変数である．言い換えれば，ローディングの値を調べることで，主成分とはどのような化学的，物理的な意味をもつ変数なのかを明らかにできる．

C. 主成分分析の例

次に，主成分分析を用いて近赤外スペクトルを解析した事例を示す[9]．図 3.3.4 は引張試験機で延伸した約 800 μm の厚みをもつ低密度ポリエチレンのフィルムの透過近赤外スペクトルである．ポリエチレンは高分子鎖が規則的に折りたたまれた結晶（ラメラ構造）部分とそれらをつなぐアモルファス（タイ鎖）部分からなり，近赤外域においてそれぞれの吸収バンドが観測される．外力を受けた際，フィルム内ではそれぞれの構造が異なる応答を示すために，フィルムは粘性と弾性をあわせもった性質（粘弾性）を示す．つまり，引張試験機による延伸過程をその場観察し

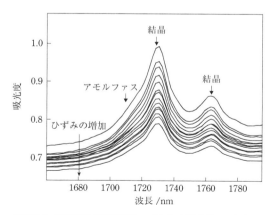

図 3.3.4　延伸中の低密度ポリエチレンの近赤外スペクトル

た一連の近赤外スペクトルを詳しく調べることで，ポリエチレンの粘弾性の要因となっている分子レベルでの構造変化を明らかにできるはずである．

ポリエチレンのスペクトル中の 1730 nm 付近に現れる大きなピークは，ポリエチレン結晶の CH_2 基による非対称伸縮振動の第一倍音に帰属される．1730 nm 付近のピークが大きいために，はっきりとは識別できないが，1705 nm 付近にはアモルファス状態のポリエチレンによる吸収バンドも存在している．また，試料の延伸によってひずみが増加するに従い，スペクトルの強度は徐々に低下している．しかしながら，スペクトルの強度は一見するとどれも一様に低下しており，結晶やアモルファス由来のバンドの変化の差を評価することは容易ではない．このようなわずかな差を評価するために主成分分析を適用した．なお，主成分分析の計算の前には，ベースライン補正を用いてスペクトルのベースラインの上下変動を除去している．

図 3.3.5(a) は横軸に第一主成分，縦軸に第二主成分のスコア値を使って各試料をプロットしたものである．それぞれの点がどの応力下で測定されたものかを示すために，プロットされた点を応力の値に応じて 3 つの範囲に分けて表示している．まず，図を左から右へとみていくと，ひずみの小さいものは図の左側に位置し，ひずみが増加するにつれて，図の右側へ位置していることに気がつく．つまり，延伸が進むにつれて試料の第一主成分のスコアの値が増加している．同様に，図 3.3.5(a) を下から上へと眺めていくと，ひずみの増加に従い第二主成分のスコアの値が増加している．主成分同士の間には互いに直交関係があるので，このプロット上の点のパターンから，延伸によって 2 種類の異なる「変化」が引き起こされていると推測

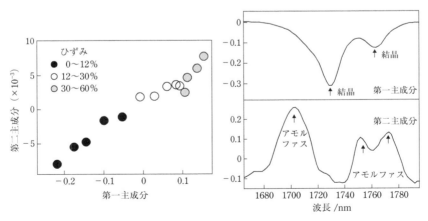

図 3.3.5　ポリエチレンの近赤外スペクトルより算出した (左) スコアと (右) ローディング

できる．

　次にこの2種類の「変化」がどのような現象を意味しているのかを明らかにする必要がある．そこで，図 3.3.5(a) のスコアに対応する第一主成分，第二主成分のローディングを調べて，主成分がもつ化学，物理的な意味を解釈することになる．**図 3.3.5**(b) に第一主成分と第二主成分のローディングを示す．第一主成分のローディングは，1730 nm 付近でとりわけ大きな負の値を示している．つまり，図 3.3.5(a) でみられた第一主成分のスコアの値の変化は，主として 1730 nm 付近のスペクトル強度の変化を表している．この大きなローディング値を示す領域は，図 3.3.4 のスペクトル中の 1730 nm 付近に観測されるポリエチレン結晶の CH_2 基による非対称伸縮の吸収バンドに対応している．このことから，第一主成分のスコアの値の増減は，延伸によるポリエチレン結晶の変形に対応していることがわかる．一方，第二主成分のローディングは 1705 nm，1750 nm，1770 nm 付近に正の大きな値を示している．これらの波長領域にはアモルファス状態のポリエチレンによる吸収バンドが存在していることが知られており，このことから，第二主成分は延伸によるアモルファス状態の変形を表していることがわかる．つまり，図 3.3.5(a) にみられるスコアの値の変化は，引張によって結晶とアモルファスが変形していく様子を示したものだと解釈することができる．スペクトルの強度は一様に低下しており，一見すると，単に延伸によって厚みが薄くなっただけと思われるが，主成分分析の結果から，一連のスペクトルの変化は結晶部分とアモルファス部分がそれぞれ異なる変形過程を経て生じたものであることがわかる．つまり，アモルファスと結晶という異なる機械的特性をもった高分子構造が共存し，これらが異なった流動変形を示すために，ポリエチレンが粘弾性を示すことがわかる．

　上記の例のように，主成分分析によって得られたスコアプロットを調べることで，試料間の化学的・物理的な違いを容易に知ることができる．この特性を生かして，試料のグループ分けや，何らかのエラーを含んだ試料（アウトライヤー）の検出を行うことも可能である．

3.3.4 ■ 主成分回帰分析，PLS 回帰分析

　回帰分析は近赤外スペクトルの解析においてもっともよく使われる技術の一つである．回帰分析の模式図を**図 3.3.6** に示す．

　例えば，濃度のわかっているいくつかの試料の混合物について，そのスペクトルを測定したとする．試料のスペクトルを $\boldsymbol{X}$（行列），実際の濃度を $\boldsymbol{y}$（行列）とす

3.3 ケモメトリックス

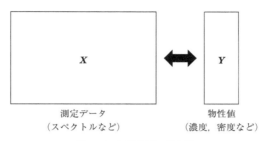

図 3.3.6 回帰分析の模式図

ると,回帰分析のための一般式は,

$$y = Xb = x_1 b_1 + x_2 b_2 + \cdots + x_n b_n \tag{3.3.2}$$

と表される.この式は,各波長での吸光度 $x_1, x_2, \cdots, x_p$ に,それぞれ回帰係数 $b_1, b_2, \cdots, b_p$ を乗じた総和が試料濃度 y と一致する,ということを表している.回帰モデルを構築する,ということは上式を満たすような回帰係数 b を求めることを意味する.回帰係数 b が得られれば,たとえ実際の試料濃度 y が未知であっても,試料のスペクトル X から試料濃度 y を見積もることができる.つまり,クロマトグラフィーなどの従来法を使わずに,スペクトルの値から試料濃度を知ることが可能になる.回帰係数 b は,y と X に相当するデータがあれば,最小二乗法を用いて簡単に算出することができる.説明変数(波長)x が1つだけのときは単回帰分析,x が複数個存在するときは重回帰分析と呼ばれる.

データから回帰モデルが得られた後は,得られた回帰モデルの精度を評価する必要がある.いま,回帰係数 b を用いて試料 X_i の濃度 y_i を推定したとする.推定された濃度は ^(ハット)という記号を用いて,

$$\hat{y}_i = X_i b \tag{3.3.3}$$

と表記される.実際の濃度と推定値との差は誤差と呼ばれ,

$$e_i = y_i - \hat{y}_i \tag{3.3.4}$$

で与えられる.誤差の総和を求めたときに,それが小さければ,検量線の精度は高いと判断できるが,誤差 e_i の値は正と負の両方をとりうるので,残差平方和(residual sum of squares, RSS)と呼ばれる次のような誤差の二乗和の値を比較する必要がある.

$$\mathrm{RSS} = \sum_{i=1}^{n} e_i^2 \qquad (3.3.5)$$

試料の数が増えればRSSの値も増えるので,異なる試料数で作成した検量線間の精度を比較することはできない.そこでRSSの値を試料の数 n で割り,さらにその値の平方根をとった,誤差の二乗平均平方根(root mean squared error, RMSE)を検量線の精度を示す指標として用いる.

$$\mathrm{RMSE} = \sqrt{\frac{\mathrm{RSS}}{n}} \qquad (3.3.6)$$

RMSEとあわせて相関係数もしくは決定係数なども検量線の評価指標として用いられている[4〜7].

主成分回帰分析やPLS(partial least squares;部分最小二乗)回帰分析は,回帰に用いる主成分の数によって予測の精度が異なる.一般的に,主成分の数が増えるほどRMSEの値は0に近づく.しかし,過剰な数の主成分を使って得られた回帰モデルに新しいデータを適用すると,元のデータのRMSEに比べて新しいデータのRMSEがはるかに大きな値となって,回帰精度の低下を示すことがある.このような現象はオーバーフィットと呼ばれている.オーバーフィットが起こる原因は,ノイズなどの余分な情報が主成分として抽出され,その主成分のスコアを使って回帰モデルが構築されるためである.そのため,バリデーションと呼ばれる方法を用いて,最適な主成分の数を決定することが重要なポイントとなる.

回帰分析に用いる主成分の数が過剰になると,回帰モデルはオーバーフィットを起こし,他のデータでの回帰精度が低下する.逆に言えば,モデルを作るデータ以外のデータをあらかじめ用意しておき,このデータの結果も併用することで,回帰精度がよく,かつオーバーフィットを起こさない最適な主成分の数を決定できるはずである.このような考えに基づく検証方法がバリデーションである.バリデーションの模式図を**図 3.3.7**に示す.検量線を求める,つまり回帰係数 b を算出する際には,キャリブレーションセットと呼ばれるデータの一部分 X_{cal}, Y_{cal} だけを用いる.次に,バリデーションセットと呼ばれる残りのデータ X_{val}, Y_{val} に対して,式(3.3.6)を適用し,バリデーションセットの誤差の二乗平均平方根を算出する.データ中の試料の数が多ければ,十分な試料数のバリデーションセットを準備することも可能であるが,実際の実験では十分な数の試料数が得られないこともある.そこで,バリデーションセットの数や選び方を工夫した方法が数多く考案されている.一般的には,データセットの数が十分でない場合には,クロスバリデーション

と呼ばれる方法が用いられている[5]．

　重回帰分析を適用する際，重要な注意点が一つある．それは，重回帰分析で用いられる説明変数 x の間には共線性があってはならないということである．共線性とは，ある変数における値の変化の仕方が，他の変数におけるそれと相関をもつということである．実はこのような変数間の共線性は近赤外スペクトルにおいては顕著に現れる現象である．例えば，試料内部の水分量が増加すれば近赤外スペクトル中の水の吸収バンドの強度は増加する．近赤外域のバンドは非常にブロードな線幅をもっており，また，近赤外域には倍音，結合音といった水の OH 基に由来するバンドが数多く存在するために，多くの波長における吸光度が似たような変化，つまり共線性を示すことになる．このように，近赤外スペクトルは基本的に共線性をもちやすく，重回帰分析には不向きなことが多い．このために，実際の近赤外スペクトルを用いた回帰分析では，共線性の問題を回避することのできる主成分回帰分析や PLS 回帰分析という方法が用いられている．

　変数間に共線性をもったデータに重回帰分析を用いるためには，変数を共線性をもたないような別の形に変換すればよい．つまり，元のデータ X に主成分分析を行い，共線性のない主成分に変換すれば，回帰分析を適用することが可能になる．

　X が A 個の主成分によって表現されたとすると，X は

$$X = t_1 p_1^t + t_2 p_2^t + \cdots + t_A p_A^t \tag{3.3.7}$$

と記述することができる．ここで，式中の t_i, p_i は第 i 成分のそれぞれスコアとローディングを意味する．式(3.3.2)の x_1, x_2 といった値の代わりに t_1, t_2 を用いることで，共線性のない変数を使って重回帰分析を行うことができる．つまり，X の主成分分析によって得られたスコア T の値を使って回帰分析を行っているのである．この方法は主成分回帰分析と呼ばれる．

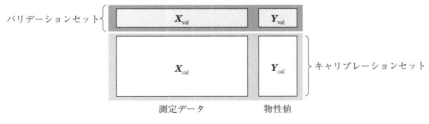

図 3.3.7　バリデーションの模式図

通常の主成分分析の計算では反復計算を用いて各主成分の値が算出される．例えば，まず最初に $X = t_1 p_1^t$ を満たすようなスコア t_1 とローディング p_1 が計算される．次に X を $X - t_1 p_1^t$ として同様にスコアとローディングを算出し，これを第二主成分のスコアとローディングとする．主成分回帰分析では，このような操作を繰り返して，十分な回帰分析の精度を与えるだけの主成分を反復計算している．ところで，回帰分析を行う際，我々は試料の物性値 y に関する情報ももっているはずである．回帰分析の目的は X と y がうまく関連付けられるような回帰係数 b を得ることであるから，X 中の y に関する情報をもった部分だけを主成分として選択的に抽出すれば，上記のような主成分の逐次計算がより効率的に行える．このような制約条件を課しつつ，効率よく主成分を計算する方法がいくつも提唱されており，これらを総称して PLS 回帰分析と呼ぶ．主成分回帰分析と PLS 回帰分析はよく似た考えに基づいているが，PLS では主成分が，より y に関連した情報をもって算出されるというアルゴリズム上の違いがある．

次に，PLS 回帰を用いて，タイ産のナンプラー（魚醤）の近赤外スペクトルから糖度を定量分析した例を示す[10]．ナンプラーはイワシを発酵させて作られる調味料である．このため，生産時の加工条件や環境に大きく影響を受け，含まれる化学成分量が変動しやすい．そこで従来法よりも簡便なスペクトル測定だけで，各種の化学成分量を定量しようとする研究が試みられた．**図 3.3.8** はタイ産のナンプラーの近赤外スペクトルとその二次微分スペクトルである．スペクトル中には 960 nm と 1200 nm 付近に水の OH 基に由来するブロードなピークが現れている．一方，成分の密度が違うと近赤外光の散乱の仕方が変化するために，スペクトルのベースラインが上下に変動している．そこで，ベースライン変動を除去し，重なったピークを分離するために，スペクトルに二次微分処理を行った後，PLS 回帰を適用した．主成分回帰分析，および PLS 回帰分析で最初に重要になるのが，モデルに使う主成分の数である．**図 3.3.9** は検量線に用いる主成分の数を増加させると，RMSE がどのように変化するかを表したものである．なお，二乗平均平方根の計算にはクロスバリデーションを用いた．使用される主成分の数が 2 つまでは二乗平均平方根の値は顕著に減少しており，これは第一主成分および第二主成分のスコアの値が，回帰精度の向上に大きく寄与，つまり，試料の糖度変化に密接に関連していることを意味している．一方，回帰モデルに第三主成分のスコアの値を加えても回帰精度に大きな改善はみられない．さらに主成分の数を増加させると，今度は誤差の値が増加し始め，回帰精度が悪くなってしまうというオーバーフィットが起こっている．こ

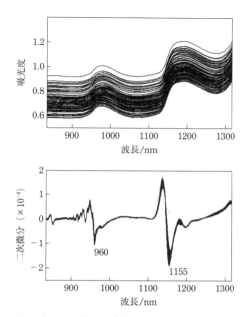

図 3.3.8 ナンプラーの（上）近赤外スペクトルと（下）その二次微分

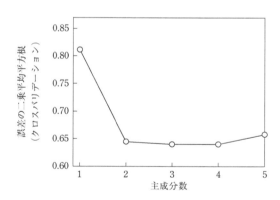

図 3.3.9 主成分数の増加による予測精度の変化

れはモデルに用いた主成分が，試料中の糖度とはあまり関係のない情報を表しているためである．このような変化からモデルに使用する主成分の数は 2 つが適していると結論できる．

　第二主成分までを用いて回帰モデルを求め，試料の糖度を予測した値を図 3.3.10

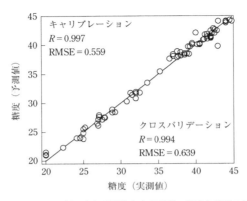

図 3.3.10 PLS回帰により予測された各試料の糖度と実際の糖度

に示す．図の横軸は実測値，縦軸は回帰式による予測値である．図中の相関係数と誤差の二乗平均平方根はキャリブレーションとクロスバリデーションの結果を示している．回帰モデルの結果の良し悪しを判断するには，予測値と実測値との差，相関係数，平均二乗誤差から総合的に判断する必要がある．例えば，各試料は検量線（図中の黒線）近傍にプロットされており，予測値と実測値との差が少ないことがわかる．キャリブレーションとクロスバリデーションの平均二乗誤差も試料の糖度の範囲（約20〜45）に比べてはるかに小さな値となっており，予測による誤差がきわめて小さいことが示されている．また，ここでは，キャリブレーションとクロスバリデーションの結果の間に大きな差が生じていないかを確認することも重要である．もし，回帰モデルに用いられる主成分数が過剰になるとオーバーフィットが起こり，バリデーションの結果はキャリブレーションのものよりも大きく低下することになる．両者の値に極端な差がある場合はオーバーフィットであるので，回帰モデルに用いる主成分の数を減らす必要がある．

　回帰の精度が要求される基準を満たしている場合，次に考えなければならないのは，このような精度のモデルが得られる理由である．主成分回帰やPLS回帰は主成分のスコアの値を使って回帰分析を行っているわけであるから，スコアの値が各試料の糖度と密接に関連していることが予想される．**図3.3.11**は各試料の第一主成分と第二主成分スコアの値をプロットしたものである．試料は糖度に応じて3つのグループに色分けしてある．図を左から右へとみていくと，試料の糖度が徐々に増加している．つまり，第一主成分のスコアの値が増加すると試料の糖度も増加している．この値を使って回帰分析を行っているために高い精度で糖度が予測できて

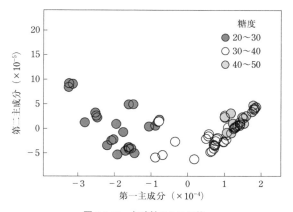

図 3.3.11　各試料のスコア値

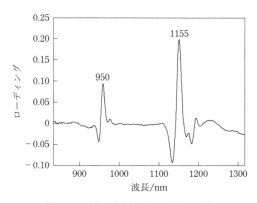

図 3.3.12　第一主成分のローディング値

いると考えられる．次にこの第一主成分がどのような現象を意味しているのかを明らかにする必要がある．そこで，スコアに対応する第一主成分のローディングを調べて，主成分がもつ化学的，物理的な意味を解釈することになる．図 **3.3.12** は第一主成分のローディングを示す．図中の 950 nm と 1155 nm の波長領域においてローディングの値が大きな正の値をもっており，よって第一主成分がこの領域での吸光度変化を表していることがわかる．図 3.3.8 に示されるスペクトルをみれば明らかなように，これらの波長領域はスペクトル中の 950 nm と 1155 nm において観察される水の OH 基の吸収バンドに対応している．つまり，第一主成分は水分子の量を示し，スコアの値は相対的な水分量の変化を表していることになる．糖由来

のOH基ではなく，水のOH基に由来する吸収バンドが第一主成分を表しているのは，試料中の水分量の変化によって糖の相対濃度も変化すること，さらに，スペクトル中のOH基の吸収バンドが大きく現れているため，他の化学成分による吸収バンドが検出しにくいことが原因と考えられる．

　上記の結果から，ナンプラーの近赤外スペクトルからその糖度が見積もられるという仕組みは，元をたどれば，水分子が近赤外光を吸収するという原理に基づいていることがわかる．このように，ローディングから主成分の化学的な意味が得られ，回帰モデルに適切な解釈が与えられた後は，最後のプロセスとして未知試料の予測を行う．キャリブレーションセットやバリデーションセットに含まれていない未知試料を使った予測は，回帰モデルの精度を証明するためには必要不可欠なプロセスであり，キャリブレーションやバリデーションの結果だけでは不十分であるので注意が必要である．**図 3.3.13** は，回帰モデルを未知試料を用いて算出した糖度の予測値と実際の糖度値を表している．未知試料の予測結果では，回帰精度だけでなく，相関係数や誤差の二乗平均平方根の値が，キャリブレーションやバリデーションのものと大きく変わっていないかを確認することが重要である．例えばこの例では，一試料から算出した相関係数や誤差の二乗平均平方根の値は，図 3.3.10 に示されたものと比べても大きな差は生じていない．つまり，回帰モデルに新たなデータを適用しても，キャリブレーションセットやバリデーションセットのものと同じような回帰結果が得られることが示されている．

　試料の中にはアウトライヤーが含まれている可能性がある．また，スペクトル中には，試料の物性値 y 以外に起因する吸収バンドや，ノイズが強く現れている領域

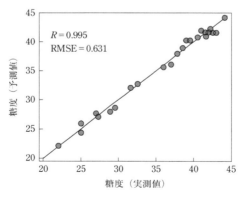

図 3.3.13　PLS 回帰モデルによる未知試料の糖度の予測値と実際の値

が含まれることもある．こういったデータを含んだまま回帰分析を行うと，予測精度が著しく低下する．そこで，一般的には，得られたモデルを未知試料に適用する前に，アウトライヤーを除去したり，不必要な波長領域を取り除く操作が行われる．アウトライヤーを特定するためにはスコアプロットが用いられる．全体から大きくは外れた位置にプロットされるような試料は，他とは大きく異なる特性をもったもの，すなわち，アウトライヤーである可能性が考えられるので，このような試料を除去し，再計算後の回帰精度がどのように変化するかを確認する必要がある．一方，回帰分析に不必要な波長領域を特定するには，ローディングの値が0に近い波長領域をデータから取り除いて再計算すればよい．例えば，図3.3.12では900 nm以下の波長領域ではローディングの値はほとんど0になっている．また，この領域ではノイズの影響を強く受けて曲線がギザギザとした形状になっている．このような特徴が現れている領域を取り除くことで回帰精度の向上が期待される．なお，近年のケモメトリックスでは，回帰精度がよくなる波長精度を自動的に選択する方法の研究も盛んに行われており，こういった方法を用いることも可能である[11,12]．

　結局，注意しなければならないのは，一度未知試料の予測を行った後では，未知試料の回帰精度をよくするために，回帰モデルの主成分数を変更する，不必要な波長領域を取り除く，キャリブレーションセット中の測定精度のよくない試料を除去するといった操作を行ってはならない，ということである．未知試料の結果を眺めながら，この結果を改善するために回帰モデルに改良を加えてしまうと，未知試料は厳密には「未知」とはいえず，バリデーションセットになってしまう．上記のようなモデルを改善するための操作はキャリブレーションセットだけを用いながら行う必要がある．

3.4 ■ 二次元相関分光法[13,14]

　二次元相関分光法は，試料に何らかの外部摂動を与えながらスペクトルを逐次測定し，摂動に対する応答として得られた複数のスペクトルからバンド間の相関を解析して情報を二次元に展開する手法である（**図3.4.1**）．この方法では，核磁気共鳴（NMR）分光における二次元分光法と同様に，一次元のスペクトルからバンド間の関係を視覚的にとらえることができる．近赤外スペクトルでは複数のピークが重なったブロードなバンドが得られることが多いが，二次元相関分光法によりピークの分離が可能となり，二次微分スペクトル解析や主成分分析と相補的な情報が得られる．

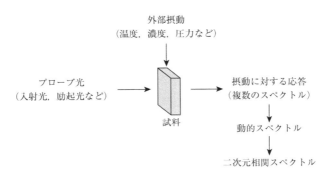

図 3.4.1 二次元相関分光法の原理
　　　　　［森田成昭ほか，分光研究, **60**, 243（2011）から転用］

さらに近赤外スペクトルと中赤外スペクトルのように，異なる分析手法で測定したデータに対しても相関解析は可能であり，すでにわかっている中赤外スペクトルにおけるバンドの帰属から近赤外スペクトルの帰属を予測することも行われている．

3.4.1 ■ 二次元相関分光法に用いられるデータセット

　二次元相関分光法が提案された初期の頃は，外部摂動として正弦波のシグナルを与えることが前提となっていたが，1993 年に野田が提案した一般化二次元相関分光法により，どのようなシグナルを外部摂動として与えても解析が可能となった．試料に与える外部摂動は，温度，濃度，圧力など何でもよい．図 3.4.2(a) に，25℃ から 200℃ の範囲で 25℃ ごとに測定した微結晶セルロースの温度依存近赤外スペクトルを示す．この図に示すように，二次元相関分光法では，一定の規則に従って並べられたチャートデータが用いられる．逆にいうと，スペクトルをランダムに並べた，摂動方向の情報が失われているデータセットを用いて二次元相関解析を行っても有用な解釈はできない．さらにいえば，一定の規則に従ってスペクトルを測定したとしても，何らかの外因によるアウトライヤー（異常なスペクトル）が 1 本でも含まれると，間違った解釈をしかねないので注意が必要である．また図 3.4.2(a) では 25℃ ごとの一定間隔で測定したデータを示したように，多くの二次元相関解析ソフトウェアが，このような一定間隔の摂動変化を前提としていることにも注意が必要である．もしすでにもっているデータセットが摂動方向に一定間隔でない場合は，何らかの方法（線形近似，多項式近似など）で一定間隔となるようにデータ補間をすればよい．

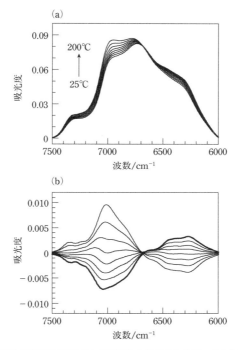

図 3.4.2 25℃ から 200℃ の範囲で 25℃ ごとに測定した微結晶セルロースの(a)温度依存近赤外スペクトルと(b)その動的スペクトル
太線は 25℃ におけるスペクトル.

3.4.2 ■ 二次元相関スペクトルの計算

計算に用いるデータセットを $y(\nu, p)$ としよう．温度依存近赤外スペクトルの場合，スペクトル変数 ν は波数，摂動変数 p は温度，スペクトル強度 y は吸光度である．一般化二次元相関分光法ではまず，データセット $y(\nu, p)$ を動的スペクトル $\tilde{y}(\nu, p)$ に変換する．

$$\tilde{y}(\nu, p) = \begin{cases} y(\nu, p) - \bar{y}(\nu) & p_{\min} \leq p \leq p_{\max} \\ 0 & その他 \end{cases} \quad (3.4.1)$$

ここで，$\bar{y}(\nu)$ は基準スペクトルであり，一般に，測定した N 本のスペクトルの平均スペクトルが用いられる．

$$\bar{y}(\nu) = \frac{1}{N} \sum_{j=1}^{N} y(\nu, p_j) \quad (3.4.2)$$

図 3.4.2(b)に，図 3.4.2(a)で示したデータセットから計算した動的スペクトルを示す．動的スペクトルでは，すべてのスペクトル変数 ν において，信号強度変化 $\tilde{y}(p)$ が $\tilde{y} \sim 0$ 付近に中心化（センタリング）されていることがわかる．

ここで，スペクトル変数 ν_1 における信号強度変化 $\tilde{y}(\nu_1, p)$ をフーリエ変換して p ドメインからその周波数 ω ドメインとしたものを $\tilde{Y}_1(\omega)$ としよう．

$$\tilde{Y}_1(\omega) = \int_{-\infty}^{\infty} \tilde{y}(\nu_1, p) \exp(-i\omega p) dp \tag{3.4.3}$$

ここで，i は虚数単位である．同様に，スペクトル変数 ν_2 における信号強度変化 $\tilde{y}(\nu_2, p)$ のフーリエ変換 $\tilde{Y}_2(\omega)$ の共役部分 $\tilde{Y}_2^*(\omega)$ は

$$\tilde{Y}_2^*(\omega) = \int_{-\infty}^{\infty} \tilde{y}(\nu_2, p) \exp(+i\omega p) dp \tag{3.4.4}$$

である．これらを用いて二次元相関スペクトルは以下のように計算される．

$$\Phi(\nu_1, \nu_2) + i\Psi(\nu_1, \nu_2) = \frac{1}{\pi(p_{\max} - p_{\min})} \int_{-\infty}^{\infty} \tilde{Y}_1(\omega) \cdot \tilde{Y}_2^*(\omega) d\omega \tag{3.4.5}$$

ここで，$\Phi(\nu_1, \nu_2)$ を同時相関スペクトル，$\Psi(\nu_1, \nu_2)$ を異時相関スペクトルという．すなわち，一般化二次元相関分光法は，摂動方向の信号強度変化がどのような波形であっても，フーリエ変換によって周波数成分ごとに信号を分離してから相関解析をし，実部は実部で，虚部は虚部で全周波数成分を足し合わせることによって p ドメインにおける信号強度変化の相関の実部 $\Phi(\nu_1, \nu_2)$ と虚部 $\Psi(\nu_1, \nu_2)$ を計算しているのである．

実際にコンピュータを使って離散的に二次元相関スペクトルを計算する際には，高速フーリエ変換（FFT）を用いてもよいが，ヒルベルト－野田変換行列

$$M_{jk} = \begin{cases} 0 & j = k \text{ であるとき} \\ \dfrac{1}{\pi(k-j)} & \text{それ以外} \end{cases} \tag{3.4.6}$$

を用いる方が簡単である．これを用いて同時相関スペクトルと異時相関スペクトルは

$$\begin{aligned} \Phi(\nu_1, \nu_2) &= \frac{1}{N-1} \sum_{j=1}^{N} \tilde{y}(\nu_1, p_j) \cdot \tilde{y}(\nu_2, p_j) \\ \Psi(\nu_1, \nu_2) &= \frac{1}{N-1} \sum_{j=1}^{N} \tilde{y}(\nu_1, p_j) \cdot \sum_{k=1}^{N} M_{jk} \cdot \tilde{y}(\nu_2, p_k) \end{aligned} \tag{3.4.7}$$

と計算される．このようにヒルベルト－野田変換行列を用いることで，二次元相関スペクトルが簡単な行列計算だけで得られる．実際に二次元相関解析をする際に

は，MATLAB や Scilab のような行列計算を容易にプログラミングできる数値解析ソフトウェアか，専用のソフトウェアを用いるとよい．専用のソフトウェアとしては，分光器メーカーが準備した測定プログラムのオプションのほか，2DShige のようなフリーソフトもある（関西学院大学尾崎研究室ホームページおよび大阪電気通信大学森田研究室ホームページからダウンロード可）．

3.4.3 ■ 二次元相関スペクトルの解釈

図 3.4.3 に，図 3.4.2 で示したデータセットを用いて計算した二次元相関スペクトルの等高線図を示す．同時相関スペクトルと異時相関スペクトルのいずれについても，横軸に ν_1，縦軸に ν_2 をとった平面に式(3.4.7)から計算した値（相関値）がプロットされている．ここでは，相関値が正となっている領域を白，相関値が負となっている領域を灰色で示した．この図を用いて二次元相関スペクトルの解釈を説明しよう．

式(3.4.7)をみると，同時相関スペクトルは測定によって得られたデータセット $y(\nu, p)$ の分散共分散行列

$$\Phi(\nu_1, \nu_2) = \frac{1}{N-1} \sum_{j=1}^{N} \left(y(\nu_1, p_j) - \bar{y}(\nu_1) \right) \cdot \left(y(\nu_2, p_j) - \bar{y}(\nu_2) \right) \quad (3.4.8)$$

にほかならず，$\nu = \nu_1 = \nu_2$ の場合，$\Phi(\nu)$ は $y(\nu, p)$ の分散スペクトル

$$\Phi(\nu) = \frac{1}{N-1} \sum_{j=1}^{N} \left(y(\nu, p_j) - \bar{y}(\nu) \right)^2 \quad (3.4.9)$$

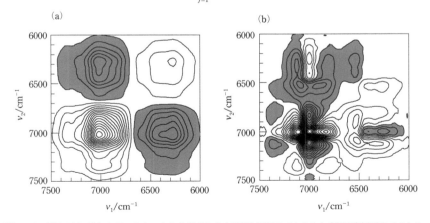

図 3.4.3 図 3.4.2 に示したデータセットから計算した(a)同時相関スペクトルと(b)異時相関スペクトル　白色および灰色の領域は，それぞれ正および負の相関値であることを示す．

となっていることがわかる．同時相関スペクトルにおいては，$\nu_1=\nu_2$ である対角線上にはこの分散スペクトルがプロットされており，実際のスペクトル強度に関係なく，摂動に対する変化が大きいバンドに正の相関値がみられる．例えば，原スペクトル $y(\nu, p)$ では 6700 cm^{-1} 付近がもっとも吸光度が大きいが，$\Phi(6700 \text{ cm}^{-1}, 6700 \text{ cm}^{-1})$ には目立った相関ピークがみられない．これに対し，$\Phi(7000 \text{ cm}^{-1}, 7000 \text{ cm}^{-1})$ と $\Phi(6270 \text{ cm}^{-1}, 6270 \text{ cm}^{-1})$ には正の相関がみられ，これらの波数領域が摂動に対する変化が大きい領域であることを示している．同時相関スペクトルの対角線上以外の領域（$\nu_1 \neq \nu_2$）にも相関ピークがみられ，$\Phi(7000 \text{ cm}^{-1}, 6270 \text{ cm}^{-1})$ と $\Phi(6270 \text{ cm}^{-1}, 7000 \text{ cm}^{-1})$ に負の相関ピークが観測されている．図 3.4.2(a) をみると，温度上昇にともなって 7000 cm^{-1} のバンド強度は増加し，6270 cm^{-1} のそれは減少している．このように同時相関スペクトルでは，ν_1 におけるバンド強度変化と ν_2 におけるバンド強度変化が同方向である場合に正の相関が現れ，異方向である場合に負の相関が現れる．

このように同時相関強度がバンド強度変化の大まかな類似性を表すのに対して，異時相関強度はバンド強度変化が起こるタイミングのずれを表す．例えば図 3.4.3 で，7000 cm^{-1} のバンドと 6270 cm^{-1} のバンドの間には，$\Psi(7000 \text{ cm}^{-1}, 6270 \text{ cm}^{-1}) > 0$ と $\Psi(6270 \text{ cm}^{-1}, 7000 \text{ cm}^{-1}) < 0$ の異時相関ピークがみられる．異時相関強度がゼロではないということは，2つの信号強度変化が完全に同期していないことを表している．

ここで単純な例として，ν_1 における信号強度変化が $y(\nu_1, p) = \sin(p)$，ν_2 における信号強度変化が，位相が θ だけずれた $y(\nu_2, p) = \sin(p-\theta)$ である場合を考えよう．$\theta = 0$ のとき，$y(\nu_1, p)$ と $y(\nu_2, p)$ は完全に同期する．この場合，同時相関強度は最大となり，異時相関強度はゼロとなる．$\theta = \pi$ では $y(\nu_2, p) = \sin(p)$ であるから，摂動方向の変化は異方向であり，同時相関強度は最小に，異時相関強度はゼロになる．次に $\theta = \pi/2$ の場合を考えよう．このとき $y(\nu_2, p) = -\cos(p)$ であり，ν_1 における信号強度変化と ν_2 における信号強度変化は，一方がゼロのときにもう一方が最大振幅，一方が最大振幅のときにもう一方がゼロと，完全に位相がずれた状態になる．このときの同時相関強度は式(3.4.7)からゼロとなり，異時相関強度は最大となる．同様に，$\theta = 3\pi/2$（$\theta = -\pi/2$）のときは同時相関強度はゼロとなり，異時相関強度は最小となる．

ここで，二次元相関強度の実部 $\Phi(\nu_1, \nu_2)$ と虚部 $\Psi(\nu_1, \nu_2)$ の位相角

3.4 二次元相関分光法

表 3.4.1 二次元相関スペクトルの解釈

同時相関	異時相関	スペクトル変化
$\Phi(\nu_1, \nu_2) > 0$	$\Psi(\nu_1, \nu_2) \sim 0$	ν_1 と ν_2 の変化は同方向で同時に起こる
$\Phi(\nu_1, \nu_2) > 0$	$\Psi(\nu_1, \nu_2) > 0$	ν_1 と ν_2 の変化は同方向で ν_1 は ν_2 より先に起こる
$\Phi(\nu_1, \nu_2) > 0$	$\Psi(\nu_1, \nu_2) < 0$	ν_1 と ν_2 の変化は同方向で ν_1 は ν_2 より後に起こる
$\Phi(\nu_1, \nu_2) < 0$	$\Psi(\nu_1, \nu_2) \sim 0$	ν_1 と ν_2 の変化は異方向で同時に起こる
$\Phi(\nu_1, \nu_2) < 0$	$\Psi(\nu_1, \nu_2) > 0$	ν_1 と ν_2 の変化は異方向で ν_1 は ν_2 より後に起こる
$\Phi(\nu_1, \nu_2) < 0$	$\Psi(\nu_1, \nu_2) < 0$	ν_1 と ν_2 の変化は異方向で ν_1 は ν_2 より先に起こる

$$\Theta(\nu_1, \nu_2) = \tan^{-1}\frac{\Psi(\nu_1, \nu_2)}{\Phi(\nu_1, \nu_2)} \tag{3.4.10}$$

を考えよう．ν_1 における信号強度変化と ν_2 における信号強度変化が完全に同期しているときは $\Theta(\nu_1, \nu_2) = 0$ となるが，ν_1 における信号強度変化が ν_2 における信号強度変化に比べてわずかに先に起こる場合（ν_2 における信号強度変化が ν_1 における信号強度変化に比べて後に起こる場合），$\Theta(\nu_1, \nu_2) > 0$ となり，$\Phi(\nu_1, \nu_2)$ と $\Psi(\nu_1, \nu_2)$ の符号は一致する．これに対して，ν_1 における信号強度変化が ν_2 における信号強度変化に比べてわずかに後に起こる場合（ν_2 における信号強度変化が ν_1 における信号強度変化に比べて先に起こる場合），$\Theta(\nu_1, \nu_2) < 0$ となり，$\Phi(\nu_1, \nu_2)$ と $\Psi(\nu_1, \nu_2)$ の符号は一致しなくなる．以上をまとめると表 **3.4.1** のようになり，同時相関強度と同時相関強度の符号から 2 つの信号強度変化のずれを読み取ることが可能となる．例えば図 3.4.3 において，$\Phi(7000\ \mathrm{cm}^{-1}, 6270\ \mathrm{cm}^{-1}) < 0$，$\Psi(7000\ \mathrm{cm}^{-1}, 6270\ \mathrm{cm}^{-1}) > 0$ であるから，$7000\ \mathrm{cm}^{-1}$ における強度変化は $6270\ \mathrm{cm}^{-1}$ における強度変化より後に起こると読み取ることができる．同様に，$\Phi(6270\ \mathrm{cm}^{-1}, 7000\ \mathrm{cm}^{-1}) < 0$，$\Psi(6270\ \mathrm{cm}^{-1}, 7000\ \mathrm{cm}^{-1}) < 0$ であるから，$6270\ \mathrm{cm}^{-1}$ における強度変化は $7000\ \mathrm{cm}^{-1}$ における強度変化より先に起こると読み取れ，低波数側（$6270\ \mathrm{cm}^{-1}$）が先，高波数側（$7000\ \mathrm{cm}^{-1}$）が後という関係があることがわかる．

3.4.4 ■ 最近の二次元相関分光法[15]

二次元相関分光法については，一般化二次元相関分光法以外にも統計的手法や多変量解析のアイデアを取り入れたさまざまな手法が提案されており，これまでに解析が困難であったデータに応用され始めている．例えば式(3.4.7)において，$\tilde{y}(\nu_1, p_j)$ と $\tilde{y}(\nu_2, p_j)$ を同じスペクトルデータの異なるスペクトル変数における相関と考えるのではなく，異なるスペクトルデータの異なるスペクトル変数における相関と考え

第3章　近赤外スペクトル解析法

てもよく，そのような考え方に基づく解析法をヘテロ二次元相関分光法と呼ぶ．例えば，すでに帰属がわかっている中赤外スペクトルとバンドの数や帰属がわからない近赤外スペクトルのヘテロ二次元相関解析を行うことで帰属を明確にできる場合がある．その他の最近の発展については教科書や総説を参考にしてほしい[13,15]．ここでは森田らによって提案された摂動相関ムービングウィンドウ二次元相関分光法（perturbation-correlation moving-window two-dimensional correlation spectroscopy, PCMW2D 法）について簡単に紹介する．

　PCMW2D 法ではスペクトル強度の摂動方向の変化と摂動変化の相関を計算する．従来法の相関マップでは 2 つの軸がともにスペクトル変数からなる二次元面にプロットされていたのに対し，PCMW2D 法ではスペクトル変数と摂動変数からなる二次元面にプロットされる．例として図 3.4.4 に示したポリビニルアルコールの温度依存赤外スペクトルから計算した PCMW2D スペクトルを図 3.4.5 に示す．このように PCMW2D 法では，相関値がスペクトル変数（波数）方向だけでなく摂動変数（温度）方向にも展開されるため，どのバンドが（スペクトル変数方向の情報），何度で（摂動変数方向の情報），どのように（相関強度の情報）変化したのかを視覚的にとらえることができる．さらに，摂動方向に分割した部分行列（ムービングウィンドウ）によって摂動方向の情報を細分化しているので，複数のスペクトル変化があってもそのまま解析ができる．この場合は，ひとまず PCMW2D 法に

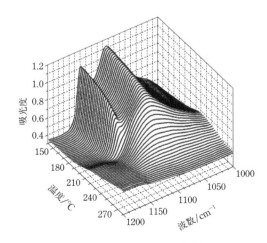

図 3.4.4　ポリビニルアルコールの温度依存赤外スペクトル
［新澤英之ほか，分光研究，**61**, 77（2012）から転用］

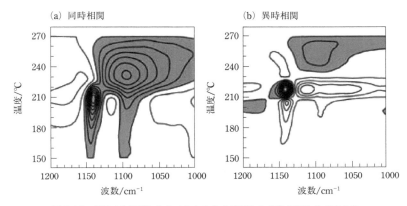

図 3.4.5 図 3.4.4 に示したスペクトルから計算した PCMW2D スペクトル
［新澤英之ほか，分光研究, **61**, 77（2012）から転用］

よってスペクトルに変化がある摂動領域を見つけた後に，各摂動領域で一般化二次元相関分光法を用いて詳細な解析を行うとよい．

3.5 ■ 量子化学計算[16〜19]

　近赤外スペクトルから有益な情報を抽出するために，前節までで述べたようなさまざまな手法が考えられている．これらの手法は，濃度や温度などに応じた物質の変化とスペクトルの変化との間に相関関係を見出すことが主な目的である．スペクトル上にはこの相関関係を得やすい波数域と得にくい波数域がある．では，物質によって相関関係が得やすい波数域が異なるのはなぜであろうか．量子化学によりこの疑問に答えることができる．量子化学は，量子論や相対論に基づき，原子・分子の化学的現象を扱う学問分野であり，原子・分子と光の相互作用は，量子化学によって説明される．

　量子化学に基づき分子のエネルギーや波動関数などの理論値（または計算値）を，数学的手法を活用して求める計算は，量子化学計算と呼ばれる．高等学校などで学ぶ数学では解析的に解が求まることがほとんどであるが，量子化学の多くの問題では解析解は得られず，誤差を含む近似解を求めることになる．

　分子振動に関する量子化学計算の取り組みは，1930 年頃にはすでに報告されている．粒子性と波動性の二重性を示す代表的な方程式であるシュレーディンガー方

程式の発表が 1926 年であるのに対して,分子振動の非調和性を考慮した代表的なポテンシャル関数であるモースポテンシャルの発表が 1929 年であることから,当時の量子化学の発展の勢いが感じられる.しかしながら,多原子分子の近赤外スペクトルの解析が活発になるまでには,計算理論と計算システムの発達,および量子化学計算プログラムパッケージの普及を待つ必要があった.

量子化学計算についての大きな発展は 1970 年頃に起きた.集積回路技術の発達もあり,この時期に計算システムは急速に向上した.また,1964 年に W. Kohn らにより密度汎関数(density functional theory, DFT)法が提唱され,高精度な計算をより少ない計算量で行えるようになった.さらに,1970 年に J. A. Pople らにより Gaussian70 が発表され,多くの科学者が量子化学計算を簡単に始められるようになった.W. Kohn と J. A. Pople は 1998 年にともにノーベル化学賞を受賞している.

分子振動解析については,1968 年頃に B. R. Henry らにより,local mode モデルが提案され,分子内の局所振動をモースポテンシャルで近似した解析が取り組まれた.また,1978 年頃に J. M. Bowman らにより振動自己無撞着場(vibrational self-consistent field, VSCF)法などによる,非調和性を含む振動解析が取り組まれた.近年,八木らによって,VSCF 法を発展させた optimized coordinate VSCF 法に基づく高精度な非調和振動解析法の構築が取り組まれている[20].

3.5.1 ■ 分子振動のシュレーディンガー方程式

すでに第 2 章などでも述べられているとおり,近赤外スペクトルに観測されるピークは主に分子振動遷移によるものである.分子振動遷移に必要なエネルギーを求めるには,一般に分子振動のシュレーディンガー方程式を解くことになる.シュレーディンガー方程式の解法については,数多く出版されている専門書を参考にしていただきたい.ここでは,振動数と吸収強度について簡単に述べる.

以下に,定常状態におけるシュレーディンガー方程式を記した.超高速な時間変化に注目しない限りは,時間の項を含まないこの式で十分である.

$$H\psi_v(r) = \left[-\frac{\hbar^2}{2\mu}\frac{d^2}{dr^2} + V(r)\right]\psi_v(r) = E_v\psi_v(r)$$

ここで,H はハミルトニアンと呼ばれ,$\hbar$ はプランク定数,μ は換算質量,$V(r)$ はポテンシャル関数,$\psi_v(r)$ は波動関数,そして E_v はエネルギーである.このシュレーディンガー方程式に,分子振動のポテンシャル関数と換算質量を代入して解くと,分子振動のエネルギーとその波動関数が得られる.ポテンシャル関数として

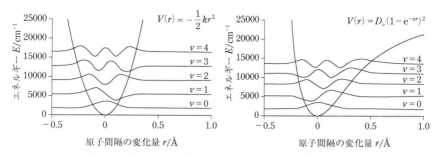

図 3.5.1 ポテンシャル関数とエネルギー準位および波動関数の関係

フックの法則のポテンシャル関数 $V(r) = \frac{1}{2}kr^2$ (k は力の定数) を代入すれば調和振動子のシュレーディンガー方程式であり,実際の二原子分子の振動ポテンシャルをよく再現する式として知られるモースポテンシャル関数 $V(r) = D_e(1-e^{-ar})^2$ (D_e は結合解離エネルギー,a は定数) を代入すれば代表的な非調和振動子のシュレーディンガー方程式となる.それぞれのポテンシャル関数,エネルギー準位および波動関数の例を**図 3.5.1** に示した.図中の v は振動量子数である.

近赤外スペクトルに観測されるピークの振動数 $\tilde{\nu}_{v0}$ は次式で表される.

$$\tilde{\nu}_{v0} = E_v - E_0$$

この式における振動量子数 $v=0$ から $v=2$ 以上の準位への遷移が倍音遷移である.分子振動のエネルギー E は分子振動のポテンシャル関数と換算質量によって異なり,分子振動のポテンシャル関数と換算質量は,化学結合の強さや原子種によって異なる.ゆえに,近赤外スペクトル上に観測されるピークの振動数は分子種や分子構造に固有の値となる.

吸収強度 f は次式で表され,これを求めるには波動関数と振動数のほか,分子振動にともなう電子密度分布の変化を示す電気双極子モーメント関数が必要となる[21].

$$f = \frac{4\pi m_e}{3e^2\hbar}|\mu_{v0}|^2 \tilde{\nu}_{v0}$$

$$|\mu_{v0}|^2 = \left|\int \psi_v(r)\mu^x(r)\psi_0(r)dr\right|^2 + \left|\int \psi_v(r)\mu^y(r)\psi_0(r)dr\right|^2 + \left|\int \psi_v(r)\mu^z(r)\psi_0(r)dr\right|^2$$

ここで,μ_{v0} は遷移双極子モーメントと呼ばれ,遷移前の波動関数 $\Psi_0(r)$,遷移後

の波動関数 $\Psi_v(r)$,双極子モーメント関数 $\mu(r)$ の積の積分で表される.電気双極子モーメント関数は分子構造と密接な関係がある.

調和振動子近似では,選択律によって倍音遷移の吸収を再現できないので,倍音の吸収強度を計算するには非調和性を含む分子振動ポテンシャル関数,および,電気双極子モーメント関数が必要である.

3.5.2 ■ 分子軌道計算法

分子振動の振動数を高精度に計算するには,正確なポテンシャル関数が必要である.吸収強度を高精度に計算するには,さらに,正確な電気双極子モーメント関数も必要となる.量子化学計算では,これらを分子軌道計算によって求める.分子軌道法計算とは,分子軌道を原子軌道で表したシュレーディンガー方程式を解くことによって,分子のエネルギーや電子密度分布を求める方法である.振動ポテンシャル関数や電気双極子モーメント関数は,分子振動にともなう原子間距離を少しずつ変えて分子軌道のシュレーディンガー方程式を解くことで得られる.また,分子軌道計算では,少しずつ分子内の原子の位置関係を変えて分子のエネルギーを計算することで,安定な分子構造を見積もることもできる.

分子軌道のシュレーディンガー方程式を解くには,多くの場合は近似が必要となる.この近似解の精度は,シュレーディンガー方程式の計算法と原子軌道の近似関数である基底関数の組み合わせによって異なる.一般に高精度な計算ほど,必要な計算システムの性能や計算時間などの"計算コスト"は高い.代表的な計算法と基底関数を表 3.5.1 にまとめた.

計算法には,経験的な数値によって計算を省略する経験的あるいは半経験的分子軌道法と,計算の省略を含まない非経験的分子軌道計算法がある.非経験的分子軌道法は *ab initio* 法とも呼ばれ,理論に対する厳密性と実験値の再現性は高いが,計算コストも高い.経験的,半経験的分子軌道法は,実験値の再現性がきわめて悪い場合もあるが,計算コストは低い.DFT 法は元の理論は非経験的分子軌道法であるが,量子化学計算では経験的な数値を用いて使用されており,実験値の再現性が良く,計算コストも高くない.

基底関数には数多くの近似関数が提案されており,それぞれ適用可能な元素が異なるので注意が必要である.また,分子内の分極や電子密度分布の広がりを補正する,polarization 関数や diffuse 関数を付加することがある.

非調和性を含む分子振動のポテンシャル関数や電気双極子モーメント関数を得る

表 3.5.1 代表的な計算法と基底関数

計算法
非経験的分子軌道法
Hartree‒Fock(HF)
Møller‒Plesset(MP2, MP3, MP4 など)
quadratic configuration interaction(CCSD, CCSD(T)など)
coupled cluster
半経験的分子軌道法
density functional theory(B3LYP, M06-2X など)
Austin model 1(AM1)
parametric method 3(PM3)
経験的分子軌道法
Hückel method
基底関数
6-31G, 6-31(d), 6-31++G(3df, 3pd) など
cc-pVDZ, cc-pVQZ, aug-cc-pV6Z など

ためには,調和振動子近似に比べて,原子間距離が異なる多くの点を計算するため,計算コストが高くなる.この計算コストを軽減するための効率的な計算方法の開発が取り組まれており,大野と前田らは超球面法を用いた効率の良いポテンシャル関数の求め方や,相田と山田らは分子動力学計算法による非調和性を考慮した振動数と吸収強度の計算法を提案している[22,23].

3.5.3 ■ 赤外分光法における量子化学計算

ここではまず,量子化学計算によるスペクトル解析が大きな功績を上げている赤外分光法について紹介する.赤外スペクトルには,近赤外スペクトルと同様に、主に分子振動遷移によるピークが観測される.しかし,その多くは分子振動の基本音である.分子振動の基本音は,非調和性を無視した調和振動子近似でも比較的良く実験値が再現されるため,計算システムが今ほど発達する前から量子化学計算による解析が盛んに行われてきた.

図 3.5.2 に,1,2-ジメチルヒドラジン $CH_3NHNHCH_3$ の赤外スペクトルと,量子化学計算によって得られた3つの安定な分子構造(inner-outer, outer-outer, inner-inner)の振動数と吸収強度から作成されたスペクトルパターンを示す.

実測のスペクトルは inner-outer と outer-outer のスペクトルパターンの足し合わせで再現できることがわかる.さらにこの系では,時間とともに inner-outer と outer-outer の割合が変化する.図 3.5.3(a)に試料調製直後と8時間経過後の差ス

ペクトルを示した．上向きのピークは増加分，下向きのピークは減少分を示している．図 3.5.3(b) には inner-outer と outer-outer のスペクトルパターンの差を示す．スペクトルの時間変化はこれと一致していることがわかる．量子化学計算との比較により，観測された吸収ピークの帰属だけでなく，分子構造の変化もわかる．同様な解析は，近赤外スペクトルでも可能である．

量子化学計算によって得られたスペクトルパターンは，赤外スペクトルを完全に再現できるように感じたかもしれないが，実は少しだけ細工が施されている．それは，計算結果の振動数に 0.96 という数字がかけてある点である．つまり，元の計算結果では，実測のスペクトルよりもわずかに高波数の値が得られている．実験値とのわずかな波数のずれを補正する数字は scaling factor という．

補正後の振動数 = 振動数の計算値 × scaling factor

この scaling factor は計算法と基底関数の組み合わせによって異なる．表 3.5.2 に近似解法と基底関数の組み合わせと代表的な scaling factor をまとめた．

図 3.5.4 は 205 種類の化合物についての 2157 個の各振動ピークの実験値と調和振動数計算（B3LYP/6-311+G(d, p)）の計算値との比を示したものである．この図から，振動数の実験値と計算値の比は，常に一定ではなく，振動モードの波数が高いほど，計算値は実験値より大きく見積もられていることがわかる．吉田らはこ

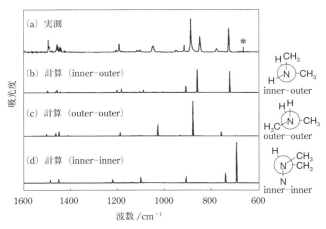

図 3.5.2 1,2-ジメチルヒドラジンの安定な構造および低温アルゴンマトリックス単離赤外吸収スペクトル（吹付け直後のスペクトル）
［K. Ichimura *et al.*, *Chem. Phys. Lett.*, **391**, 50 (2004)］

の傾きを補正する方法として，振動数に比例した次のような scaling factor を用いる wavenumber linear scaling（WLS）法を提案している．

　　補正後の振動数＝振動数の計算値×(1.0087 − 0.0000163 ×振動数の計算値)

このような scaling 補正が必要となるのは，調和振動子近似が分子軌道法の計算法による誤差に加えて，分子振動の非調和性を無視しているので当然である．それで

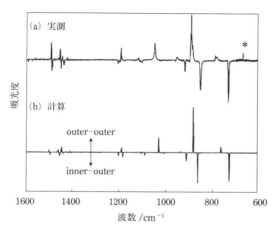

図 3.5.3　1,2-ジメチルヒドラジンの低温アルゴンマトリックス単離赤外吸収スペクトル（8 時間前後の差スペクトル）
[K. Ichimura *et al*., *Chem. Phys. Lett*., **391**, 50（2004）]

表 3.5.2　代表的な近似解法と基底関数での scaling factor
[P. Scott and L. Radom, *J. Phys. Chem*., **100**, 16502（1996）]

近似解法と基底関数	scaling factor	$\mathrm{rms}_{ov}/\mathrm{cm}^{-1}$ [*]
HF/6-31G(d)	0.8953	50
MP2-fc/6-31G(d)	0.9434	63
MP2-fc/6-31G(d, p)	0.9370	61
MP2-fc/6-311G(df, p)	0.9496	60
QCISD-fc/6-31G(d)	0.9537	37
BLYP/6-31G(d)	0.9945	45
B3LYP/6-31G(d)	0.9614	34
AM1	0.9532	126
PM3	0.9761	159

[*] 波数残差の二乗平均平方根誤差

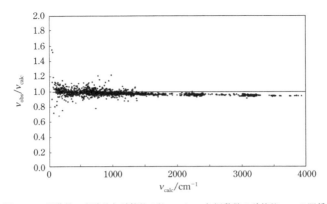

図 3.5.4 振動数の実験値と計算値の比 v_{obs}/v_{calc} と振動数の計算値 v_{calc} の関係
[H. Yoshida *et al. J. Phys. Chem. A*, **106**, 3580（2002）]

も，約 5% 程度で一致することは，驚くべきことといえる．

3.5.4 ■ 近赤外分光法における量子化学計算

　量子化学計算を行うために，一から自身でプログラムを作成する必要はない．特別な計算以外は，Gaussian や GAMESS などのソフトウェアを入手できれば比較的簡単に始めることができる．これらのソフトウェアには非調和性を考慮した振動数計算の機能が含まれている．ただし，Gaussian の一部のバージョンでは倍音・結合音の吸収強度が計算されない．よって，先の赤外スペクトルの例のようにスペクトルパターンを比較することは簡単にできない．

　赤井らは Gaussian03 を用いて酢酸の非調和性を考慮した振動数計算（B3LYP/6-31++G(d, p)）を行い，赤外・近赤外スペクトルと比較している．その結果の一部を**表 3.5.3** にまとめた．調和振動数計算の値は，OH 伸縮振動や CH 伸縮振動の基本音の振動数でも実験値と 100 cm^{-1} 以上の差が生じている．倍音ではその倍以上の差となる．この調和振動数計算の結果でも WLS 補正を行うことで，実験値とある程度の比較ができるが，非調和振動数計算の値は Scaling 補正がなくとも実験値を誤差 50 cm^{-1} 以内で再現している．

　観測された近赤外ピークを振動数のみによって帰属するには熟練が必要とされるが，理論に基づいて予測された振動数は，観測された近赤外ピークの帰属に有効である．特に濃度変化や温度変化によるスペクトルの変化を分子構造と関連させて解析する際にはとても有効である．

表 3.5.3　近赤外域に観測された酢酸の吸収ピークの振動数と計算

実験値[a,b]	計算値[a]			帰属
	調和	WLS	非調和	
6958	7512	6846	6998	$2\nu_1$
5975	6261	5787	5901	$2\nu_{13}$
5830	6130	5674	5856	$2\nu_3$
5341	5578	5195	5342	$\nu_1 + \nu_4$
4876	5092	4768	4837	$\nu_1 + \nu_7$
4708	4962	4653	4705	$\nu_1 + \nu_8$
3564	3756	3570	3554	$\nu_1(\nu_{OH})$
3051	3181	3042	3020	$\nu_2(\nu_{CH})$
2996	3131	2995	2974	$\nu_{13}(\nu_{CH})$
2944	3065	2935	2949	$\nu_3(\nu_{CH})$

WLS $= \nu_{calc}\,[0.9894 - 0.0000104\,(\nu_{calc}/\mathrm{cm}^{-1})]$
[a] N. Akai et al. *Chem. Phys. Lett*, **413**, 367 (2005).
[b] E. M. S. Maçôas et al., *J. Phys. Chem. A.*, **108**, 3380 (2004)

　多原子分子の分子振動について非調和性を含む振動数と吸収強度，つまりポテンシャル関数や電気双極子モーメント関数を計算するのはいささか手間であるが，二原子分子であれば比較的容易に計算できる．**図 3.5.5** には HF 分子の伸縮振動のポテンシャル関数および電気双極子モーメント関数の計算結果を示した．

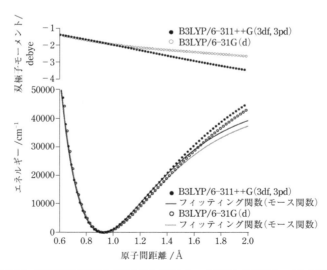

図 3.5.5　DFT 計算で求めた HF 分子のポテンシャル関数と双極子モーメント関数

表 3.5.4 HF 分子の振動数 (cm^{-1}) と吸収強度の計算値と実験値

	計算値						実験値[b]	
	B3LYP/6-31(d)		B3LYP/6-311++G(3df, 3pd)[a]		CCSD(T)/aug-cc-pVQZ[b]			
	振動数	強度	振動数	強度	振動数	強度	振動数	強度
基本音	3810	1.04×10^5	3921	1.96×10^5	3965	1.90×10^5	3961	1.78×10^5
第一倍音	7459	7.16×10^7	7679	3.89×10^7	7759	5.70×10^7	7751	5.61×10^7
第二倍音	10953	6.13×10^8	11277	1.54×10^8	11387	1.60×10^8	11373	1.39×10^8

[a] Y. Futami *et al. J. Mol. Struct.*, **1018**, 102 (2012). [b] J. R. Lane and G. Kjaergaard, *J. Chem. Phys.*, **132**, 174304 (2010).

計算によって得られるポテンシャル関数や電気双極子モーメント関数は，原子間距離の変化にともなう計算値のプロットである．図中には，ポテンシャル関数の極小値近傍を最小二乗法でフィットしたモースポテンシャル関数を比較して示した．フィットしたモースポテンシャル関数は，極小値近傍から離れるとポテンシャル関数との差が広がっており，計算されたポテンシャル関数は，モースポテンシャル関数にとても良く似た曲線を描くが，同じではないことがわかる．また，基底関数が異なると振動ポテンシャル関数と双極子モーメント関数が異なることがわかる．

これらの振動ポテンシャルと電気双極子モーメント関数を用いて計算した振動数と吸収強度の計算結果を**表 3.5.4**にまとめた．まず，調和振動子近似では禁制遷移となる倍音の吸収強度が算出されている点に注目して欲しい．さらに，振動数と吸収強度を実験結果と比較すると，計算コストの低い DFT 計算でも，基底関数を選ぶことで，実験値をよく再現することがわかる．CCSD(T)計算を用いた高精度計算の結果は，実験値ときわめて良い一致を示している．これらの計算結果は，1% 以内で実験結果を再現しており Scaling 補正を必要としない．

赤外・近赤外スペクトルは置換基の違いや分子構造の違いによって変化する．これは分子振動ポテンシャルと電気双極子モーメント関数もそれらの違いにともなって変化するからである．アルコール類の OH 伸縮振動や炭化水素の CH 伸縮振動について，local mode モデルによる振動ポテンシャルおよび，電気双極子モーメント関数と分子構造の関係が，藪下と高橋らによって研究されている[24]．構造変化ではなく，会合体形成や溶媒和などの分子間相互作用によっても分子振動の吸収ピークの振動数や吸収強度は変化する．例えば，水素結合形成による伸縮振動の基本音の大きな低波数シフトと，吸収強度の大きな増加はよく知られている．しかし，スペクトルの変化から，分子会合体形成やその構造，および分子間相互作用を予測する

にはかなりの経験が必要である．量子化学計算では，分子間相互作用によるスペクトルの変化も予測することができる．

ピロール C_4H_4NH を例に分子間相互作用に関する計算結果を紹介する．四塩化炭素溶媒中のピロールの赤外・近赤外スペクトルは図 2.1.2 に示されている．二見らはピロールの NH 伸縮振動ピークに観測される水素結合形成と溶媒効果の作用の違いについて報告している．ピロールを含む四塩化炭素溶液にピリジン C_5H_5N を添加して赤外・近赤外スペクトルを測定すると，ピロールのみ，またはピリジンのみを含む四塩化炭素溶液にはないブロードな吸収が 3300 cm^{-1} 付近に観測される．これは水素結合を形成したピロールの NH 伸縮振動の基本音のピークと考えられるが，このとき第一倍音のピークはどのように観測されるだろうか．倍音が分子振動の非調和性によって観測されることから，第一倍音も基本音と同様に，低波数シフトしてブロードな強い吸収を示すだろうか．

図 3.5.6(上)にピロールの四塩化炭素溶液の赤外・近赤外スペクトルのピリジン添加前後の差スペクトルを示した．上向きのピークはピリジン添加による増加分，下向きのピークはピリジン添加による減少分である．3000〜4000 cm^{-1} の領域を見ると，ピリジンの添加により 3500 cm^{-1} 付近のピロール単量体の NH 伸縮振動の基本音の吸収が減少して，3300 cm^{-1} 付近に水素結合形成によるブロードなピークが増加していることが確認できる．5000〜8000 cm^{-1} の領域では 7000 cm^{-1} 付近にピロール単量体の NH 伸縮振動の第一倍音の吸収が減少しているが，水素結合を形成した NH 伸縮振動の第一倍音のピークは確認されない．なぜであろうか．

量子化学計算によって求めたピロール単量体およびピロール…ピリジン水素結合会合体のそれぞれ NH 伸縮振動の振動数と吸収強度の計算結果を差スペクトルの形で図 3.5.6(下)に示す．ピロール単量体の計算結果の振動数はスペクトルのピークの振動数とほぼ一致している．また，水素結合会合体の基本音のピークは，3200 cm^{-1} 付近に強く表れており，実験結果のブロードなピークとほぼ一致する．では，水素結合会合体の NH 伸縮振動の第一倍音をみると，単量体に比べて非常に弱くなることが示されている．このことから，水素結合を形成した NH 伸縮振動の第一倍音のピークは，2000 cm^{-1} 以上の低波数シフトではなく，吸収強度の減少により観測されていないことが理論に基づいて示唆される．

次に，ピロールを四塩化炭素のほか，クロロホルム，ジクロロメタンに溶解して測定した赤外・近赤外スペクトルを比較した結果を図 3.5.7(上)に示した．溶媒が異なると NH 伸縮振動のピークの振動数と吸収強度が変化し，基本音，第一倍音

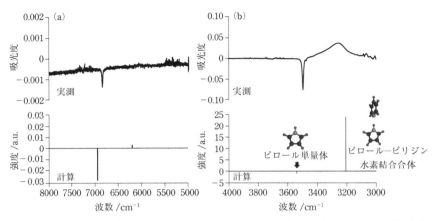

図 3.5.6 ピロールの NH 伸縮振動の(a)第一倍音, (b)基本音の吸収ピーク領域のピリジン添加前後の差スペクトル（上）とピロール単量体とピロール-ピリジン会合体の量子化学計算（下）
〔Y. Futami *et al.*, *Chem. Phys. Lett.*, **482**, 320（2009）〕

はともにピークは，より大きな誘電率をもつ溶媒中では低波数に観測されている．また，より大きな誘電率をもつ溶媒中では，ピーク面積も増大している．基本音だけに注目すると溶媒分子との水素結合形成にも思える．この溶媒に依存した吸収ピークの変化は理論により説明できるであろうか．

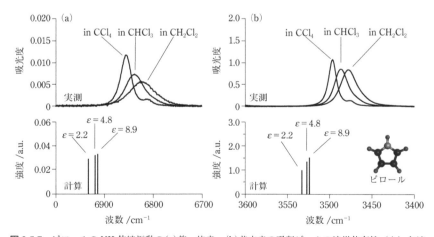

図 3.5.7 ピロールの NH 伸縮振動の(a)第一倍音, (b)基本音の吸収ピークの溶媒依存性（上）と連続誘電体モデルによる誘電率依存性の量子化学計算（下）
〔Y. Futami *et al.*, *J. Phys. Chem. A*, **115**, 1194（2011）〕

分子が溶媒中に存在することを誘電場中に存在すると近似して量子化学計算を行った結果を図 3.5.7(下)に示した．四塩化炭素溶液，クロロホルム溶液，ジクロロメタン溶液の誘電率をそれぞれ 2.2, 4.8, 8.9 として計算している．計算結果は，より大きな誘電率をもつ溶媒中では，吸収ピークは低波数側に観測され，吸収強度も増大することを示しており，実験結果の傾向を再現している．

以上のように，量子化学計算は，分子間相互作用による吸収ピークの変化の理論的な解析も可能とする．特に，水素結合と溶媒効果は，基本音では似たような変化を示すことがある．その際に，第一倍音などの高次倍音を含めて解析することで分子間相互作用の本質を見分ける助けとなる．

3.5.5 ■ 最後に

近赤外スペクトルを量子化学計算によって解析するには，非調和性を含む分子振動解析が必要であり，調和振動のみに基づく分子振動解析に比べて，計算コストは高い．振動数に加えて倍音や結合音の吸収強度を得るには，計算コストはさらに増大する．ベンゼン程度の分子でも，非調和性を考慮したすべての分子振動の振動数と吸収強度を計算することは，現時点では簡単ではない．

しかしながら，計算システムは年を追うごとにより高性能なものが入手しやすくなっている．そして，非調和性を含む分子振動解析の高速化・高精度化が取り組まれ，数々の手法が提案されている．数年後にはかなり多くの分子について，非調和性を考慮した振動数計算が可能になるであろう．

近赤外分光法は，量子化学計算を用いた解析によって，定量性にとどまらず，分子論的解釈がよりいっそう深まることは確かであり，加えて，吸収強度を含めたスペクトルの解析によって，他の分析法では困難な解析の道が拓かれると期待される．

ただし，量子化学計算の計算結果は，仮説に基づく数多くの近似を含んでいる．それゆえ，その計算結果は得られた実験結果の原因の可能性を絞るが，真実を与えるかどうかは定かではないことを，常に心にとどめておく必要がある．

文　献

1) Y. Ozaki, S. Morita, Y. Du（Y. Ozaki, W. F. McClure, A. A. Christy eds.）, "Spectral Analysis", in *Near-Infrared Spectroscopy in Food Science and Technology*, Wiley-

Interscience, Hoboken (2007)
2) 南 茂夫, 科学計測のためのデータ処理入門, CQ 出版 (2001)
3) R. Barnes, M. Dhanoa, and S. J. Lister, *Appl. Spectrosc.*, **43**, 772 (1989)
4) D. L. Massart, B. G. M. Vandeginste, L. M. C. Buydens, S. De Jong, P. J. Lewi, and J. Smeyers-Verbeke, *Handbook of Chemometrics and Qualimetrics : Part A*, Elsevier, Amsterdam (1998)
5) 尾崎幸洋, 宇田明史, 赤井俊雄, 化学者のための多変量解析―ケモメトリックス入門, 講談社 (2002)
6) 佐々木愼一, 宮下芳勝, ケモメトリックス―パターン認識と多変量解析, 共立出版 (1995)
7) 尾崎幸洋, 河田 聡 編著, 近赤外分光法（日本分光学会測定法シリーズ）, 学会出版センター (1996)
8) 長谷川 健, スペクトル定量分析, 講談社 (2005)
9) H. Shinzawa, W. Kanematsu, and I. Noda, *Vib. Spectrosc.*, **70**, 53 (2014)
10) P. Ritthiruangdej, S. Kasemsumran, T. Suwonsichon, V. Haruthaithanasan, W. Thanapase, and Y. Ozaki, *Analyst*, **130**, 1439 (2005)
11) J. H. Jiang, R. J. Berry, H. W. Siesler, and Y. Ozaki, *Anal. Chem.*, **74**, 3555 (2002)
12) F. Westad and H. Martens, *J. Near Infrared Spectrosc.*, **8**, 117 (2000)
13) I. Noda, Y. Ozaki, *Two-Dimensional Correlation Spectroscopy : Applications in Vibrational and Optical Spectroscopy*, John Wiley & Sons, Chichester (2004)
14) 森田成昭, 新澤英之, 尾崎幸洋, "二次元相関分光法", 分光研究, **60**, 243-250, (2011)
15) 新澤英之, 森田成昭, 尾崎幸洋, "拡がる二次元相関分光法の世界―新しい概念とその応用", 分光研究, **61**, 77-88 (2012)
16) 日本化学会 編, 第 5 版 実験化学講座 3：基礎編 III ―物理化学（下）, 丸善出版 (2003)
17) 日本化学会 編, 第 5 版 実験化学講座 11：物質の構造 I, 丸善出版 (2005)
18) 日本化学会 編, 第 5 版 実験化学講座 12：計算化学, 丸善出版 (2004)
19) 日本分光学会 編, 赤外・ラマン分光法, 講談社 (2009)
20) K. Yagi, M. Keçeli, and S. Hirata, *J. Chem. Phys.*, **137**, 204118 (2012)
21) P. W. Atkins and R. S. Friedman, *Molecular Quantum Mechanics, 4th Ed.*, Oxford University Press, Oxford (1997)
22) S. Maeda, Y. Watanabe, and K. Ohno, *Chem. Phys. Lett.*, **414**, 265 (2005)
23) T. Yamada and M. Aida, *Chem. Phys. Lett.*, **452**, 315 (2008)
24) H. Takahashi and S. Yabushita, *J. Phys. Chem. A*, **117**, 5491 (2013)

第4章　近赤外分光法の実際

4.1 ■ 近赤外分光光度計の構成

　近赤外域で使用される分光光度計の多くは紫外・可視域や赤外域で使用されるそれと基本的には同じものである．しかしながら，第1章でも述べたように「近赤外域は分光器の戦場である」と表現する人もいるほどさまざまな分光方式が採用されている．そのような事態となっている理由の一つに，その中間的な波長がある．一口に近赤外域といっても，可視光に近い領域では紫外・可視分光光度計と同様に回折格子が使用されることが多く，赤外光に近い長波長領域ではFT-IRと同じフーリエ変換型もごく普通に使用される．多くの文献がそうであるように，本書に示されている近赤外スペクトルもまた，横軸の単位がnmであったり，cm^{-1}であったりする．このため初学者は戸惑うことも多いが，これはこうした分光方式の違いに由来する．また，試料形態の多様性もユーザーを惑わす要因である．近赤外分光光度計には光路長が厳密に決められた石英セルを使う測定から，いびつな形状の試料にそのまま光を当てる非破壊的な測定まで，試料や目的に応じて実にさまざまな種類が存在する．さらに近赤外分光法で特徴的なのがノイズ除去の方法である．通常の分光法では，波長分解能や波長再現性が重視されるが，近赤外分光法の用途の多くは定量分析であるため，求められるのはむしろ測定の速さとスペクトル強度の安定性である．さらには工場内のインラインモニターや野外での測定など，分光光度計に堅牢性が求められる場面での利用も多い．本節では使用目的に応じてどのように分光光度計を選択すればよいか，構成部位と使用される光学素子の特徴から順序立てて解説する．

4.1.1 ■ 分光光度計内部の構成

　分光光度計は大きく光源，分光部，試料室，検出器の4つの部分に分けられる．これらはミラーやレンズなどの反射，集光素子を介して接続されている．近赤外分光光度計にはさまざまな種類があるが，いずれも基本的な構成は変わらない．ただ

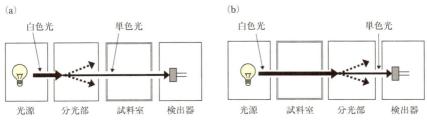

図 4.1.1 分光光度計内部の基本的な構成
(a) 前分光，(b) 後分光.

し，分光部と試料室の配置は分光光度計の種類によって前後する．試料に対して分光部が前にある場合を前分光，後ろにある場合を後分光と呼ぶ（**図 4.1.1**）．応用利用の場合は後分光の方が比較的多い．これは前分光では個々の試料形態が異なる場合に光が安定的に検出器に届かなくなるためである．また，マルチチャンネル検出器を使用する場合には必然的に後分光となる．後分光では光源からの光が一度に試料に当たってしまうため，エネルギーの高い紫外光などでは採用されないが，近赤外光はエネルギーが弱く，試料にダメージを与えることはほとんどないため問題ない．ただし，近赤外光も照射し続けるとわずかに試料温度が上昇するため，ヒートアップを避けたい場合は前分光を選び，測定時以外は光を遮断するような工夫が必要である．

紫外可視分光光度計ではビームスプリッターにより光束を2つに分け，一方を試料に，もう一方をリファレンスに透過させるダブルビーム方式が採用される．これに対し，近赤外分光光度計ではビームを分けないシングルビーム方式が多い．この場合は，最初にリファレンスを測定してその結果をメモリに蓄えた後，続いて対象試料を測定することで吸光度を計算する．

4.1.2 ■ 光源

A. 熱輻射光源

フィラメントを電流のジュール熱で加熱し，そこから生じる光（熱放射）を利用した光源を熱輻射光源という．ハロゲンランプはタングステンをフィラメントに用いた安価で安定な熱輻射光源であり，多くの近赤外分光光度計に使用されている．ハロゲンランプではハロゲンサイクルと呼ばれる反応によって可視から赤外に及ぶ範囲で高輝度の発光が得られる．安定したハロゲンサイクルにはフィラメントのみ

ならず、ランプ内壁も十分な温度に熱せられる必要がある。バルブは高温となるため、シール部の故障やソケットとの接点の劣化にも注意が必要である。ハロゲンランプの発光スペクトルは、概ねプランクの法則によって説明でき、1 μm 付近に発光ピークをもつ。フィラメントの温度が高いほど高輝度で、短波長側に強い発光強度をもつ。

中赤外および遠赤外域の光源に使用されることの多い熱輻射光源であるニクロム線ヒーター（波長 2～5 μm）やグローバー（炭化ケイ素；波長 1～50 μm）もまた近赤外域で使用することができる。発光特性はプランクの法則に従うので、近赤外域で使用する場合は多くの電流を流すことで高い温度にして使用する必要がある。

B. LED

発光ダイオード（light emitting diode, LED）は p 型半導体と n 型半導体を接合した pn 接合からなる（**図 4.1.2**）。順方向の電圧をかけると正孔と電子が再結合し、余分なエネルギーを光として放出する。LED の発光帯幅は 100～200 nm 程度と限定的だが、低電力で動作し、安価であるため、測定対象によっては装置の小型・簡略化、コストダウンに役立つ。近赤外光を発する LED としてもっとも一般的なものはガリウムヒ素（GaAs）半導体で、940 nm に発光のピークをもつ。これらは赤外 LED の呼び名で流通しており、リモコンなどの通信用途として我々の生活に欠かせない存在となっている。その他の波長については、ガリウムヒ素にアルミニウムを添加した GaAlAs では短波長側（850 nm, 880 nm）を、インジウムを加えた InGaAs では長波長側（1300 nm, 1550 nm）をカバーできる。

主に病院などで使用されるパルスオキシメーターという医療用器具では、非侵襲的に血中酸素飽和度を測定できる（**図 4.1.3**）。この装置には赤色光と近赤外光の 2 つの LED が搭載されており、酸化型ヘモグロビンと還元型ヘモグロビンを測定す

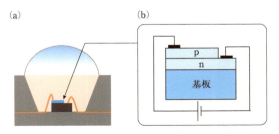

図 4.1.2 （a）LED の外観と（b）半導体チップの構造

第4章 近赤外分光法の実際

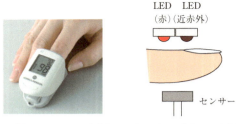

図 4.1.3　パルスオキシメーター（コニカミノルタ社）

ることで脈拍に応答する成分，すなわち動脈血の情報を得ることができる．パルスオキシメーターは LED よって低コスト化と小型化に成功した好例である．

C. 半導体レーザー

　LED と構造は同じだが，反転分布を形成させて誘導放出を起こさせることによりレーザー発振を可能としたものが半導体レーザー（laser diode，LD）である．単色で位相のそろった光が得られ，パルス発振型と連続光発振型（CW）がある．LD は n 型半導体層と p 型半導体層（クラッド層）に挟まれた活性層（コア層）の構造によっていくつかのタイプに分けられる．ファブリペロー型（FP 型）は半導体結晶からなる活性層の両端のへき開面を鏡として使用する単純な構造の共振器で，安価であるためにもっとも普及している．ただし複数の発光ピークを生じる（マルチモード）．分布帰還型（DFB 型）では活性層とクラッド層の境界に形成した波形の回折格子により特定の波長のみを強めることで発振させる．したがって，DFB 型では単一波長の光が発生する．そのほか，基板面に対して垂直に光を発する光垂直共振器面発光型（VCSEL）もある．LED の波長幅が 100 nm 程度であるのに対して，LD は単色性が強く，波長幅はわずか数 nm である（**図 4.1.4**）．ただし実際には製造ロットごとに中心波長がわずかにずれることがあるため，交換を前提とした使用の場合は注意が必要である．780 nm，850 nm，1310 nm，1550 nm のように，通信でよく使う波長の LD は入手しやすい．マルチモード出力では 10 W を超える高出力の製品もあり，加工や次に示す固体レーザーの励起光源に使用される．

D. 固体レーザー

　固体レーザーは固体を動作媒質としたレーザーであり，近赤外光を発振するもの

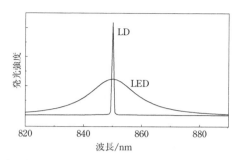

図 4.1.4 850 nm を発光中心とする LED と半導体レーザー (LD) の発振波長特性の模式図

がある．近赤外固体レーザーとしてもっとも代表的なものは Nd : YAG レーザーである．主に LD をポンプ光として 1064 nm の非常に強い光を発振する．また，チタンサファイアレーザーは共振器内に音響光学波長可変フィルター (AOTF) などの波長選択素子を導入することにより，700～1000 nm の範囲で出力波長を自在に変えられる波長可変レーザーである．チタンサファイア結晶の特性から，もっとも強い光を放つのは 800 nm 付近である．チタンサファイアレーザーのポンプ光としては数百 mW～数 W のアルゴンイオンレーザーや Nd : YAG レーザーの第二高調波 (532 nm) などが用いられる．チタンサファイアレーザーは超短パルス発振を得意とするが，連続発振も可能である．

E. スーパーコンティニュアム光源

　高いピーク出力をもつ超短パルス光を非線形光学材料に入射すると，さまざまな非線形光学効果によって広帯域にわたって連続したコヒーレント光を発生できる．これはスーパーコンティニュアム (supercontinuum, SC) 光と呼ばれ，白色レーザー光源として利用可能である．SC 光は 1970 年にはじめて報告された現象で[1]，近年のフォトニック結晶光ファイバーの開発により，kW オーダーの低出力パルスの SC 光発生を実現できるようになった．出力波長は励起光源の波長に依存するが，概ね 500～2000 nm の波長域をカバーする光源が販売されている．市販の SC 光源は光ファイバーで光を取り出す仕様となっており，総出力は数 mW 程度であることが多い (**図 4.1.5**)．SC 光源は他のレーザーと同じくコヒーレント光源であるため，粗面からの散乱光による干渉 (スペックル) など，必要な情報を妨害する現象が起こりうることに留意する必要がある．

第4章　近赤外分光法の実際

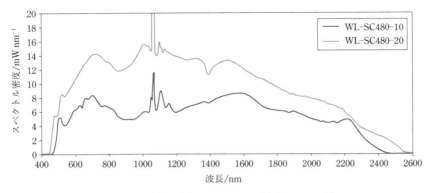

図 4.1.5　SC 光源の出力スペクトルの一例（FIANIUM 社）

4.1.3 ■ 分光方式

現在近赤外分光に用いられる分光方式は，フィルター型，分散型，フーリエ変換型に大きく分けられる．それぞれの原理や特徴について解説する．

A. フィルター型分光方式

ここでいうフィルターとは特定の波長の光のみを透過するバンドパスフィルターであり，干渉フィルターや液晶フィルターなどがある．

(1) 干渉フィルター

干渉フィルターは半透明の膜の間に誘電体薄膜を挟んだ単純な構造で，機構部品をもたないため安価で堅牢なシステムに向いている．誘電体薄膜の材料としては，低屈折率の MgF_2，CaF_2 などのフッ化物，高屈折率の SiO_2，TiO_2，Ta_2O_5，Al_2O_3 などの酸化物が使用される．誘電体薄膜は真空蒸着で作られるため，必ずしもすべての製品が同じ厚さになるとは限らない．光学メーカーでは波長特性のそろったものを選んで販売しているが，同じ装置を複数台製作するときなどは注意して購入する必要がある．

干渉フィルターによる波長選択の原理は，薄膜ファブリペロー干渉計と同じである．誘電体薄膜の屈折率を n，膜厚を d とおくと，誘電体薄膜内を光が 1 往復する際の光学距離は $2nd$ と表される（**図 4.1.6**）．この距離が光の波長 λ の整数倍 $m\lambda$ と一致する場合，そのまま膜を透過した光と 1 往復して出てきた光の位相が一致するため，干渉して強め合う．同様に 1 往復目と 2 往復目の透過光も強め合いが起こ

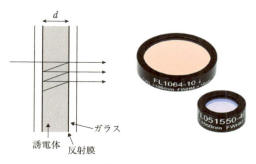

図 4.1.6 干渉フィルターの模式図（左）と外観（右）（Thorlabs 社）

り，多重干渉が起こる．また，入射光に対してフィルターを角度 θ だけ傾けると，透過する波長が変化するため，フィルターを傾けることで透過する光の波長を微調整することができる．その場合，以下の条件を満たす波長の光が強め合う．

$$m\lambda = 2nd\cos\theta \tag{4.1.1}$$

ここで，m は次数と呼ばれ，近赤外光用のフィルターでは $m=1$ か 2 が選ばれる．上記の条件からちょうど半波長ずれた場合（m が半整数である場合），光は完全に打ち消し合うため透過側にはまったく現れない．このことを利用し，回転ドアの扉のようにフィルターを配置し，軸回りに回転させることで透過する波長を掃引する分光方式もある．ただし，角度が大きくなると透過光は弱くなる．反射膜における1回の振幅反射率と振幅透過率をそれぞれ t, r とすると，フィルター全体としての強度透過率 T は

$$T = t^2\left\{1 + r^2\exp(i\delta) + \left[r^2\exp(i\delta)\right]^2 + \left[r^2\exp(i\delta)\right]^3 + \cdots\right\} \tag{4.1.2}$$

と表すことができる．ここで，δ は次式で表される位相差である．

$$\delta = \frac{4\pi nd\cos\theta}{\lambda} \tag{4.1.3}$$

上記の透過率は等比級数の和になっていることから，強度反射率 R を用いて，以下のように簡単に表すことができる．

$$T = \frac{(1-R)^2}{(1-R)^2 + 4R\sin^2(\delta/2)} \tag{4.1.4}$$

干渉の条件式を代入すれば透過率は最大 ($T=1$) となることが確認できる．なお，

位相が π ずれた多数の干渉波も生じるため，実際の干渉フィルターではこれをカットするためのフィルターが積層されている．

また，ピークの半値全幅（FWHM）は

$$\mathrm{FWHM} = \frac{1-R}{R^{1/2}} \frac{c}{2\pi n d \cos\theta} \quad (4.1.5)$$

と表せる．したがって，膜界面での反射率 R を大きくすれば分解能は向上するが，誘電体膜自体の吸収やフィルター表面での反射による損失も同時に大きくなるため結果として透過率が低下し，実際には約 70% 程度の透過率のものが多い．フィルターの透過幅は長波長ほど広く，FWHM は 10〜30 nm 程度であり，分解能は決して高くない．よく使用されるレーザー発振波長である 780 nm，850 nm，1064 nm，1550 nm などに合わせた透過特性をもつものは，需要が高いため安価で入手しやすい．

透過波長の異なる複数枚のフィルターを搭載した近赤外分光光度計の例としては，ポータブル果実糖度計や水分計，オンライン計測器など，主に特定の分析対象のために製品化されたものがあげられる．

(2) バリアブルフィルター

干渉フィルターの誘電体膜の厚さを連続的に変えれば，位置によって透過する波長を変えることができる．円盤上の回転方向にこれを実現したものはサーキュラバリアブルフィルター（CVF）と呼ばれる．CVF を中心軸回りに回転させて，ある一点を透過した光を利用すれば，連続的に波長を掃引することができる．また長方形の誘電体膜の直線方向に厚さを変化させたフィルターはリニアバリアブルフィルター（LVF）と呼ばれる．LVF をイメージセンサーと組み合わせると，駆動部のない超小型の分光器をつくることができる．図 4.1.7 に市販されている LVF 分光器の外観を示す．LVF とイメージセンサーの組み合わせでは高速なスペクトル取得

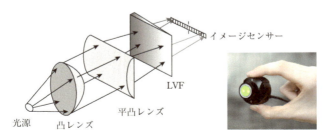

図 4.1.7 （左）LVF 光学系の模式図と（右）LVF を用いた小型分光器（MicroNIR JDSU 社）

が可能である．

（3）液晶チューナブルフィルター

　液晶チューナブルフィルター（liquid crystalline tunable filter，LCTF）は電気的に透過波長を変えることのできる光学素子である．平行に配置された2枚の偏光子の間に光学軸をそれぞれ＋方向と－方向に45°傾けた2枚の複屈折板を積層することで位相差（retardation）を生じさせ，これによって特定の波長を透過させる（リヨ・フィルター（Lyot Filter）の原理という）[2]．LCTFでは一方の複屈折板の代わりにネマチック液晶が使用される．液晶への電場印加により，一軸性結晶を光軸回りに回転するのと同じ効果が得られ，複屈折を変化できる．複屈折と透過波長の間には比例関係があり，50 ms程度の高速波長切り換えが可能である．実際には**図4.1.8**のように偏光子と複屈折板，液晶のセットを複数段接続することで波長分解能を高めているが，高分解能の製品でもFWHMが10 nm以上ある．LCTFは直径20 mm程度の有効面積をもつため，エリアイメージセンサーとの組み合わせによって，スペクトルイメージングに応用されることが多い[3,4]．光の偏光を利用したフィルターであるため，観測する場合には試料を配置する向きに注意が必要となる．

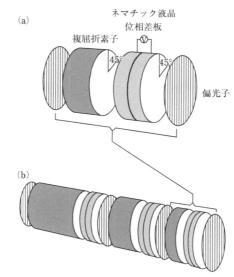

図4.1.8 LCTFの構造 [3]
　　　　（a）リヨ・フィルターの構造，（b）LCTF全体の構造

(4) 音響光学波長可変フィルター (AOTF)

音響光学波長可変フィルター (acousto-optic tunable filter, AOTF) は外部から電気的に波長選択ができる分光素子である．機構部品を使わずに高速な波長選択ができることに加え，高次の回折光を発生しないなどの特徴がある．

固体や液体の媒質中に超音波を与えたときに屈折率の変化などの光学特性の変化が生じる現象を音響光学効果と呼ぶ．AOTF では図 4.1.9 に示すように，TeO_2 結晶などの媒質に圧電素子（トランスデューサー）を密着させ，交流信号を印加することで媒質中に超音波を発生させる．超音波が定在波となると，媒質中には粗密部分が縞状に生じることになる．この粗密部分は屈折率の周期的な変化に対応し，光にとって回折格子として機能する．縞のピッチ，すなわち超音波の波長 d は，圧電素子に与える信号の周波数 f との間に以下の関係がある．

$$\frac{v}{f} = d \quad (4.1.6)$$

ここで，v は媒質中の音速で，媒質固有の値である．この関係から明らかなように，超音波の周波数を変調させることによって回折格子の間隔を変化できる．

このように，AOTF は回折格子の一種であるが，後述する回折格子とは異なる特徴をもつ．光の回折現象は媒質の屈折率 n，光の波長 λ，光が超音波の中を進む距離（作用距離）w を用いて次式で定義される Q 値によって以下のように分類することができる．

$$Q = \frac{2\pi\lambda w}{nd^2} \quad (4.1.7)$$

$Q \ll 1$：この範囲の回折をラマン–ナス (Raman–Nath) 回折と呼ぶ．超音波の

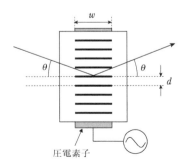

図 4.1.9　AOTF による光の回折の模式図

波長が長く，作用距離が短い場合であり，透過型の回折格子と同じである．ラマン－ナス回折による回折光は高次のものまで現れる．

$Q \gg 1$：この範囲の回折をブラッグ（Bragg）回折と呼ぶ．超音波の波長が短く，作用距離が長い場合であり，結晶によるX線回折現象に代表される．この場合，高次光は相殺されて発生せず，一次回折光だけが観測される．なお，ブラック回折では入射角と回折角は等しいため，ブラッグ反射とも呼ばれる．

AOTFは圧電素子を大きくすることで作用距離 w を長く，さらに超音波の波長を短くすることでブラッグ回折を実現するように設計されている．ブラッグ条件は

$$2d \sin \theta = m\lambda \tag{4.1.8}$$

で表される．この式から回折角度 θ を固定して格子間隔 d を変えるだけで，光の波長を変化できることがわかる．一般には 1000 nm 程度の波長掃引幅をもつ機種が多く販売されている．AOTFの波長分解能は後述するブレーズ型の回折格子に比べると低く，FWHMは可視から近赤外域において数nmから数十nm程度である．分解能は低いが電気的に波長を変えられる利点は大きく，近赤外域ではLCTF同様，スペクトルイメージングに利用されることが多い．波長の切り換え速度は超音波の滞在時間のみに依存する．音速が速ければ波長切り換え速度も速くなるが，回折効率（入射光強度に対する回折光強度の比）は速度 v の二乗に逆比例する．したがって，結果的に遅い音速の使用の方がAOTFには優位である．TeO_2 結晶中の音速は(001)面に沿った縦波では $4260\,ms^{-1}$，(110)面に沿った横波では固体にしてはきわめて遅く，$616\,ms^{-1}$ である．TeO_2 のAOTFでは横波を用いることで回折効率を保ち，かつ $10\,\mu s$ 以下の波長切り換え速度を実現している．なお，熱輻射光源を使う場合，AOTF媒質が温められることで屈折率が変化し，正確な波長を選択できなくなることがある．このためコールドフィルターを併用したり，電気的な補正を適用したりすることが望ましい[5]．

B. 分散型分光方式

分散型分光方式は，光を波長ごとに異なる角度へ出射する性質（分散）を利用して分光させる方式であり，プリズムや回折格子がそのための光学素子である．分散型は後述するフーリエ変換型と並んで広く用いられている．

第4章 近赤外分光法の実際

(1) プリズム

プリズムは古典的な分光素子であり，現在でもしばしば使用される．プリズムの屈折率が波長によって異なる性質（波長分散あるいは単に分散という）を利用し，入射された白色光を異なる角度へ出射させることで分光が実現される．近赤外域では多くの光学材質が高分散であるため，良好な波長分解が可能である．しかしながら内部透過率自体が十分でないこともあるため，現在市販されている分散型近赤外分光光度計では，次に示す回折格子を利用する方式が主流となっている．

(2) 回折格子

回折格子（grating）とは，微細な格子状のパターンによる光の回折を利用して分光する代表的な分光素子である．プリズムではその分光特性が屈折率という物性に依存するのに対し，回折格子では幾何学的な構造のみによって決まる．

ここではまず多重スリット（透過型の回折格子）を考える．図 4.1.10(a)に示すように光の波長より十分狭い開口をもつスリットが，長さ d の間隔で N 個並んでいるとしよう．ここへ平行光が入射角 α で入射し，角度 θ の方向に出射したとすると，隣り合うスリットを通過した光には $d(\sin\theta + \sin\alpha)$ の光路差が生じる．したがって，この距離が波長 λ の整数倍であれば光は互いに強め合う．この条件を表した以下の式をグレーティング方程式という．

$$d(\sin\theta + \sin\alpha) = m\lambda \qquad (4.1.9)$$

多重スリットを透過した光は直進するだけでなく，この式を満足する角度へ回り込む．こうした現象を回折（diffraction）という．回折光は整数 $m = 0, \pm 1, \pm 2, \cdots$

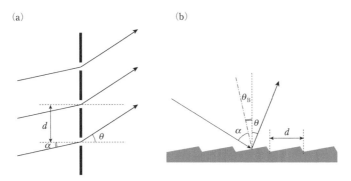

図 4.1.10 (a)透過型および(b)ブレーズ型回折格子の模式図

に対応して異なる回折角 θ の方向へ進むことができる．これらをそれぞれ m 次回折光と呼ぶ．入射光が平行光で電場振幅 A_0 をもつとし，さらにスリットが有限の開口幅 γd （γ はスリットの開口比）をもつと仮定すれば，観測される回折光の強度は以下の形で書くことができる．

$$I = \frac{A_0^2}{2}\left[\frac{\sin(N\delta/2)}{\sin(\delta/2)}\right]^2\left[\frac{\sin(\gamma\delta)}{\gamma\delta}\right]^2 \quad (4.1.10)$$

ここで，δ は位相差で，グレーティング方程式を満たすときは次式のように表される．

$$\delta = \frac{2\pi}{\lambda}d(\sin\theta + \sin\alpha) \quad (4.1.11)$$

図 4.1.11 に回折角 θ の関数として回折効率（入射光に対する回折光強度の比）をプロットしたものを示す．計算では入射角 $\alpha = 20°$，波長 $\lambda = 1000$ nm，回折格子の間隔 $d = 1666$ nm，格子の個数 $N = 20$，電場振幅 $A_0 = 1$ とした．スリットの開口比 γ は 0.2 とおいたが，これは一次以上の回折光の強度を決める因子（図中点線）で，γ が小さいほど高次の回折光は強くなる．ピーク強度の大きな回折光（主極大）が位相差 2π おきに現れ，その間に $N-2$ 個の小さなピーク（副極大）が現れる．$\theta = -20°$ に観測される主極大が 0 次光，すなわち透過光であり，一次の回折光は $\theta = 15°$ および $-70°$，二次回折光は $59°$ の方向に観測されることがわかる．この条件では三次以上の回折光は現れない．計算では $N = 20$ としたが，これは回折に有効な格子の数である．N の値は回折格子の品質に関係し，N を増やせば副極大のピークが減少し，主極大のみが鋭いピークとなるため，回折格子の波長分解能を向上できる．なお，ここでは波長 1000 nm の光にのみ注目したが，式 (4.1.9) から，

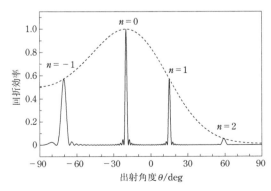

図 4.1.11　回折格子の回折効率の一例

別の角度では同時に別の波長の回折光が観測できることがわかる．したがって，入射角と出射角を調節すれば，特定の波長の回折光を取り出すことができる．このように回折格子は分散素子であり，回折格子を用いた分光光度計は分散型に属する．

実際によく用いられる回折格子はブレーズ型（図 4.1.10(b)）である．入射光と一次回折光の向きが溝面に対して対称である条件（リトロー配置）において強い回折光が得られ，その回折光の波長（ブレーズ波長）は式(4.1.9)から求められる．また，溝の角度をブレーズ角という．フォトレジストとイオンビーム照射によって作られる微細なブレーズを鋳型として樹脂で型取りしたレプリカ表面に，アルミニウムや金でコーティングした回折格子が市販されている．近赤外域で使用する際には金コーティングが望ましい．仕様書にはブレーズ角 θ_B やブレーズ波長，回折格子の本数としては 1 mm あたりの格子の本数であるグルーブ数が記載されている．上記の計算の例では 600 grooves/mm と仮定した．

図 4.1.12 に，分光光度計における回折格子の代表的な配置例を示す．回折格子は回転台に取り付けられており，これを回転することで特定の波長の光が出射スリットから出射される．グレーティング方程式が示すように，波長は回折角の関数であるため，分散型の分光光度計では横軸が波長（nm）表示のスペクトルを出力する．回折角に広がりがあると，回折光の波長にも広がりが出て，分解能が低下する．このため光の入射側と出射側にスリットを設け，回折角の幅を限定する．図には示していないが，入射する白色光はレンズなどで入射スリット上に集光する．分光光度計内部に入った光は凹面鏡やレンズによってコリメートされ，回折格子に入射する．出射光の波長幅は以下の式で表すことができる．

$$\Delta\lambda = \frac{d\cos\theta}{nL}\Delta x \tag{4.1.12}$$

ここで，Δx はスリット幅，L は焦点距離，すなわちスリットから凹面鏡などのコリメーターまでの距離である．この式から，スリット幅を狭めるか，焦点距離を伸ばすかのどちらかが波長分解能を向上するための具体策といえる．なお，入射側のスリット幅は常に出射側のスリット幅より狭くしなければならない．また，回折光をイメージセンサーなどの二次元検出器で観測する場合，言うまでもなく入射側のスリット幅しか調整できない．

通常，波長分解能は観測される吸収ピーク幅の 1/10 以下とすることが望ましいが，近赤外スペクトルのピーク幅はブロードなので必ずしも高分解能は必要ない．そのぶん焦点距離を短く，光学系を小さくすることが可能であり，スリットを広く

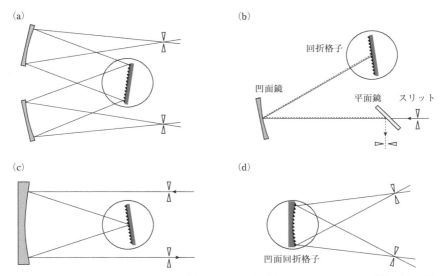

図 4.1.12 (a)ツェルニーターナー配置,(b)リトロー配置,(c)エバート-ファスティ配置,(d)凹面回折格子配置

し,より多くの光量を得るなどの工夫が可能である.実際には,光学系の明るさの指標である F 値($F=L/dN$)を参考に分光光度計を検討するとよい.そのほか偏光依存性にも注意する必要がある.回折格子の溝方向と電場ベクトルの振動方向が垂直な光(s 偏光または TM 波という)では,入射角によって回折効率の大きな変動がみられる.

C. フーリエ変換型分光光度計

　フーリエ変換(Fourier transform, FT)分光法は現在,中赤外域では主流であり,FT-IR の呼称で普及している.近赤外域に特化した FT 型分光光度計も市販されており,これは同様に FT-NIR と称される.

　フーリエ変換分光法では 2 つに分けられた光束の干渉を計測する,いわゆる二光束干渉計を利用する.ここではもっとも多く採用されているマイケルソン干渉計(**図 4.1.13**)を用いて説明する.マイケルソン干渉計はハーフミラーと 2 枚の平面鏡から構成される.平面鏡の一方は光軸に沿って移動できる.光源 L から出た光はコリメーターで平行光束となり,ハーフミラー HM で反射した成分は固定鏡 M1 へ,透過した成分は可動鏡 M2 の方向へ分けられる.それぞれの鏡で反射した光はハー

フミラーの反対面からそれぞれ透過，反射して再び合成され，集光系を経て検出器 D に到達する．反射鏡 M1 をたどってきた光の光路長を ξ，反射鏡 M2 をたどってきた光の光路長を ξ+x とすると，それぞれの光の振幅は以下の波動関数で表される．

$$u_1(t) = a\cos(k\xi - \omega t) \tag{4.1.13}$$

$$u_2(t) = a\cos[k(\xi + x) - \omega t] \tag{4.1.14}$$

ここで，k は波数で，波長 λ との間に $k = 2\pi/\lambda$ の関係がある．a は電場振幅，ω は角振動数を表す．検出器に到達する光の強度はこれらを足し合わせたものを二乗して長時間積分したものに相当し，次式で表される．

$$I(x) = a^2\{1 + \cos(kx)\} \tag{4.1.15}$$

次に単色光の光源から多波長の光源に変えてみると，検出器で検出される光の強度は各波数の強度分布 $B(k)$ を足し合わせたものとなるので，

$$I(x) = \int_0^\infty B(k)\mathrm{d}k + \int_0^\infty B(k)\cos(kx)\mathrm{d}k \tag{4.1.16}$$

となる．FT 型分光光度計においては可動鏡 M2 の位置を変えながら，この $I(x)$ を記録している．右辺の第 1 項は光路差がゼロのときのバイアス強度なので取り除く．残った第 2 項はインターフェログラム（interferogram）と呼ばれる信号であり，実際には測定プログラム上で図 4.1.14 のように表示される．インターフェログラムは左右対称の関数であるので積分範囲を改めて以下のように F として表す．

$$F(x) = \int_{-\infty}^\infty B(k)\cos(kx)\mathrm{d}k \tag{4.1.17}$$

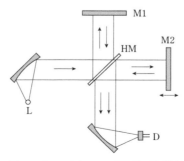

図 4.1.13　マイケルソン干渉計の模式図

しかしながらインターフェログラムは可動鏡の位置 x の関数であってスペクトルではない．FT 型分光光度計では，これを内蔵のコンピュータで以下のようにフーリエ変換して各波数の強度分布 $B(k)$，つまりスペクトルに変換する．

$$B(k) = \int_{-\infty}^{\infty} F(k)\cos(kx)\mathrm{d}x \qquad (4.1.18)$$

注意すべき点はこのスペクトルは波長ではなく波数 k の関数になっていることである．実際の FT 型分光光度計では $k=2\pi/\lambda$ ではなく，1 cm の間に光が何度振幅を繰り返すかを表す「波数」（ν，単位は cm^{-1}）を横軸としたスペクトルを出力する．この点が横軸を波長（nm）表示とする分散型の分光光度計と大きく異なる点である．

さて，上記の式では積分範囲は無限であったが，実際の干渉計では可動鏡の可動範囲は有限である．可動範囲を $-X \sim X$ としてフーリエ変換を行うと，スペクトルに波打ち（ringing）が発生するため，積分範囲の両端が滑らかに減少している窓関数を掛け合わせて変換を行う．この窓関数をアポダイジング関数と呼び，こうした畳み込み積分操作をアポダイセーションという．なお，移動鏡の最大可動距離 X は FT 型分光光度計の波数分解能と逆比例の関係にある[6]．また，サンプリング定理によれば，サンプリング間隔は観測する信号間隔の半値以下にしなければならない．中赤外域まで（$0 \sim 4000\ \mathrm{cm}^{-1}$）を測定する場合には（移動鏡の位置 x の）サンプリング間隔は 1250 nm でよいが，近赤外域まで（$0 \sim 14000\ \mathrm{cm}^{-1}$）をカバーする場合には，サンプリング間隔を 357 nm とする必要があり，データ点が約 4 倍に増加する．なお，フーリエ変換の計算（離散フーリエ変換）ではデータ点数は 2 の階

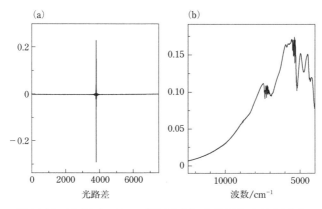

図 4.1.14　(a)インターフェログラムと(b)シングルビームスペクトル

乗個でなければならないことから，波数分解能は等間隔でなく $1\,\mathrm{cm}^{-1}$, $2\,\mathrm{cm}^{-1}$, $4\,\mathrm{cm}^{-1}$, $8\,\mathrm{cm}^{-1}$, $16\,\mathrm{cm}^{-1}$, …のようにしか設定できない．近赤外域では分解能 $8\,\mathrm{cm}^{-1}$，積算回数32回程度の測定条件で十分なことが多い．

このように，FT分光法では可動鏡の位置がこの波長に対応するということではなく，インターフェログラムのフーリエ変換によってスペクトルが得られる．すなわち，全波長を同時に測定している分光光度計であるといえる．これは信号処理の分野でいうマルチプレックス処理と同義であり，SN比の向上において非常に優位とされる（これをFellgett優位性という）[7]．また，スリット幅は分散型に比べて広く，実際には数mm～1cm程度のものが使用できる．このためFT型分光光度計は明るくハイスループットな光学系である（Jacquinot優位性）[8]．また移動鏡の位置を精密に読み取るため，波長が既知のレーザーを観測光と同じ光軸に入射し，別の検出器で検知することで位置を算出している．多くの場合，この目的でヘリウムネオンレーザーが内蔵されている．ヘリウムネオンレーザーの発振波長は $\lambda_0 = 632.9914\,\mathrm{nm}$ で不変で，発振が安定であるため，FT型分光光度計で得られるスペクトルもまた7桁という高い波数確度をもつことになる（Connes優位性）[9]．

すぐれた特徴をもつFT型分光器は比較的大型かつ高価なため，研究室内のみで利用されることが多かった．しかし近赤外域では必ずしも高分解能は必要ではないことから，移動鏡の可動範囲は狭くでき，現在では小型化が進みつつある．近年ではMEMS（micro-electro-mechanical systems）技術によって干渉計をワンチップ化した素子が開発され，これを用いたポータブルFT-NIR分光光度計も市販されている[10]．

4.1.4 ■ 試料室と光ファイバー

試料室のバリエーションの豊富さはおそらく近赤外分光光度計のもっとも大きな特徴の一つである．透過測定用の試料室には，紫外・可視分光光度計やFT-IRと同様，試料（通常は光学セル）を設置する位置にビームを集光させる光学系が採用される．反射測定では，試料から拡散反射した光を集めるために積分球が使用されることがある．可視域の場合，積分球の内面は硫酸バリウムでコートされるが，近赤外域の場合は反射率の高い金でコートされる．また，近赤外光は石英などの材料を透過するため，光ファイバーを利用して測定ポイントと分光光度計を離れた位置にすることも可能である．これらの周辺機器がモジュール化されていて交換できる装置や，光路の切り替えによって選択できる装置もある．試料の配置は具体的な使

用法に関係するので，詳しくは次の4.2節で説明する．

4.1.5 ■ 検出器

近赤外域全体を一つの検出器でカバーするのは難しいため，現実的には注目する波長帯域によって以下に示す検出器から選ぶ必要がある．

A. シリコンフォトダイオード（700 〜 1100 nm）

可視光に近い領域（700〜1100 nm：しばしば可視近赤と呼ばれる）では光起電力型のシリコン（Si）フォトダイオードが使用できる．Siフォトダイオードは広いダイナミックレンジをもつため，定量分析に適する．特に水分量の高い試料が対象である場合は，可視近赤域が適しているため，果実の糖度計などにはSiが利用される．Siフォトダイオードは可視域に反応するため，室内照明や太陽光を避けるために波長カットフィルターの併用を検討する必要がある．

B. インジウムガリウムヒ素（900 〜 1600 nm）

インジウムガリウムヒ素（InGaAs）はシリコンと同じくpn接合をもった光起電力素子である．InとGaの組成比によって感度帯域が変わり，Inの割合が多いほど長波長側に感度をもつ．標準的なものの観測範囲は900〜1600 nmだが，最長で2600 nmまで観測可能である．pin接合型にはGHzの応答速度があり，高速測定も可能である（**図 4.1.15**(a)）．

C. 硫化鉛（900 〜 2500 nm）

硫化鉛（PbS）は光が入射すると抵抗が減少するタイプの光導電型素子であり，900〜2500 nmの範囲に感度をもつ．ただし，光が当たる面積に応じて抵抗値の減少度合いが変化するため，サンプルによってビーム径が変動しないように工夫が必要である．同様にセレン化鉛（PbSe）は1500〜4500 nmの範囲で使用できる素子である．いずれも電子冷却型が一般的であるが，温度の影響を受けやすいためピンクノイズ（$1/f$雑音）が問題となる．このため光チョッパーを用いて低周波数成分を取り除くことが推奨されるが，後述するように近赤外分光法に用いる場合は波長掃引を高速化した方が効果的である．またPbSやPbSeと同じ波長域に感度をもち，高速応答可能な検出器としては光起電力型のpin接合素子であるインジウムヒ素（InAs）とインジウムアンチモン（InSb）がある．

第4章 近赤外分光法の実際

D. 光電子増倍管（700 ~ 1700 nm）

一般に光の波長が長いと光電効果が得られないため，光電子増倍管（photo-multiplier，PMT）は近赤外域の短波長側でのみ有効である．光電面に GaAs を使用した PMT は 500~800 nm の範囲で使用できる．量子収率は劣るが，In/InGaAs 半導体を利用した PMT では 1700 nm まで観測可能である．一般に PMT は微弱光の検出を行う際に利用する．一般に定量分析が目的の近赤外分光では，強い光を安定して検出する必要があるため PMT を使用することはない．

E. イメージセンサー

イメージセンサーは複数のセンサーを並べたマルチチャンネル検出器である．フォトダイオードを一列に並べたものをリニアイメージセンサー（図 4.1.15(b)），平面上に二次元的に敷き詰めたものをエリアイメージセンサーと呼ぶ（これに対し，センサーが単一の素子は個別検出器あるいはディスクリート検出器と呼ぶ）．イメージセンサーには CCD と CMOS があり，これらは各素子の結合方式が異なる．前述のとおり分散型の分光器では異なる波長の光を異なる角度に振り分けることができるため，イメージセンサーを用いれば，スリットを用いて波長を1つずつ分けることなく，一定の波長幅の光強度を一度に測定できる．ディスクリート検出器を用いて一波長ずつ取り出す方式の分光光度計をモノクロメーター（monochromator），多波長を同時に測定する分光光度計をポリクロメーター（polychromator）と呼ぶ．イメージセンサーを用いた装置では駆動部品を必要としないため，堅牢化，小型化が可能である．しかし，イメージセンサーは複数の検出器の集合体であるため，素子間のばらつきは避けられない．したがって，成分の定量分析を目的とした装置を量産化する場合や素子を交換する場合は，各波長の信号にかける係数（具体的には回帰係数）を一から求め直さなければならない可能性がある．このため，あえて分散素子の高速回転とディスクリート検出器の組み合わせを採用する場合もある．

二次元のエリアイメージセンサーはカメラとしても使用できるため，LCTF や AOTF と組み合わせてスペクトルイメージングに応用できる（第6章）．

4.1.6 ■ 光学材料など

A. 透過材料

可視域において透明なものは近赤外域においても透過材料として利用できること

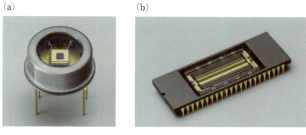

図 4.1.15 (a) PIN フォトダイオード（ディスクリート）と (b) 1024 ch リニアイメージセンサー（浜松ホトニクス社）

が多い．近赤外域の短波長側では BK7 などの普通のガラスも使用できるが，不純物に起因する OH 基が含まれ，1400 nm および 2200 nm 付近に吸収をもつので注意が必要である．長波長側では純粋な二酸化ケイ素のガラスである溶融石英（fused quartz または fused silica）がもっともよく使用される．しかし溶融石英も純度によっては OH 基を含むため，これを避けたい場合は赤外分光グレードの高純度石英を使用する．丈夫さという点では，サファイアは非常にすぐれた材料である．ただしサファイアは近赤外域でも屈折率が 1.7 以上あるため，反射によるロスや干渉の可能性に注意を要する．中赤外域で用いる CaF_2 や MgF_2 結晶は近赤外域においても完全に透明だが，どうしても低屈折率が必要な場面を除き，力学的強度の問題から使用されることは稀である．なお，近赤外分光法で用いられる光ファイバーのコア材料には石英にフッ素やゲルマニウムをドープし，屈折率を高めたものが使用されている．

B. 高反射材料

可視域でもっとも普及しているミラーは表面がアルミニウムでコートされたものだが，850 nm 付近では反射率が低下する．そのため，近赤外域では反射材として金が使用される．金の反射率は近赤外域（700〜2500 nm）において常に 96％ 以上ある．

C. 遮光・低反射材料

黒く見えるものでも近赤外光を反射してしまうことがある．黒アルマイト加工は光学マウントなどによく用いられるが，近赤外域では 50％ 近い反射率があるため迷光の原因となる可能性がある．むしろラシャ紙やラッカーを含まないカーボン系

の黒色塗料の方が低い反射率を実現できる．黒ベークライト（フェノール樹脂）も良好な低反射材である．黒色に染色した繊維を植毛した布や，表面にµmオーダーの凹凸構造をもつ吸収・遮光素材も有効である．わずか2％の反射率しかもたない反射防止シートがカメラ専門店などで入手できる．

D. 偏光材料

通常の使用においては，色素を含む高分子の一軸延伸膜による偏光フィルムが大面積で利用しやすい．延伸方向に対して垂直な電場振幅をもつ光を透過することができる．ただし，吸収材料を含むため透過率は30〜40％程度である．このため2枚を重ねて使用する場合，2枚の偏光方向が順方向であっても透過率が10％しかないことに注意が必要である．また，レーザーを用いる場合，偏光フィルムは破壊される恐れがあるため，結晶の複屈折に基づく偏光子を使用する．その代表例であるロションプリズム偏光子は，水晶やMgF_2からつくられるため，近赤外域でも問題なく利用できる．

4.1.7 ■ 近赤外分光法におけるノイズ除去

紫外・可視分光光度計において回折格子がゆっくり回転し，長波長側から順番に波長が掃引されていく様子をみたことのある読者は多いだろう．しかし，実用を目的とした近赤外分光光度計では秒単位の波長掃引を何十回も繰り返し，最後に平均化したスペクトルを出力する方式が多い．これは測定中の電圧変動などの長周期で起こる雑音（ピンクノイズ）を回避するための措置であり，Norrisら第一世代の開拓者から積み上げられた近赤外分光法のノウハウである[11]．これがどのようなものか，以下に簡単に説明する．

計測手順を考えれば，スペクトルの横軸は掃引時間tと読み替えることができる．掃引時間に係数（掃引速度a）をかけて波長を$\lambda = at$と表現すれば，スペクトル$F(\lambda)$は時間の関数$S(t)$と書き換えることができる．時間信号波形$S(t)$がどのように雑音の影響を受けるかを考察するために，$S(t)$をフーリエ変換した周波数の関数$s(f)$について考えよう．**図4.1.16**には典型的な赤外スペクトル(a)と近赤外スペクトル(b)を示した．一方でそれらを10秒間の時間信号波形と仮定し，フーリエ変換して得られた周波数スペクトル$s(f)$を**図4.1.17**に示す．赤外スペクトルには比較的鋭いピークが多く観測されるため，周波数スペクトルは10 Hz以上の高周波数までシグナルが観測される．これに対し近赤外スペクトルはピークがブロードであ

るがゆえ，周波数スペクトルは低周波数側にしかシグナルが観測されない．当然，周波数スペクトルは波長掃引速度に依存する．図 4.1.16 に示した近赤外スペクトルを 100 秒，10 秒，1 秒で測定したと仮定してそれぞれを周波数スペクトルに変換し，雑音の周波数分布のプロットとともに示したのが**図 4.1.18** である．雑音には実際のケースを考えてピンクノイズ（$1/f$ 雑音）とホワイトノイズを仮定してあるが，前者の影響により 1 Hz 以下の低周波数域で雑音の影響が増大している．近赤外スペクトルの周波数分布と比較すると，100 秒かけて測定した信号は雑音に埋もれてしまうため，これを回避するためには数秒での高速波長掃引が必要であることがわかる．しかし掃引時間が短ければ光子の量が減り，検出器のショットノイズが無視できなくなる．このため波長掃引を何度も繰り返し，平均化することで安定した近赤外スペクトルを得る．

これを実現した例が定量用途を重視した Foss 社の分光光度計や光スペクトラムアナライザなどの，分光素子を高速に動かす方式である．また，分光素子を固定し，イメージセンサーで受光する方式もまた速い繰り返し測定が可能である．高い

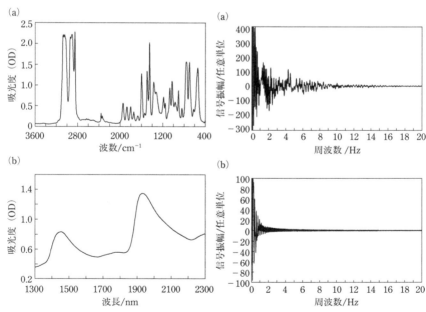

図 4.1.16 （a）ポリスチレンの中赤外スペクトルと（b）柑橘葉の近赤外スペクトル

図 4.1.17 図 4.1.16 の（a）中赤外スペクトルと（b）近赤外スペクトルを掃引時間の関数として求めた周波数スペクトル

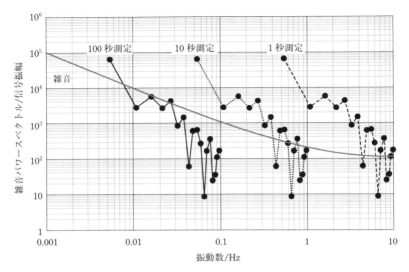

図 4.1.18 雑音の周波数スペクトルと近赤外スペクトルから変換した周波数スペクトル

SN 比を要求する定量分析の場合には，高速波長掃引が可能な分光光度計かイメージセンサーを選択する必要がある．なお，以上の議論はフィルター型や分散型特有の問題であり，FT 型分光光度計では Fellgett 優位性によって問題にならない．

4.2 ■ 近赤外スペクトルの測定法

　近赤外分光法では透明な試料だけでなく懸濁試料，粉体，固体，ペースト，あるいは不均一な生体試料など，さまざまな試料を対象とするため，それに応じて適切な測定法を選択する必要がある．近赤外分光法ではスペクトルを 1 本だけ測定し，ライブラリーと見比べてその成分を推定するような使い方は好まれない．これは近赤外域の吸収ピークはブロードで，いわゆる指紋領域をもたないためである．多くの場合，濃度などの条件の異なる試料を多数測定し，そのスペクトルを比較することで分析目標を達成する．そのためには測定条件の統一と効率的な光の検出が重要なポイントとなる．本節では回帰分析を行う際の注意点も含めて，近赤外スペクトル測定の手順とノウハウについて解説する．

4.2.1 ■ 近赤外分光測定の概要

近赤外分光測定においては,最初にリファレンスの透過光または反射光強度 I_0 を測定する(図 4.2.1).リファレンス測定は当然1回の試料の測定ごとに毎回行ってもよいし,ルーチン分析の場合には試料群(ロット)ごとに行ってもよい.なお,リファレンス測定はバックグラウンド測定と表現することもある.次に目的の試料をセットして光強度 I を測定すると,吸光度 $A = -\log(I/I_0)$ が出力される.反射測定の場合の吸光度は,反射率 $R = I/I_0$ を用いて $\log(1/R)$ と表記することが多い.

ところで光強度 I_0 や I はアナログ量である電圧強度をアナログデジタル変換することで得ている.これら I_0 や I のスペクトルはシングルビームスペクトルと呼ばれる.近赤外分光光度計の種類によってはシングルビームスペクトルを閲覧できないこともあるが,吸光度はあくまでも2つのシングルビームの比からなることを念頭に置いておくことが大切である.

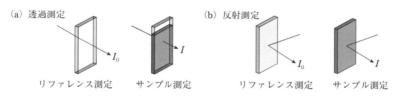

図 4.2.1 透過測定と反射測定の模式図

4.2.2 ■ 具体的な試料の配置

よく用いられる試料配置の模式図を図 4.2.2 に示した.上段の(a)透過法(transmittance)と(b)透過反射法(transflectance)は主に透明試料に,下段の(c)拡散反射法(diffuse reflectance)と(d)インタラクタンス法(interactance)は懸濁試料や粉体,固体などの不透明試料に用いられる.

A. 透過法,透過反射法

(a)透過法は近赤外分光以外の分光法でも使用される方法で,ランベルト-ベールの法則が適用できる場合が多い.(b)透過反射法は液体試料の中に鏡を沈め,その鏡により反射した光を測定する方法である.試料の片面から光の照射・検出ができるため,実用向けの分光光度計で透過測定を行う際に使用される.当然,この場合の光路長は試料の厚みの2倍となる.

第 4 章　近赤外分光法の実際

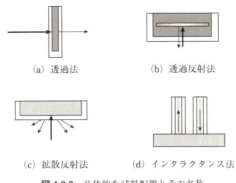

図 4.2.2　具体的な試料配置とその名称

B. 拡散反射法とインタラクタンス法

不透明試料のための方法はいずれも拡散反射という現象を利用している．試料が不透明な散乱体である場合，入射した光は試料内部で乱反射，屈折，吸収を繰り返し，その一部が外へ出て検出器に到達する．透過法同様，試料内部の情報が得られるが，あくまでも試料自体が小さな反射板としてはたらくことがポイントである．粉体やペースト試料であれば，シャーレのようなガラス容器（図 4.2.3）に詰め込み，ガラス面側から測定する．いずれの場合も，吸収に関する情報をあまり含まない試料表面からの正反射を避けるため，入射角と検出角をずらすなどの工夫が必要である．また，拡散反射光は四方に散乱するため，積分球を使って集光する方式もある（図 4.2.4）．

近赤外分光法では表面での正反射を避けるため，図 4.2.2(d)に示すインタラクタンス法を採用することも多い．インタラクタンス法では入射光の照射部と検出部が

図 4.2.3　拡散反射測定用の試料カップ（セル）

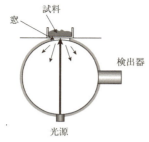

図 4.2.4　積分球による反射測定配置　　図 4.2.5　果実糖度測定用のインタラクタンスプローブ

物理的に仕切られており，このため検出器に届くのは試料内部を通過した拡散反射光のみである．実際には照射部と検出部を一体化したプローブを直接試料に押し当てて使用することが多い（**図 4.2.5**）．照射部と検出部の間隔が狭いと，確率的に試料の浅い部分を通った光を検出することになるが，この間隔を広げると奥深くまで進入した光を検出できる．インタラクタンス法ではこのように照射部と検出部の間隔を変化することで，深さ方向の吸収特性を調べることも可能である[12]．インタラクタンス法のもっとも代表的な応用例は非侵襲で脳の活動を調べることができる近赤外脳機能計測法（fNIRS）であろう．fNIRSでは光ファイバーを用いた照射プローブと受光プローブを数 cm 離すことで近赤外光を大脳皮質に到達させ，その血流変化を検出する[13]．

4.2.3 ■ 光路長の最適化

　近年，検出器感度の向上にともない，透過光量が少ない場合でも安定したスペクトル測定が可能になってきた．しかし，一般的には吸光度（または透過率）は最大で 2 以内（透過率では 1/100 以上）に収めることが望ましい．この条件を満足するためには光路長を最適にするか，あるいはリファレンスを工夫する必要がある．

　透明液体の透過測定では最適なセルの幅（光路長）を選べばよい．中赤外域の透過スペクトル測定では厚さ数 μm のスペーサーと組み立てセルを使う必要があり，光路長を一定に再現することが難しい．これに対し，近赤外分光では光路長が mm オーダーで不変の石英セルを使用できる（**図 4.2.6**）．対象となる試料の中でも水の吸収が一番大きいと考えられるので，これに合わせてセルを準備すればよい．水の主な波長におけるモル吸光係数 ε は既知であるため，ランベルト－ベールの法則 $A = \varepsilon c l$ が成立するとして光路長 l が求められる．**表 4.2.1** に代表的な水のピーク波長

とモル吸光係数,および $A=2$ とするための光路長,最適セル長をまとめた.水のOH伸縮振動の第二倍音の吸収（970 nm）は非常に弱いため,理論上は 90 mm 程度の分厚いセルも使用できるが,分光光度計の試料室内のビームは普通これほどの長い距離では平行性が保たれていない.可視近赤域（700〜1100 nm）を対象とする場合には,むしろ後述するように不透明試料を測定する可能性もあるので,入手しやすい 10 mm セルがあれば十分である.

透明試料の場合には入射したビームはまっすぐ試料内部を通過できるが,白濁した液体などの不透明試料の場合,光は拡散反射を繰り返すため,結果的に l より長い光路長 βl（β は散乱による光路長の伸長係数）を経て試料の外へ出る.また散乱した光の多くは直進できず,検出器にたどり着けない.この成分に相当する吸光度を S とおけば,不透明試料におけるランベルト－ベールの法則（透過測定）は以下のように拡張できる[14].

$$A = \varepsilon c \beta l + S$$

S はスペクトルのベースライン変動として観測されるが,β はパルス光を用いて時間分解測定をしなければ決定することができない[15].したがって,何度か測定を繰り返し,吸光度が 2 以下になるように試料厚さやリファレンス材質を調整することが現実的な方法である.

図 4.2.6 近赤外分光法で使用可能な石英セル
左から光路長 10 mm,1 mm,0.3 mm.

表 4.2.1 水の近赤外吸収ピーク波長と吸光係数,および $A=2$ とするための光路長

波長 /nm（波数 /cm^{-1}）	970(10300)	1450(6897)	1930(5180)
ε/dm^3 mol^{-1}cm^{-1}	0.0038	0.257	1.07
$A=2$ 条件の光路長	94.7 mm	1.4 mm	0.336 mm
最適セル長	10 mm	1 mm	0.3 mm

4.2.4 ■ リファレンスの選択

リファレンスとは，試料の透過光（または反射光）と比較するために用いる外部標準である．リファレンスは目的によって最適なものを選ぶ必要がある．

A. 透明試料のリファレンス

透明試料の場合はランベルト―ベールの法則に従い，吸収成分のみを取り出すことができるので，これを満足するようにリファレンスを選ぶのが原則である．透明で自己支持性のあるフィルム状の試料であれば，リファレンスには何もないところを通過した光を測定すればよい．溶液の溶質濃度を定量する場合，溶媒のみを入れたセルをリファレンスとして使用できる（ブランク試料）．しかし近赤外分光法では時として溶媒自体の吸収の変化に注目することもある．このような場合は溶媒をリファレンスとはしづらいので，試料室に何も置かずに測定したスペクトルをリファレンスとすることができる．ただし，セルの材質が OH 基を多く含む場合，これを解消する必要がある．これには空のセルの吸光度スペクトルを別に測定しておき，後から溶液＋セルのスペクトルから引き去ればよい．この際，光路長が 1 mm 未満の空セルではセル内壁での光の干渉によってスペクトルに周期的な干渉縞が生じることがあるので，この場合は同じ材質で長い光路長をもつセルを代用するとよい．

B. 不透明試料のリファレンス

不透明試料のリファレンスの選定にはやや工夫が必要である．近赤外分光法の目的は分子による吸収を観測することであることから，散乱成分は極力キャンセルすることが望ましい．この目的のため，不透明試料のリファレンスは目的の試料と同程度の散乱係数をもち，かつ吸収がないものが理想的である．短波長側でよく使用されるのは PTFE（polytetrafluoroethylene）である．近赤外域はフッ素樹脂である PTFE 側鎖の C–F 伸縮振動の高次の倍音領域であるため，吸収はほとんど観測されない（C–F 伸縮振動の基本音は 1200 cm^{-1} 付近）．したがって，PTFE の近赤外スペクトルは部分的な結晶に起因する散乱成分がほとんどである．そのほかにもリファレンス材質としてセラミックス板やフロスト板（磨りガラス）を使うこともある．散乱係数を調整したスペクトラロン®というフッ素樹脂からなる標準反射板や金については反射プロファイルが既知であり，拡散反射法のリファレンスとして利用しやすい．また反射光学系を搭載した一部の分光光度計には専用のリファレンス

が内蔵されており，制御ソフトウェアから切り換え測定が可能な場合がある．

参考として図 4.2.7 に異なるリファレンスを用いた場合の玄米（未炊飯）の拡散反射スペクトルを示した．測定には FT-NIR 分光光度計を用いた．シングルビーム強度(a)をみると，玄米と PTFE は反射強度が近く，そのため吸光度（$\log(1/R)$）スペクトル(b)のベースラインが比較的平坦となっている．金やセラミックス板は反射率が高いため，吸光度は右上がりの階段状のスペクトルとなる．純粋な吸収スペクトル形状を知りたい場合には PTFE の方がよいかもしれないが，成分の定量や判別を目的とする場合にはどちらが有効とはいえず，分析結果の精度から判断する以外に方法はない．

4.2.5 ■ 測定条件

A. 試料の均一化

近赤外域においては吸収強度に比して散乱の影響が大きく，このことが常に問題となる．粉体試料の場合，平均粒径や粒度分布，セルへの充填密度などの物理的条件が散乱強度に変化を及ぼす．このため前処理の段階でこれらの条件は極力そろえておくことが望ましい．粉体試料では粉砕条件を均一化するために粉砕器のスクリーン（網目）サイズを統一し，またセルに詰める重量を常に一定とする必要がある．試料が部位によって均一でない場合は，複数の異なる点を測定して平均するか，あるいはローターなどを利用し，スペクトルスキャンの間にポイントを移動しながら測定を行う．実験的に解消できない散乱変動については，中心化や微分などのスペクトル前処理（3.2 節参照）を施し，その影響を低減する．

B. 温度制御

近赤外スペクトル測定において温度の制御は重要である．その主な理由は試料に含まれる水分のスペクトルが温度によって変化するためである（第 5 章 5.1 節参照）．水だけでなくアルコールなどの水素結合性の分子であれば，温度制御は必要と考えた方がよい．実用的な場面でも注意が必要で，生体試料や青果物などの水分量の高いものが測定対象である場合，目的の成分量の変化によるスペクトル変化が水の温度変化によるスペクトル変化に埋もれてしまう場合がある．しかし，現場では常に品温を一定に保つのが難しいことも多い．こうした場合にはあらかじめ温度に幅のある試料を用いて検量モデルを作成しておくことで，温度変化の影響を受けにくい含有量の推定が可能となる[16]．なお，低水分量の粉体や固体試料では，それ

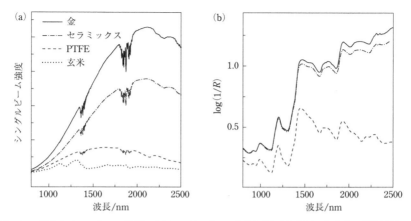

図 4.2.7 異なるリファレンス材質の(a)シングルビーム強度と(b)それを用いた玄米の拡散反射スペクトル

ほど温度に気を遣う必要はない[17]．

4.2.6 ■ ルーチン分析の注意点

近赤外分光法は実用的な応用において，ルーチン分析に使うことが多い．この場合の主な目的は，未知の試料の属性（素材の種類や産地など）や，特定の成分の含有量を調べることである．例えば，近年店頭に並ぶ果物には糖度が表示されていることがあるが，これは1個ずつ非破壊的に近赤外スペクトルを測定した結果である．測定装置にはスペクトルから糖度を求めるための式が搭載されており，すぐさま結果を表示できる．こうしたルーチン分析向けの近赤外分光装置は図 4.2.8 に示すフローチャートに従って運用される．果物の場合，まずは近赤外スペクトルから糖度を推定するためのモデル式を事前に学習をさせておく必要がある．pH メーターのような分析機器では既存の標準液を用意して2，3点の校正によってモデルを作成すればよいが，残念ながら近赤外分光法にはこうした標準試料が存在しない．しかもスペクトルデータには波長分解能に応じた多くの変数があり，どの変数の吸光度が目的の糖度と線形関係をもつかもわからない．したがって，モデルを作成するにあたり，想定される糖度（目的変数 Y）の範囲を網羅するように，極端に甘いものから甘くないものまで，実際の果実をまんべんなく複数個準備する必要がある．これをトレーニングセットという．農産物や天然物の場合はトレーニングセットとして最低でも100個の試料を準備する．果物のような天然の試料では，無

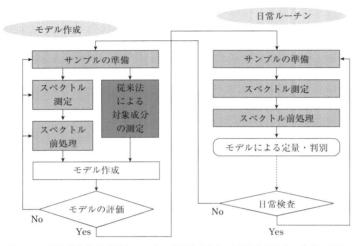

図 4.2.8 近赤外分光光度計をルーチン分析装置として利用する場合の作業の流れ

作為に集めると糖度に対して正規分布をもつ集団となることが多い．しかし，モデルを作成するにはフラットな分布の方がよく，分布の中央付近のデータを除外した後で100個の試料が必要となるため，あらかじめ準備する果物の数は少なくともその3倍は必要である．非破壊的にこれらの果物の近赤外スペクトル（従属変数 X）を測定し，次にスペクトル測定部位の果汁を搾り，従来法である屈折率糖度計で糖度を測定する．そして，近赤外スペクトルに微分などの適当な前処理を施し，近赤外スペクトル X から屈折率糖度計の値 Y を推定する回帰式を求める．

$$Y = aX \qquad (4.2.1)$$

この回帰式がモデル式であり，a を回帰係数という．なお回帰係数は波長の数だけ存在するため，数学的にはベクトルである．こうした操作は一般に検量（または校正：キャリブレーション）と呼ばれる．具体的なスペクトル前処理法や回帰計算については第3章を参照されたい．モデル式についてはトレーニングセットとは別の試料群（テストセット）を用いて妥当性の評価（バリデーション）をしなければならない．評価テストをパスできない場合にはいずれかの段階に戻ってモデルを再構築する．評価テストをパスして晴れて右側の日常ルーチンに使用できる．日常的にはもう屈折率糖度計の出番はないが，サンプルの準備，スペクトル測定，前処理などについてはすべてモデル作成時と同じ条件を踏襲しなければ正しい結果は得られ

ない．定期的に屈折率糖度計の結果とスペクトルからの予測値を比較し，正しい値が出力されなくなった場合にはモデル作成のループへ戻って装置を校正し直す．ちなみに試料の種類がリンゴからミカンという具合に変わってしまえば，そのモデルは使えないので一から作り直しとなる．

近赤外分光法をルーチン分析の手段として利用するユーザーは，メーカー側にモデル作成やそのメンテナンスまで請け負う体制があるかどうかを事前に調べておく必要があるだろう．一方で，メーカー側は，量産した機器で同じ予測値が出るようにする必要がある．しかし1台ごとにこのようなモデル作成をしていたのでは非効率であるため，親機と子機間で回帰係数を調整するさまざまな機差補正法（instrument standardization）が提案されている[18〜20]．ここでは詳細は省くが，補正に際してはきわめて安定で実際の試料に近いスペクトルを有する標準試料を複数用意し，各機器で短時間のうちに測定する必要がある．

4.2.7 ■ まとめ

こまで近赤外分光法の実際についてみてきたが，最後に装置と測定法を選ぶ際のポイントを表4.2.2にまとめた．まず測定対象とする試料の水分が多いか少ないかを考えることで，測定する波長域を決定できる．高水分の試料を非破壊的に測定したい場合には短波長側の可視近赤域（700〜1100 nm）が有効であろう．ヘモグロビンなどの色素の電子遷移を観測する場合もやはり可視近赤域がよい．乾燥した固体，粉体試料ならば2500 nmまでの全近赤外域が使用できる．

表4.2.2 近赤外波長域と分光方式，試料選択の目安

波長 /nm	750〜1100	1000〜1700	1600〜2500
波数 /cm^{-1}	13333〜9091	10000〜5882	6250〜4000
分光方式 　分散型（回折格子）	○	○	○
分光方式 　FT型	△	○	○
検出器	Si	InGaAs	PbS
最適な試料	高水分		低水分
透過光路長	10 mm 以上	1 mm	0.3 mm
特徴	・電子遷移吸収 ・高次のOH倍音 ・透過性が高く，光路長が長い大型試料向き	・OH，CH第一倍音 ・情報が比較的多様で利用範囲が広い	・結合音の鋭いピーク（指紋領域的） ・吸収が強く，光路長は短い

近赤外分光測定装置にはラボ用の分光光度計としての製品と，糖度計のような分析機器としての製品の両方がある．後者の場合はモデル式やモデル作成・管理のための計算ソフトが付属していることも多い．しかしながらモデル作成ソフトは別途購入することもでき，RやMATLAB®などの統計計算プログラムを用いて自作することもできるので，使い勝手に応じて選べばよい．

文　献

1) R. R. Alfano and S. L. Shapiro, *Phys. Rev. Lett.*, **24**, 592（1970）
2) B. Lyot, *C. R. Acad. Sci.*（Paris）, **197**, 1593（1933）
3) H. R. Morris, C. C. Hoyt, and P. J. Treado, *Appl. Spectrosc.*, **48**, 857（1994）
4) T. F. Blake, K. J. Jerkatis, S. C. Cain, and M. E. Goda, *Opt. Eng.*, **46**, 057001（2007）
5) N. Saito, S. Wada, and H. Tashiro, *J. Opt. Soc. Am. B*, **18**, 1288（2001）
6) 増谷浩二，分光研究，**59**，108（2010）または増谷浩二，赤外分光測定法―基礎と最新手法，エス・ティ・ジャパン（2012），第4章　FT–IR分光法の原理
7) P. B. Fellgett, *J. Opt. Soc. Am.*, **39**, 970（1949）
8) P. R. Griffiths, H. J. Sloane, and R. W. Hannah, *Appl. Spectrosc.*, **31**, 485（1977）
9) P. Connes, *Laser and Light*, Freeman, San Francisco（1969）
10) J. Antila, M. Tuohiniemi, A. Rissanen, U. Kantojärvi, M. Lahti, K. Viherkanto, M. Kaarre, and J. Malinen, "MEMS- and MOEMS-Based Near-Infrared Spectrometers", in *Encyclopedia of Analytical Chemistry, Online*, John Wiley & Sons, Chichester（2014）
11) 大倉 力，服部秀三，分光研究，**53**，109（2004）
12) H. Arimoto, M. Egawa, and Y. Yamada, *Skin Res. Technol.*, **11**, 27（2005）
13) 江田英雄，電子情報通信学会誌，**96**，694（2013）
14) 山田幸生，光による医学診断（シリーズ・光が拓く生命科学），共立出版（2001），第1章　光と生体―生体分光学への招待
15) J. Johansson, S. Folestad, M. Josefson, A. Sparén, C. Abrahamsson, S. A. Engels, and S. Svanberg, *Appl. Spectrosc.*, **56**, 725（2002）
16) H. Abe, C. Iyo, and S. Kawano, *J. Near Infrared Spectrosc.*, **8**, 209（2000）
17) P. C. Williams, K. H. Norris, and W. S. Zarowski, *Cereal Chem.*, **59**, 473（1982）
18) J. Shenk and M. Westerhaus, *NIR News*, **4**, 13（1993）
19) Y. D. Wang, D. J. Veltkamp, and B. R. Kowalski, *Anal. Chem.*, **63**, 2750（1991）
20) B. Walczak, E. Bouveresse, and D. L. Massart, *Chemometr. Intell. Lab. Syst.*, **36**, 41（1997）

第5章 近赤外分光法の応用

これまでの章で述べたように,近赤外域には分子振動の倍音や結合音による吸収が観測され,結合する原子の重さ(換算質量 μ)と結合の強さ(力の定数 k)に依存する振動数から"結合の種類"を判別することができる.また,近赤外域に現れる吸収は炭素C,酸素O,窒素Nと水素原子Hとの結合(X–H結合と表される)などの限られた結合だけである.第2章では,このX–H間のポテンシャルの非調和性,つまり調和振動子近似では無視されるポテンシャルのゆがみ(調和振動からのずれ)がそのバンドの吸収波数や吸収強度に反映されることを示した.分子の中で水素原子は末端に位置し,分子間または分子内の相互作用を発現する官能基を構成する.このためX–H結合のバンドは,分子内あるいは分子間の相互作用に大きな影響を受ける.

例えば,水素結合は代表的な相互作用であり,水素結合の有無,強さ,そしてどのような組み合わせの水素結合が形成されるのかということは,分子構造の違い,クラスター構造や凝縮相内の構造に現れ,高分子の二次構造,液体の粘度をはじめとして,さまざまな物性に影響を与える.このように分子の構造の変化は,分子内および分子間相互作用を通じてX–H結合のポテンシャル変化を生じ,その変化は近赤外スペクトルに現れる.近赤外スペクトルが定量分析だけでなく,構造変化,そしてそれにともなうさまざまな物性変化の分析に利用できる一番の理由は,この分子間相互作用の変化がスペクトルに現れるためである.

近赤外分光法を用いて基礎研究を行うメリットの一つに,測定の非破壊性もあげられる.赤外分光法では大きな吸光係数のために,そのまま測定することが困難な試料であっても,近赤外域であれば,1 mm～1 cm程度の測りやすい光路長で透過スペクトルを測定することができる.また,光ファイバーを用いることも可能であり,測定対象に合わせて柔軟な装置設計ができる.試料をそのままの状態で,測定したい状況で測定できるという近赤外分光法のメリットは応用だけでなく,基礎研究においても重要な特徴である.

3.5節でも示したとおり,現在では量子化学計算によりこのような分子間相互作用によるポテンシャルの変化を理論的に計算することが可能になってきており,今

後このような相互作用がポテンシャルへ及ぼす影響，そしてそれが近赤外スペクトルへどのように現れてくるかということが明らかになってくるだろう．これにより，近赤外分光法を使った非破壊分析はさらなる拡がりをもつようになるだろう．

5.1 ■ 構造化学

本節では，近赤外分光法の物理化学分野への応用例として，分子，および分子がつくる凝縮系の中の構造変化に関する研究を紹介する．

5.1.1 ■ 水

近赤外スペクトルによりもっとも多く研究がなされている対象の一つは，基礎研究だけでなく応用研究においても水であろう．水は対称伸縮振動(ν_1)，変角振動(ν_2)，反対称伸縮振動(ν_3)と呼ばれる3つの基準振動をもち，近赤外域ではこれらの結合音が観測される．図 5.1.1 に示すように，0.5 mm 程度の光路長でスペクトルを測定する場合は，$\nu_2+\nu_3$ バンド（1920 nm 付近）および，$\nu_1+\nu_3$ バンド（1450 nm 付近）が明確に観測される．光路長を 20 mm 程度にすると，$\nu_1+\nu_2+\nu_3$ バンド（1190 nm）および $2\nu_1+\nu_3$ バンド（980 nm）が観測される．

水の基準振動に由来する吸収波長はいずれも，水素結合による影響を大きく受けるため，温度，圧力，イオン濃度などの条件の違いによるスペクトルの変化から水のさまざまな状態変化を解明する研究がなされている．具体的には温度上昇によって分子の運動エネルギーが上がることで水素結合が解離し，圧力をかけることで水

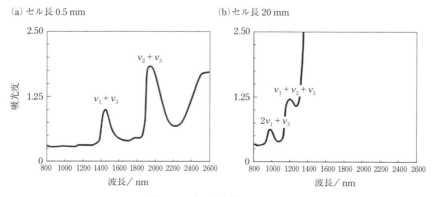

図 5.1.1 水の近赤外スペクトル

5.1 構造化学

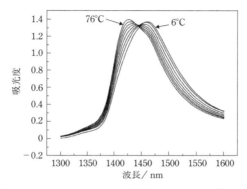

図 5.1.2 6〜76℃ における水の近赤外スペクトルの温度変化

分子同士が押し込まれて水素結合が形成されるといった現象が観測される．こうしたスペクトル変化を解析するモデルとして，主に2つのモデルが用いられてきた．一つは混合物モデル[1]と呼ばれ，有限（ほとんどの場合 2〜3 個）の会合体と単量体の間には平衡が成立するとして，会合体の比率によってスペクトル変化を説明する方法である．もう一つはひずんだ水素結合モデル[2]と呼ばれ，状態変化にともなって水素結合は切断されるのではなく，さまざまな距離，角度にひずむとする考え方である．

例えば，常圧において水の近赤外スペクトルを 6〜76℃ まで温度を変化させて測定すると，$\nu_1 + \nu_3$ のバンドについては，等吸収点をもつスペクトル変化が観測される（図 5.1.2）[3]．このため，会合体と遊離 OH という 2 つの成分を想定した混合物モデルによる解析が行われてきた．二次元相関分光法やケモメトリックス（PCA や MCR-ALS（5.2 節））を使ったスペクトル解析において，水の $\nu_1 + \nu_3$ バンドの 99.6% は 2 つの成分（遊離 OH（1412 nm）と水素結合性 OH（1491 nm）のバンド）で説明されることなどが知られている（図 5.1.3）[3]．しかしながら，完全に二成分で説明されるならば，スペクトルの残差にはノイズ成分のみが現れるはずであるが，結果としては残差にも明確なピークが現れるため，二成分モデルは完全にスペクトルを説明しているわけではない．

そのため，混合物を三成分とするモデルも古くから議論されてきた．特に赤外分光との二次元相関分光法による研究から，三成分モデルの妥当性が示されている．MCR-ALS 法で分離された三成分のスペクトルを図 5.1.4 に示す[4]．この三成分の分け方にはいくつかの種類があるが，遊離 OH（または自由水），一方の OH だけ

133

第 5 章　近赤外分光法の応用

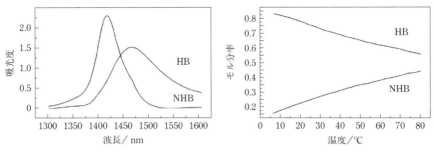

図 5.1.3　水の近赤外スペクトルの二成分分解
HB は水素結合性 OH，NHB は遊離の OH

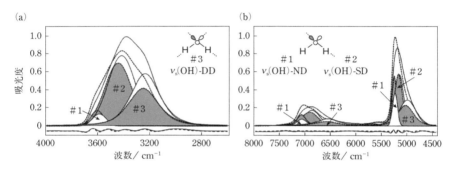

図 5.1.4　近赤外および赤外スペクトルを三成分の MCR-ALS 法で分解したときのスペクトルおよび残差
実線は 80°C，点線は 20°C でのスペクトルを示す．
#1 は水素結合していない OH，#2 は片方が水素結合しているときの水素結合性 OH，#3 は両方が水素結合している OH である（本文参照）．三成分それぞれを 80°C（灰色，点線）および 20°C（白色，実線）について示す．温度上昇により #1 が減少し，#2，#3 は増加していることがわかる．

が水素結合したもの（弱い水素結合），そして 2 つの OH が結合したもの（強い水素結合）が有力であると考えられている．

5.1.2 ■ マトリックスの中の水二量体[5]

近赤外域における水の温室効果を理論的に見積もるため，水蒸気中に存在する水の二量体の解析が行われている．しかし気相中では，水の単量体に比べてごく微量にしか存在しない二量体の吸収は，単量体の吸収の裾野の影響から正確にとらえることが非常に困難であった．このため，水蒸気を不活性ガスとともに急冷する方法

134

や，マトリックス分光法を用いた方法が行われた．前者の方法では，急冷により単量体の吸収の線幅は減少し，単量体と二量体を分けて観測することができる．

また最近，マトリックス分光法で得られた結果を高精度な量子化学計算によって再現しうることも示されている．

5.1.3 ■ 脂肪酸の水素結合

非常に強い分子間水素結合を示す物質の例として，脂肪酸があげられる．脂肪酸はカルボキシル基同士の強い水素結合により，純液体中では常に環状二量体（図5.1.5）として存在していると考えられる．しかし，温度上昇にともなって，分子運動にエネルギーが与えられると，水素結合が解離することが近赤外分光によって明らかにされた[6]．

オレイン酸（シス-9-オクタデセン酸）は融点（16.3℃）から30℃まではスメクチック様の液晶構造がランダムに混ざり合った構造，30～55℃の間では乱雑さが増した第二の液晶相，55℃以上では等方性液体構造をとることが報告されている[7]．図5.1.6には密度補正をしたオレイン酸の近赤外スペクトルの温度変化を示

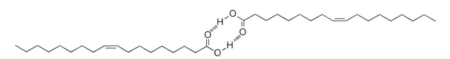

図 5.1.5 オレイン酸の水素結合二量体
カルボキシル基が互いに水素結合をつくることで強い二量体を形成する．

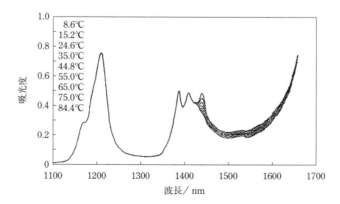

図 5.1.6 密度補正したオレイン酸の近赤外スペクトルの温度変化

す．相転移を生じるために，生チャートではすべてのピークが変化するが，密度で規格化して補正すると，図 5.1.6 に示されるとおり，1445 nm のバンドだけが変化する様子が示される．

スペクトルの帰属については 3.1 節に示した帰属法に従えば，1200 nm 付近のバンドは CH 伸縮振動の第二倍音である．また，変化の小さい 1390 nm, 1410 nm のバンドは CH 結合の伸縮振動の倍音と変角振動の結合音であることがわかる．そして，1445 nm の変化の大きなバンドがフリー（遊離）の OH によるバンドである．変化している部分だけを目立たせるために，それぞれの温度のスペクトルから 15.2℃ のスペクトルを差し引いた差スペクトルを図 5.1.7 に示す．この差スペクト

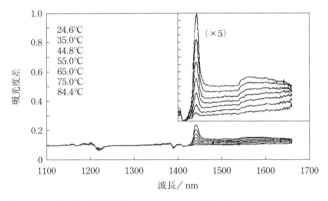

図 5.1.7　24.6～84.4℃ の各温度のスペクトルと 15.2℃ のスペクトルとの差スペクトル

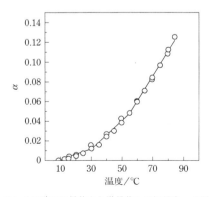

図 5.1.8　オレイン酸の二量体から単量体への解離度 α の温度依存性

ルをみれば，1445 nm のピークが温度とともに上昇していることがはっきりとわかる．二量体の形成がほとんど生じないであろう非常に希薄なオレイン酸の四塩化炭素溶液中で求められるカルボキシル基の OH がフリーのときの吸光係数の値を用いて，得られた差スペクトル（吸光度差）の値から，各温度 T での二量体からの解離度 α を求めた結果が図 **5.1.8** である．

図 5.1.8 の温度依存性からオレイン酸の相転移にともなって，その変化の傾きが変化していることがわかる．すなわち，この相転移が脂肪酸の OH の遊離に影響を与えていることが，近赤外スペクトルの変化から示された．

5.1.4 ■ イオン液体の構造[8]

ここでは，近赤外分光法を用いたイオン液体と溶媒との相互作用に関する研究を紹介する．イオン液体である 1-butyl-3-methylimidazolium tetrafluoroborate（(Bmim)BF$_4$ と略す）および 1-allyl-3-methylimidazolium chloride（(Amim)Cl と略す）の純液体の近赤外スペクトルを図 **5.1.9** に示す．700～1600 nm の範囲で観測されるの

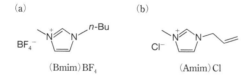

図 **5.1.9** （Bmim)BF$_4$ および（Amim)Cl の分子構造

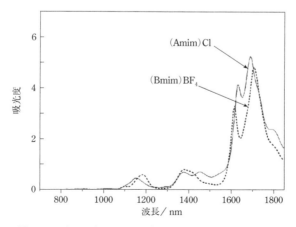

図 **5.1.10** （Bmim)BF$_4$ および（Amim)Cl の近赤外スペクトル

は，Amim に特徴的なアリル基の倍音（1450 nm）のほか，1380 nm の CH 伸縮倍音と変角の結合音，および 1180 nm の CH 倍音である．共通する CH 基の振動モードについてもバンドのシフトが観測され，このシフトはこれらのイオン液体のアニオンの相対的な位置が純液体においては異なることを表していると考えられる（図 5.1.10）．

さらに，これらのイオン液体と水の混合液体では近赤外域における水由来のバンドの変化がイオン液体の種類や水の混合比により異なることもわかった．水の構造変化は主にアニオンの水に対する相互作用の違いで説明される．つまり，BF_4^- は Cl^- に比べて水とより水素結合をつくりやすく，混合する水が少ないとイオン液体の超分子構造が破壊されると考えられる．

5.1.5 ■ C=O 伸縮振動の倍音[9]

近赤外分光法が X-H 結合の振動研究に最適な分光法であるということはこれまでにも述べられてきたとおりである．ここでは，X-H 振動以外の研究例の一つとして，C=O 伸縮振動の倍音の強度についての研究を紹介する．C=O 伸縮振動の基本音（1750〜1650 cm^{-1}）は，赤外域においてもっとも強い吸収として観測される振動バンドの一つである．アセトンと 2-ヘキサノンの C=O 伸縮振動の第一倍音および第二倍音を 3 種類の溶媒について比較した結果が図 5.1.11 である．

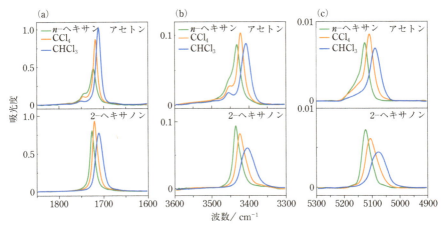

図 5.1.11　アセトン（上段）と 2-ヘキサノン（下段）の 3 種類の溶媒における溶液（0.1 mol L^{-1}）の C=O 伸縮振動の(a)基本音，(b)第一倍音，(c)第二倍音

図のように，第二倍音は近赤外域に観測される．3つのバンドのピーク位置から，平衡位置における振動数 ν_e と非調和定数 χ_e は 2.4 節で説明した方法を用いて**表 5.1.1** のように求められる．C=O 伸縮振動の非調和定数はおよそ 5×10^{-3} であり，多くの X–H 振動の非調和定数（10^{-2} 程度）と比べて，1桁小さいことがわかる．

一方，振動量子数による吸収強度（面積強度）の変化を C=O 伸縮振動と，O–H，C–H，N–H，S–H 伸縮振動とで比較した結果を**図 5.1.12** に示す．X–H 伸縮振動では量子数が上がるにつれておよそ 1/10 程度に減少しているのに対して，C=O 伸縮振動ではおよそ 1/50 倍と他に比べて大きく減少している．

表 5.1.1 アセトンと 2-ヘキサノンの C=O 伸縮振動の ν_e と χ_e

	溶媒	ν_e/cm^{-1}	χ_e
アセトン	気体状態	1757.0 ± 0.0	0.0051 ± 0.0000
	n-ヘキサン	1737.0 ± 3.0	0.0043 ± 0.0005
	四塩化炭素	1733.7 ± 0.6	0.0046 ± 0.0001
	クロロホルム	1727.2 ± 1.8	0.0046 ± 0.0003
2-ヘキサノン	気体状態	1755.5 ± 0.9	0.0056 ± 0.0002
	n-ヘキサン	1744.0 ± 0.0	0.0052 ± 0.0000
	四塩化炭素	1738.5 ± 3.5	0.0052 ± 0.0006
	クロロホルム	1730.2 ± 1.8	0.0055 ± 0.0003

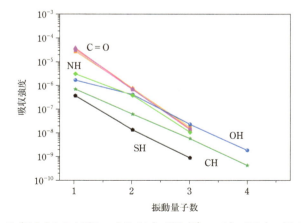

図 5.1.12 C=O（アセトンおよび 2-ヘキサノン），NH（ピロール），OH（t-ブチルアルコール），CH（エタンチオール），SH（エタンチオール）の吸収強度の振動量子数依存性

このように，伸縮振動の非調和性や量子数によるその強度の変化は結合によって大きさが異なる．C=O伸縮振動のように赤外域においては非常に大きな吸収であっても，非調和性が小さい振動は，倍音次数が大きくなるごとに強度の減少が大きくなり，近赤外域での観測が困難になることがわかる．

5.1.6 ■ 電場変調近赤外分光法による結合音の研究[10]

　分子が得た振動エネルギーがどのように緩和されるかについては，異なる振動モード間の非調和結合（anharmonic coupling）が重要な役割を担う．このエネルギー緩和には凝縮相では分子間のやり取りも含まれ，反応や物性と関係する分子ダイナミスの鍵を握る重要な因子となる．非調和結合を調べる方法としては，コヒーレント二次元赤外分光法などが知られている．一方，近赤外域に現れる結合音においても，その観測される組み合わせには振動モード間の非調和結合が反映されているはずである．しかし，単純な結合音の観測においては，2つの振動の機械的非調和性と電気的非調和性の3つの非調和性が一度に出てくるために，その分離ができない．そこで，結合音に現れる振動間モードの非調和結合を調べる方法として，電場変調近赤外（NIR electroabsorption, EA）分光法が報告されている．この方法は電場の印加によって誘起される近赤外吸収を調べることによって，分子の永久双極子モーメントと観測する結合音の遷移双極子モーメントのなす角度 δ を調べる方法である．文献10では，クロロホルムのCH伸縮（$\nu_1:\delta=0°$）とCH変角（$\nu_2:\delta=90°$）の結合音について調べた結果，結合音の δ は $79\pm14°$ であることが示され，この結合音の中の機械的非調和性のうち ν_1 よりも ν_2 の寄与が大きいことが示された．

文　献

1) J. A. Pople, *Proc. Roy. Soc. A*（London）, **205**, 163（1951）
2) G. Némethy and H. A. Scheraga, *J. Chem. Phys.*, **36**, 3382（1962）
3) S. Šašić, V. H. Segtnan, and Y. Ozaki, *J. Phys. Chem. A*, **106**, 760（2002）
4) B. Czarnik-Matusewicz, S. Pilorz, and J. P. Hawranek, *Anal. Chim. Acta*, **544**, 15（2005）
5) Y. Boutellier, B. Tremblay, and J. P. Perchard, *Chem. Phys.*, **386**, 29（2011）
6) M. Iwahashi, N. Hachiya, Y. Hayashi, H. Matuzawa, M. Suzuki, Y. Fujimoto, and Y. Ozaki, *J. Phys. Chem.*, **97**, 3129（1993）
7) M. Iwahashi, Y. Yamaguchi, T. Kato, T. Horiuchi, I. Sakurai, and M. Suzuki, *J. Phys.*

Chem., **95**, 445（1991）

8）B. Wu, Y. Liu, Y. Zhang, and H. Wang, *Chem. Eur. J.*, **15**, 6889（2009）

9）Y. Chen, Y. Morisawa, Y. Futami, M. A. Czarnecki, H.-S. Wang, and Y. Ozaki, *J. Phys. Chem. A*, **118**, 2576（2014）

10）J. Nishida, S. Shigeto, S. Yabumoto, and H. Hamaguchi, *J. Chem. Phys.*, **137**, 234501（2012）

5.2 ■ 溶液化学

近赤外スペクトルに現れるのは水素を含む官能基（XH 基）の倍音，結合音ばかりなので，一見すると情報が少ないようにも感じられるが，実はそうではない．振動が非調和的になる官能基は，電気的な偏りが大きい．すなわち，これらは静電的な分子間相互作用，特に水素結合の要因となる官能基である．タンパクの二次構造や，DNA の複製において水素結合はきわめて重要な役割を果たしており，また水の特異的な物性も水素結合に起因すると考えられている．XH 基の振動は赤外吸収やラマン散乱においても活性だが，実験のしやすさという観点から近赤外分光法に軍配が上がる．とりわけ水や水溶液を対象とする場合，赤外分光法では O–H 伸縮振動の吸収が強すぎることが問題となる．その吸収極大を飽和することなく観測するには光路長を数 μm まで狭めなければならず，透過方式の赤外分光法ではほぼ不可能である．減衰全反射法（attenuated total reflection，ATR 法）による赤外スペクトル測定も有効かもしれないが，ATR スペクトルは吸収のシグナルだけでなく，屈折率の違いも反映する．このため吸収ピークの強度，波数とも実際の値とは異なるものが観測される．後述するとおり，水素結合の研究においてポイントとなるのは波数シフトであるため，意図しないピークのずれが生じる ATR 法はあまり得策とはいえない．また，ラマン分光法では透明液体の散乱光を観測するため十分なスペクトル強度を得にくく，屈折率の違いも影響するため定量的な測定が難しい．これらに対し，近赤外分光法では観測される吸収が弱いため，水や水溶液であっても透過法が問題なく使用できる．しかも光路長 0.3～10 mm 程度の石英セルを使用することができるので，扱いやすいうえにスペクトルの再現性が良い．透過法であるから，屈折率から切り離された純粋な吸収スペクトルが得られ，すぐさま定量的な議論を始めることができる．本節では溶液の水素結合状態の研究を中心に，近赤外分光法による溶液化学へのアプローチを紹介する．

5.2.1 ■ 水素結合状態の基本的な見かた

A. 摂動としての温度変化

まずはエタノールの温度依存スペクトルを取り上げ，スペクトルの補正方法や水素結合によるスペクトルの変化の特徴について説明する．図 5.2.1(a) は光路長 2 mm のセルを用いて測定したエタノールの吸光度スペクトルである．温度は 5～

50°Cの範囲で5°Cおきに変化させた．7200〜6000 cm^{-1}はOH伸縮振動の第一倍音領域，6000〜5300 cm^{-1}はCH伸縮振動の第一倍音領域である．

OH振動バンドは昇温にともなって6750 cm^{-1}の等吸収点より高波数側の吸収が増加し，低波数側の吸収が減少している．等吸収点の存在はA ↔ Bという二成分の平衡反応の進行を示唆する．5.1.1項でみた水の温度依存スペクトルと同様に，上でA, Bと示した2つの成分をそれぞれ，弱い水素結合状態（高波数側），および強い水素結合状態（低波数側）と帰属しておく．これは水の場合と同じく，混合物モデルを支持する．

一方，6000〜5300 cm^{-1}のCH振動バンドでは昇温にともなって吸光度が単調減少する様子がみられる．CH振動バンドの吸収強度は水素結合の変化の影響を受けないので，この現象の原因は密度変化であると考えられる．（ただしCH振動も条

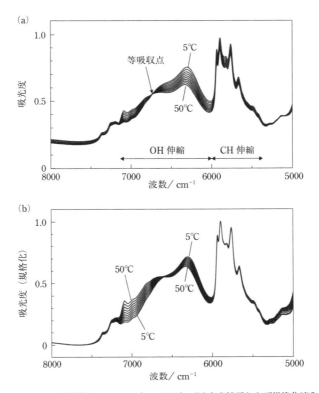

図5.2.1 純エタノールの(a)吸収スペクトル（5〜50°C），(b)密度補正および規格化済みのスペクトル

件によっては波数シフトすることがある．これについては後述する．）エタノールの密度は 5〜50°C の昇温で 0.80 から 0.76 まで減少する（液体が膨張する）．これはビームの照射体積内の分子数が 5% 減少することを意味する．実際，吸光度は最大でちょうど 5% 減少しており，やはり密度変化が原因であることが確認できる．

観測の対象となる分子数が途中で変わると化学量論的に議論できないため，密度補正を施した結果が図 5.2.1(b) である．ここでは強度が最大となる CH_3 対称伸縮振動の第一倍音のピーク（5896 cm^{-1}）の強度でスペクトル全体を規格化した．規格化の結果，スペクトル上の CH 振動バンドはほぼ 1 本に重なることがわかる．CH 振動バンドの吸収強度はランベルト–ベールの法則に従うことが知られており，密度補正の際の内部標準として利用することができる．ここで改めて OH 振動バンドの等吸収点に目を向けると，密度補正前に比べて低波数側にずれ，しかもやや「点」がぼやけていることがわかる．このことからも水素結合ネットワークの解釈は複雑で，完全な二成分の混合であるとは言い切れないことが示唆される．近赤外スペクトルが示すのは時間平均された一つの描像にすぎないので，全体像を明らかにするには他の実験方法や計算機シミュレーションによるアプローチが欠かせない．

B. 差スペクトルとカーブフィット

次に溶液の近赤外スペクトルを解析する際に基本となる差スペクトルについて説明する．ランベルト–ベールの法則によれば吸光度は濃度に比例するので，化学量論的な考察をするにはスペクトルの足し算，引き算をすればよい．図 5.2.1 のスペクトルについて各温度で測定されたスペクトルから，5°C で測定したスペクトル（基準スペクトル）を差し引いた差スペクトルを図 5.2.2 に示す．これによって，昇温にともない等吸収点より高波数側の吸収が増大し，低波数側の吸収が減少する様子が明確になる．また未補正のスペクトル(a)では，8000 cm^{-1} 付近のベースラインや CH 振動バンドも温度の影響を受けているのに対し，密度補正を行ったスペクトル(b)ではその点が解消されている．

ところでこの OH 伸縮振動バンドには本当に 2 つの水素結合種しかないのだろうか．図 5.2.2(b) をみると，弱い水素結合のバンド（高波数側）には少なくとも 6900 cm^{-1} を中心とした幅の広い吸収と，7100 cm^{-1} の鋭いショルダーピークの 2 つが存在する．一方，強い水素結合バンド（低波数側）には 6240 cm^{-1} を中心とする主な吸収に加え，左右にも小さな吸収があるようにみえる．アルコール分子は水

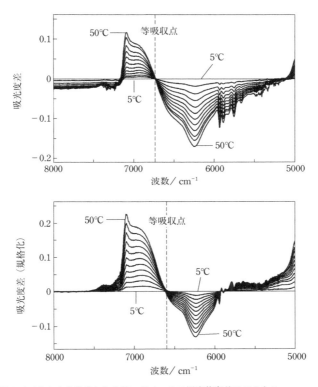

図 5.2.2 5°Cのスペクトルを基準とした純エタノールの温度依存差スペクトル
(a)は補正なしのスペクトル，(b)は密度補正，規格化済みのスペクトルをもとにした結果．

素結合によって二量体（dimer），三量体（trimer）から，多量体（polymer）まで複数の会合体を形成しうる．これらの中には水素結合したOH基もあれば，最末端で結合していないフリーのOH基も存在する[1,2]．温度が上昇すれば，気体状態のように単離した単量体（monomer）も，わずかながら生じるかもしれない．このように考えると振動状態は2種類だけではなく，実際には多数の水素結合種に起因することが想像できる．このように多数の吸収ピークが重なったスペクトルを解析するため，以前はカーブフィット（波形分離）によって定量的な議論をしようとする向きがあった．カーブフィットでは1つ1つの吸収ピークをガウス関数やローレンツ関数に見立て，非線形最小二乗法に基づくフィッティングによってそれらの強度，幅，中心波数の3変数を決定する．しかしOH伸縮振動のように多数のピー

クが含まれる場合，決定すべき変数が多すぎるために，初期値によって計算結果が変わってしまうことが多い．カーブフィットでは明らかな二峰性のスペクトルの解析が限界で，図5.2.1のように多数のピークが近接したスペクトルの解析には原則として使用すべきではない．

5.2.2 ■ OH 伸縮振動の解析

A. 水の水素結合

水の $\nu_1+\nu_3$ バンドの温度変化（6～80℃）についての研究で，二次元相関分光法と主成分分析（第3章を参照）を用いて解析がなされた結果，1412 nm と 1491 nm（7082 cm^{-1} と 6707 cm^{-1}）に極値をもつ弱い水素結合種と強い水素結合種の2種類の存在が示された（**図 5.2.3**）[3]．これらの解析法は摂動に対するスペクトルの線形直交分解に基づくため，やや定性的な解釈となるが，温度に対する変化がもっとも大きい部分が抽出され，差スペクトルを求めるのと本質的に同じである．このように，近赤外分光法を用いて純液体の水素結合状態を調べると，混合物モデルを支持する結果が得られることが多い．

B. アルコールと溶媒の相互作用

ここではアルコール分子が有機溶媒によってどのように水素結合状態を変えるか

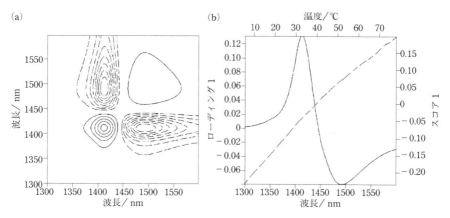

図 5.2.3 水の6～80℃の温度変化スペクトルに対する(a)同時相関スペクトルおよび(b)第一主成分のローディング（実線，左と下の軸を参照）とスコア（点線，右と上の軸を参照）[3]

について概説する．有機溶媒としては無極性溶媒である四塩化炭素と極性溶媒であるアセトンを用い，それぞれメタノールと任意の濃度で混合した系について考える．測定温度は 25°C である．メタノールの OH 伸縮振動に由来する吸収ピークを観測するため（溶媒に由来するシグナルが検出されないようにするため），アセトンは水素が重水素（メチル基が CD_3 基）に置換されたもの（アセトン-d_6）を使用した．3.1 節で説明されたように CD バンドは低波数シフトし，メタノールの OH バンドとはほとんど重ならなくなる．また四塩化炭素の末端基 C–Cl の振動もまたまったくといってよいほど観測されない．それに加え，純溶媒のスペクトルを差し引いて差スペクトルとした．こうして得られたメタノールの OH 伸縮振動第一倍音領域の吸収スペクトルを図 5.2.4 に示す．図中の％は各溶液のメタノールの重量％濃度を表している．メタノールの濃度が薄くなると吸収ピークは減少していくが，そのスペクトル形状は一様でないことがわかる．

同じメタノール分子数あたりでのスペクトルを比較するため，ランベルト–ベールの法則

$$\varepsilon = \frac{A}{lc} \tag{5.2.1}$$

に従ってモル吸光係数 ε（単位は $dm^3\,mol^{-1}\,cm^{-1}$）を計算した結果を図 5.2.5 に示す．ここで，c（$mol\,dm^{-3}$）はモル濃度である．光路長 l は 0.2 cm で終始一定とした．

まず，(a)のアセトンとの混合をみると，6730 cm^{-1} あたりに等吸収点のような吸光係数の変化が少ない波数域があり，図 5.2.1 に示したエタノールの温度変化と類似の挙動を示すことがわかる．メタノールが高濃度の場合は 6350 cm^{-1} 付近のバ

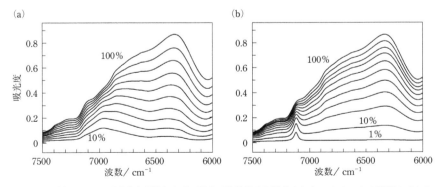

図 5.2.4　(a)アセトン（重水素置換）および(b)四塩化炭素と混合されたメタノールの吸収スペクトル（OH 伸縮振動の第一倍音領域）

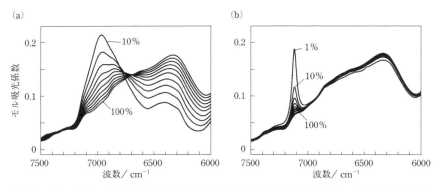

図 5.2.5 (a)アセトン（重水素置換）および(b)四塩化炭素と混合されたメタノールのモル吸光係数スペクトル（OH 伸縮振動の第一倍音領域）

ンド強度の方が大きいので，温度変化の結果も踏まえるとこのバンドは強い水素結合種と帰属される．この結果から高濃度域ではメタノール同士が水素結合ネットワークをつくっていると考えられる．一方でメタノール濃度が減少すると，6960 cm^{-1} 付近のバンド強度の方が大きくなる．同様にこのバンドは弱い水素結合種と帰属できるので，メタノールにアセトンを加えるとメタノールの水素結合ネットワークは次第にばらばらになっていくと考えられる．一方，(b)の四塩化炭素と混合した結果は，アセトンの場合とはかなり様子が異なる．四塩化炭素を加えてもメタノールのスペクトル形状はあまり変わらず，代わりに 7116 cm^{-1} に鋭いピークが出現する．スペクトル形状が変わらないということは，分子環境が変わらないことを意味するので，四塩化炭素とメタノールは混合してもほとんど相互作用しない（理想溶液），あるいはミクロ相分離のような状態となり，分子レベルでは溶解していないと考えられる．しかしまったく変化がないわけではなく，四塩化炭素の増加にともない低波数領域の吸収は減少し，その分が 7116 cm^{-1} の鋭いピークに移行している（6900 cm^{-1} 付近に等吸収点がある）．吸収ピークの幅は振動状態の多様さに起因する（不均一幅）ので，7116 cm^{-1} の鋭いピークは比較的一様な振動によるバンドだといえる．一般に孤立状態の分子の振動は非常に鋭いピークを示すことが知られており[4,5]，四塩化炭素の量が増えることでメタノール分子が水素結合ネットワークから切り離されて孤立していくと考えられる．実際，四塩化炭素のような無極性溶媒は水素結合性の分子を単離するためのマトリックスとしてしばしば利用される．

もう一歩踏み込んでモル吸光係数スペクトルの分解を試みよう．ここでは MCR-ALS（multivariate curve resolution alternating least squares）という多変量解析の一種を利用する．計算の詳細は述べないが，以下の式に従って各濃度の複数のスペクトル D を有限個のスペクトル（成分）S とその各スペクトル（成分）の組成比 C に分解することができる．なお，分解しきれない残差を E で表す．

$$D = CS^t + E \tag{5.2.2}$$

この方法では，最大濃度と最小濃度のスペクトルを初期値として入力すれば結果がほぼ一意に決まるため，カーブフィットよりも恣意性が入る余地は少ない．ここでは C, S が負の値をとらないという条件を課して計算した．**図 5.2.6** と **図 5.2.7** に得られた各成分のスペクトル(a)と組成比(b)を示す．アセトンと四塩化炭素の場合で，それぞれ三成分，二成分で表現される．図 5.2.6(a)において $6200\ \mathrm{cm^{-1}}$ に極大をもつ第一成分と $7000\ \mathrm{cm^{-1}}$ に極大をもつ第二成分は，(b)の組成比の変化をみるとそれぞれ強い水素結合種と弱い水素結合種と考えられる．アセトンとの混合系では，その中間に第三成分が現れており，組成比の変化から考えると水素結合種の一種ではあるが，第二成分ほど強固ではない水素結合種で，アセトンとの会合種が含まれている可能性がある[6]．一方，図 5.2.7(a)に示すように四塩化炭素との混合系では，第一成分として純メタノールのモル吸光係数スペクトル（破線）と非常に類似したスペクトル形状が得られる．図 5.2.7(b)の組成比をみると，この第一成分はメタノールが十分希釈されるまでほぼ組成比 1 を保つ．つまり純メタノール的な

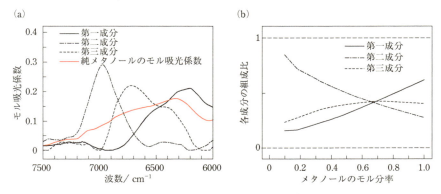

図 5.2.6 メタノール－アセトン（重水素置換）混合液のモル吸光係数スペクトルの MCR-ALS 分解の結果

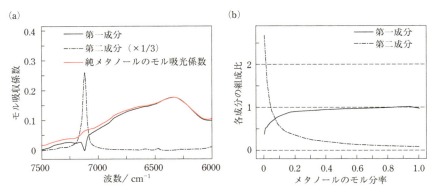

図 5.2.7 メタノール－四塩化炭素混合液のモル吸光係数スペクトルの MCR-ALS 分解の結果

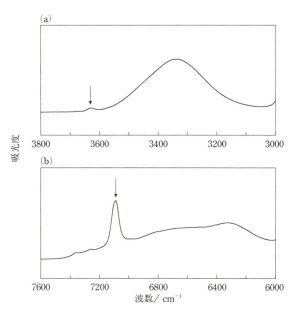

図 5.2.8 四塩化炭素で希釈したエタノールの OH 伸縮振動スペクトル
(a)基本音領域（赤外域），(b)第一倍音領域（近赤外域）．

成分が残っていることを示す．一方の第二成分は希釈すると増大することから，解離したメタノール分子であることがわかる．

ここで，四塩化炭素とエタノールの混合系について，近赤外スペクトルと赤外スペクトルの比較を行った結果を**図 5.2.8**に示した．OH 伸縮振動の基本音領域（赤

外域)および第一倍音領域(近赤外域)を示してある.いずれもエタノール濃度は10 wt%である.OH伸縮振動の基本音のバンド(ピーク波数 3320 cm^{-1})は単一のガウス分布に近いが,倍音のバンドではブロードに広がっている.基本音領域では縮重していた別々の振動が,倍音においては非調和性の違いによって分離して観測できる.さらに特筆すべきは,先ほど議論した水素結合をしていないフリーな OH 基に由来するピーク(図中矢印)である.基本音では 3630 cm^{-1} に小さく現れるだけだが,倍音では非常に顕著に現れる.これも振動の非調和性(この場合は特に電気的非調和性)によるもので,フリーな XH 振動では吸収強度が強く観測される.先の MCR-ALS の結果でみたように,その吸収強度には明らかに線形性がない.このように非調和性のある近赤外分光では,ランベルト-ベールの法則のような線形性は保証されない可能性があることに留意する必要がある.特に水素結合のある系での倍音,結合音強度については研究が十分に進んでおらず,今後の大きな課題となっている

C. アルコールと水の相互作用

ここではアルコールと水の混合系について紹介する.この系では同じ種類の分子同士でも分子間でも水素結合を形成するため非常に複雑だが,差スペクトルによって考察する.質量濃度が0〜100 wt%の試料を5 wt%おきに調製し,光路長1 mm,温度25℃の条件で測定した.**図 5.2.9** にエタノールと水の混合液の近赤外スペク

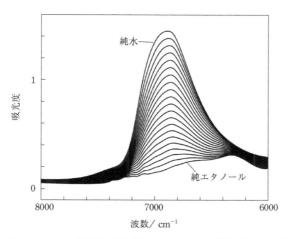

図 5.2.9 水-エタノール混合液の近赤外スペクトル(OH 伸縮振動の第一倍音領域)

トル(OH 伸縮振動の第一倍音領域)を示した.

メタノールと有機溶媒の混合系ではランベルト―ベールの法則に従ってモル吸光係数を計算したが,ここでは濃度変化による線形性からのずれを明確にするため,隣り合う濃度の差分スペクトルを計算する.ランベルト―ベールの法則は厳密には希薄溶液にしか適用できないが,このことはモル吸光係数が希釈極限の微係数であることを示唆する.したがって,中間の濃度域であってもモル吸光係数を濃度の微係数と考えれば,純物質のモル吸光係数と定量的な比較ができる.すなわち,

$$\varepsilon(c) = \frac{1}{l}\left(\frac{\partial A}{\partial c}\right) = \frac{1}{l}\left(\frac{A_n - A_{n-1}}{\Delta c}\right) \tag{5.2.3}$$

として拡張されたモル吸光係数を定義する[7].ここで A_n, A_{n-1} は 0 wt% と 5 wt%,または 20 wt% と 25 wt% のように,隣り合う濃度の差スペクトル(吸光度差)を表す.また,水の OH 伸縮振動に注目するため,濃度差 Δc は水の体積モル濃度とする.実際に拡張モル吸光係数を右辺のように濃度差分のスペクトルから計算した結果を図 5.2.10 に示す.最上段はエタノール濃度が 0 wt% から 5 wt% となる際のスペクトル変化であり,以下 5 wt% から 10 wt% への変化,10 wt% から 15 wt% への変化と続く.×印を付けた極大波数がメタノール濃度によって移動する様子が観測される.純水にわずかなエタノールを加えた場合,7050 cm^{-1} 付近に極大値が現れる.このことは弱い水素結合を形成している水分子が,エタノールとの相互作用に奪われることを示唆する.エタノールが 25 wt% 以上の濃度では 6900 cm^{-1} 付近に極大が現れる.これらは中央付近に点線で示した純水のモル吸光係数スペクトルと類似の形状であることから,水とエタノールはあまり相互作用していないと考えられる.水もアルコールも極性が高く水素結合性であることから,この結果は一見奇妙である.しかし,エタノールは水とミクロ相分離を生じるという報告もあり[8],エタノールは水溶液中でドメインをつくっており,添加されたエタノール分子は水と関わることなくそのドメインに取り込まれるという描像が予想できる.こうした挙動は水に可溶な 1 価のアルコールに共通であることが確認されている[7].

5.2.3 ■ CH 伸縮振動の解析

CH 伸縮振動は水素結合に関与しないので OH 伸縮振動のバンドほど注目されることはないが,水溶液中の有機分子の CH 伸縮振動は興味深い挙動を示す.図 5.2.11 に水―エタノール混合液の CH 伸縮振動第一倍音領域の水濃度依存性を示した.各々のピークは高波数側から順に,メチル基の逆対称伸縮,対称伸縮,メチレ

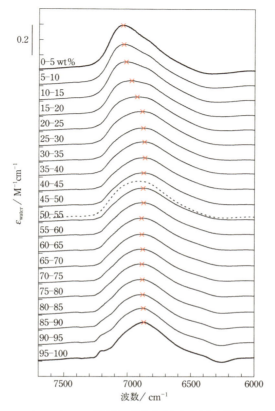

図 5.2.10 水―エタノール混合液の濃度差分から求めた拡張モル吸光係数
図中の濃度はこの濃度間での差スペクトルであることを表す．

ン基の逆対称伸縮，対称伸縮に帰属される．注目すべきはピークの波数である．特にスペクトル処理をせずとも，水の割合が増加するにともなってピーク波数が高波数側にシフトすることがわかる．**図 5.2.12** にもっとも高波数側に現れるメチル基の CH 逆対称伸縮振動の第一倍音のピークの波数シフト量を，アルコール 100％の波数を基準としてプロットした．アルコール濃度の減少（水の増加）にともない，最大で 15 cm^{-1} もの連続的な波数シフトを示す[9]．同グラフ内に示すように，この現象は他のアルコールでもみられる．

こうした CH 伸縮振動のバンドのシフトは連続的な変化であり，水が増えると高波数シフトすることから，水素結合によるものではないことがわかる．水溶液中で

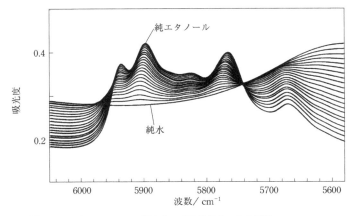

図 5.2.11 水－エタノール混合液の CH 伸縮第一倍音領域
光路長 1 mm のセルを使用し，温度は 25℃ 一定で測定した．

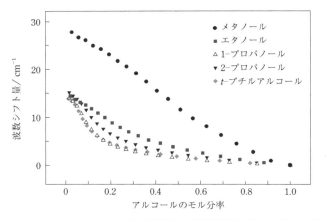

図 5.2.12 水中のアルコールのメチル基の逆対称 CH 伸縮振動第一倍音のピーク波数シフト

の CH 伸縮振動のバンドのシフトは古くからラマン分光法で研究されており，密度と相関があることが指摘されている[10]．また，メタンハイドレートにおけるメタンの CH 伸縮振動波数が水和殻の構造によって異なることも報告されている[11]．密度の変化がとらえられることを利用し，液体の相分離の前駆現象を追跡した研究例もある[12]．図 5.2.12 に示したアルコールの結果も密度と相関があり，さらには図 5.2.10 に示した水の OH 伸縮振動の変化とも連動している．水の増加による CH 伸縮振動の高波数シフトは，CH 基が周囲の水のネットワークによって締め付けられ，

CH 結合距離が短くなることで起こると考えられる．つまり，CH 伸縮振動バンドは疎水性相互作用の研究に利用できることが示唆される．波数シフトはランベルトーベールの法則に基づく定量分析においては障害であるが，溶液化学の観点からは非常に興味深い．

文　献

1) H. C. Van Ness, J. Van Winkle, H. H. Richtol, and H. B. Hollinger, *J. Phys. Chem.*, **71**, 1483（1967）
2) Y. L. Liu, H. Maeda, Y. Ozaki, M. A. Czarnecki, M. Suzuki, and M. Iwahashi, *Appl. Spectrosc.*, **49**, 1661（1995）
3) V. H. Segtnan, Š. Šašić, T. Isaksson, and Y. Ozaki, *Anal. Chem.*, **73**, 3153（2001）
4) M. Iwahashi, M. Suzuki, N. Katayama, H. Matsuzawa, M. A. Czarnecki, Y. Ozaki, and A. Wakisaka, *Appl. Spectrosc.*, **54**, 268（2000）
5) J. R. Dixon, W. O. George, Md. F. Hossain, R. Lewis, and J. M. Price, *J. Chem. Soc., Faraday Trans.*, **93**, 3611（1997）
6) Y. Mikami, A. Ikehata, C. Hashimoto, and Y. Ozaki, *Appl. Spectrosc.*, **68**, 1181（2014）
7) 池羽田晶文，分析化学，**59**, 13（2010）
8) S. Dixit, J. Crain, W. C. K. Poon, J. L. Finney, and A. K. Soper, *Nature*, **416**, 829（2002）
9) D. Adachi, Y. Katsumoto, H. Sato, and Y. Ozaki, *Appl. Spectrosc.*, **56**, 357（2002）
10) K. Kamogawa and T. Kitagawa, *J. Phys. Chem.*, **89**, 1531（1985）
11) T. Uchida, R. Ohmura, and A. Hori, *J. Phys. Chem. C*, **112**, 4719（2008）
12) A. Ikehata, C. Hashimoto, Y. Mikami, and Y. Ozaki, *Chem. Phys. Lett.*, **393**, 403（2004）

第 5 章　近赤外分光法の応用

5.3 ■ 高分子化学

　高分子材料は我々の身の周りに数多く存在し，生活になくてはならないものである．近年はより快適な生活環境をもたらす機能性高分子材料の開発が活発に行われている．それらの材料開発の際には，高分子の構造や物性の解明が重要である．しかしながら，高分子複合材料のような複雑な系や，経時変化や分子間相互作用を考慮しなければならない材料などの構造・物性を明らかにするのは簡単ではない．また，測定の際に，試料となる高分子材料の形状による制限がある場合もある．近赤外分光法は非破壊で試料をそのままの状態で測定でき，その場分析にも適しているため，産業応用の立場からすると非常に魅力的な測定法である．近赤外分光法を用いた高分子の構造や物性に関する研究は 1980 年代の初めから始まり，測定技術の進歩とともに，基礎研究からオンライン分析に至るまで，幅広い分野で利用されるようになってきた[1〜7]．基礎研究については，高分子のコンフォメーションをはじめ，水素結合，結晶性や結晶構造形成機構，相溶性，相分離など，多様な側面から研究が行われている．産業応用としては，オンラインのその場分析，反応追跡，プロセス分析，密度，結晶化度などの各種物性予測，品質管理などに利用されている[2,4〜9]．

　上述のとおり，近赤外分光法を高分子材料に応用する際のもっとも大きな特徴は，非破壊で試料をそのままの状態で測定でき，光ファイバーを利用したポータブル化やオンラインのその場分析により生産ラインでの測定が可能である点にある．最近ではイメージング技術が上がり，高分子材料を丸ごとイメージングすることもできるようになってきた．さらに近赤外分光法は，水素結合などの相互作用の研究に非常に適しているため，高分子材料における水素結合の有無や強さなどの変化を，得られた近赤外スペクトルから直接議論することができる．赤外スペクトルとあわせて測定すると，バンドの帰属が明らかになるので，赤外スペクトルよりもシフト量の大きな近赤外スペクトルから，より詳細な情報を引き出すことができる．

5.3.1 ■ 近赤外イメージング法によるポリマーブレンドの相互作用の解析

　相溶性ポリマーブレンドとは異種のポリマー同士が分子レベルで混合したものをいう．混合により単独のポリマーでは現れなかった物性や新規の機能が期待できる．この 2 種類（あるいはそれ以上）のポリマーを混合する際に，お互いが混ざり

合うかどうかを大きく左右するのが成分間の分子間相互作用である．一般に異種のポリマー同士は相溶しにくく，異種のポリマー同士が相溶するためには，成分間での相互作用の存在が重要となってくる．これまでポリマーブレンドの相溶性の評価には，光散乱法，中性子散乱法，X線回折法，核磁気共鳴，赤外分光法，熱分析などが利用されてきた[10〜12]．しかしながら，これらの手法は基本的には破壊検査であり，その評価も難しい場合が多い．

相溶するポリマーブレンド系（発熱系）における水素結合のような引力的相互作用を，近赤外分光法や赤外分光法といった手法では，バンドのシフトという形で直接確認できるため，非常に有効である．ここでは，生分解性ポリマーであるポリヒドロキシブタン酸（poly(3-hydroxybutyrate), PHB；図 5.3.1(a)）とセルロース誘導体（cellulose acetate butyrate, CAB；図 5.3.1(b)）をブレンドし，赤外および近赤外イメージング法によりPHBの球晶成長がポリマーブレンド中の分子間および分子内水素結合によりどのような影響を受けるかを調べた結果について述べる[13]．このポリマーブレンドは，分子間・分子内水素結合を有すると考えられ，PHBに関してはバンドの帰属が詳細にわかっている[14〜19]．また，ポリマーブレンドの不均一性評価に関する事例は第 6 章 6.2.2 項で述べる．

これまでの佐藤らの研究で，PHBの結晶構造中の分子鎖間には，C＝O 基と CH_3 基との間で弱い水素結合（CH…O＝C 水素結合）が存在することがわかっている[14〜19]．また図 5.3.1 からわかるように，PHB には C＝O 基が，CAB には C＝O 基と OH 基の両方が存在するので，CAB 同士，および PHB と CAB の間にも水素結合が存在すると考えられる．そのため，ブレンド中での水素結合には分子間（PHB–CAB）および分子内水素結合（PHB–PHB，CAB–CAB）が存在し，PHB の球晶成長にはこれらの水素結合が複雑に関与しているものと推察される．

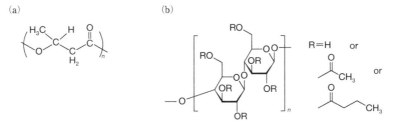

図 5.3.1　(a)ポリヒドロキシブタン酸（PHB；M_n = 2.9 × 10^5）と(b)セルロース誘導体（CAB；M_n = 1.2 × 10^4）の化学構造式

第 5 章 近赤外分光法の応用

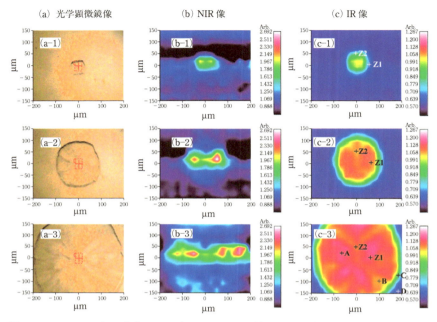

図 5.3.2 PHB/CAB ブレンド（80:20 wt%）の 125°における等温結晶化の(a)可視像，(b)近赤外イメージ，(c)赤外イメージ
上から結晶化開始後 18 分(a-1, b-1, c-1)，36 分(a-2, b-2, c-2)，66 分(a-3, b-3, c-3) の画像[13]

そこで，PHB/CAB のブレンドの等温結晶化過程において球晶が成長していく様子を赤外・近赤外イメージング法によって観察し，ケモメトリックスを用いて解析することで，ポリマーの水素結合の様子を可視化することを試みた．ケモメトリクス法を用いることで，より詳細なスペクトル情報を引き出すことができる．球晶をいくつかの領域に分割し，近赤外イメージングで得られたスペクトルから結晶化度の高い領域と低い領域を取り出し，それぞれの主成分分析を行った結果を光学顕微鏡像と合わせて図 5.3.2 に示す．赤外イメージは結晶由来の C＝O 伸縮振動の第一倍音，近赤外イメージは同じ振動の第二倍音を使って作成した．赤外イメージと近赤外イメージの色は，赤色は結晶性が高く，紫は非晶性が高いことを示している．

図 5.3.2(b)および(c)のイメージは図 5.3.3 に示すように結晶状態の C＝O 伸縮振動に由来するバンドとアモルファス状態の同じバンドの面積の比を使って作成している．具体的には赤外イメージは，$3485\ \mathrm{cm}^{-1}$ に現れる CAB の OH 基による水素

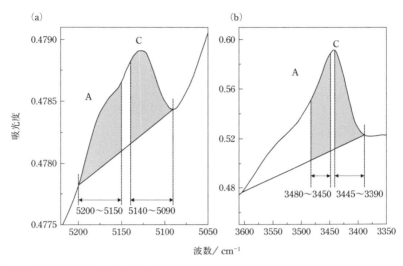

図 5.3.3 PHB/CAB（80：20）ブレンドの(a)近赤外および(b)赤外イメージングスペクトルの計算方法[13]

結合バンドの影響を回避するため，C＝O 伸縮振動バンドの第一倍音の結晶状態のバンド（3445〜3390 cm^{-1}）と非晶状態のバンド（3480〜3450 cm^{-1}）の面積比を使って，また近赤外イメージは C＝O 伸縮振動バンドの第二倍音の結晶部（5140〜5090 cm^{-1}）と非晶部（5200〜5150 cm^{-1}）の面積比を使っている．

この面積比の時間発展から，球晶の成長していく様子がわかる．図 5.3.2 より，球晶は等温結晶化開始から 18 分後には生じており，また赤外イメージと近赤外イメージには違いがあることがわかる．近赤外イメージからは，等温結晶化過程において，球晶の中心部付近の X 軸方向（図の横方向）の方が，それに垂直な Y 軸方向（図の縦方向）よりも結晶化度が高いことが示された．一方，赤外イメージは，球晶の形態を明瞭に示しており，球晶と非晶の境目もはっきりしていた．赤外イメージと近赤外イメージが異なっていた理由は，C＝O 伸縮振動の第一倍音が第二倍音よりも強度が強いため，また C＝O 伸縮振動の第一倍音が OH 伸縮振動領域と重なっていることから，C＝O 伸縮振動が分子間水素結合により影響を受けているためと考えられる．

等温結晶化過程における球晶の三次元方向への成長速度を調べるために，XY 方向の球晶のサイズ変化については時間変化にともなう球晶のサイズの変化から，Z 軸方向（紙面に対して垂直方向）の球晶のサイズ変化については，球晶の中心から

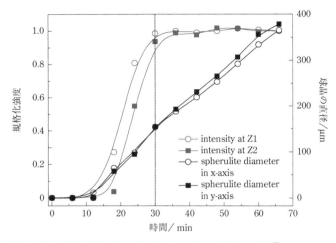

図 5.3.4 125°における PHB/CAB ブレンド（80：20 wt%）の結晶化の様子[13]
規格化した結晶バンド（3445 cm^{-1}）の強度と球晶の直径（X 軸，Y 軸方向）を結晶化時間に対してプロットしたもの．

ともに約 50 μm の位置にある 2 つの点 Z1 と Z2 をそれぞれ X 軸，Y 軸上に選び，Z1 と Z2 における 3445 cm^{-1} のスペクトル強度変化から検討した．**図 5.3.4** に XYZ 方向の結晶構造の時間発展を示す．Z1 と Z2 の強度変化を比較すると，Z1 の方が Z2 よりも早く強度の増大が起こっている．しかし，曲線の傾きから見積もられる結晶化速度は Z1 と Z2 で大きな違いはみられず，また 30 分後にはともに飽和している．光学顕微鏡像において結晶化開始から 18 分後には多少楕円形の部分が確認され，その後，両軸とも同様に変化して 30 分後に円形となったという結果と対応している．しかしながら球晶は Pizzoli らの結果と同様，線形的な成長を示した．結晶化開始から 30 分後までは三次元的な成長がみられたが，その後は X 軸方向と Y 軸方向にのみ成長がみられた．

図 5.3.2(c)に示した PHB/CAB ブレンドの球晶のイメージを分割し，各部分の違いを多変量解析の中でもよく知られている主成分分析法(PCA)を用いて解析した結果を示す．**図 5.3.5** は PHB/CAB（80：20）ブレンドの等温結晶化（125℃）開始から 66 分後の赤外イメージである．この図では球晶を格子のように 25×25 μm^2 のマス目に分割し，強度に応じて A から D の領域（グループ）に分類した．結晶性が高いと示される部分をグループ A とし，グループ A より結晶性が低い黄色の部分をグループ B，球晶の外側でアモルファス領域と考えられる紫の部分をグループ

5.3 高分子化学

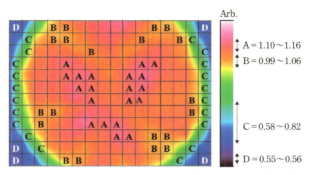

図 5.3.5 PHB/CAB（80：20）ブレンドの 125°C における等温結晶化過程（66 分後）の赤外イメージ[13]

D，球晶とアモルファスの境界部分をグループ C とした．

図 5.3.6 には，各グループのスペクトルから作成した第一主成分 PC1 と第二主成分 PC2 の PCA スコアを示す．図 5.3.6(a) のように全体の PCA スコアを比較すると，グループ A と B，グループ C と D にはっきり区別することができる．さらに図 5.3.6(b) に示すように，グループ A と B だけに注目すると，グループ A と B も分類することができている．興味深いことに，グループ A のスペクトルの各点はグループ B に比べると互いに近い位置にある．言い換えると，グループ B のスコアプロットのばらつきはグループ A よりも大きい．これは，グループ B はグループ内に不均質なものを含んでおり，一方，グループ A のスペクトルは互いによく似ていることを示す．このグループ A とグループ B の違いはおそらく，グループ B が PHB とわずかな CAB を含むのに対し，グループ A は PHB だけを含んだ結晶からなりその結晶化度も高いことによると思われる．図 5.3.6(c) には，第一主成分と第二主成分のローディングスプロットを示す．ローディングは，図 5.3.6(a) で示した 65 個の点からそれぞれの領域のスペクトルを取り出し，主成分分析（PCA）を用いた解析により作成した．第一主成分のローディングスプロットから，第一主成分は C＝O 伸縮振動の第一倍音である 3424 cm^{-1} (C)，3440 cm^{-1} (C)，3470 cm^{-1} (A) のバンドからなり，結晶部とアモルファス由来であることがわかった．一方，第二主成分 PC2 のローディングスプロットで強く現れたのは 3460 cm^{-1} であり，このバンドは CAB と PHB の水素結合バンドであることから，第二主成分は分子間相互作用由来であることが示唆された．

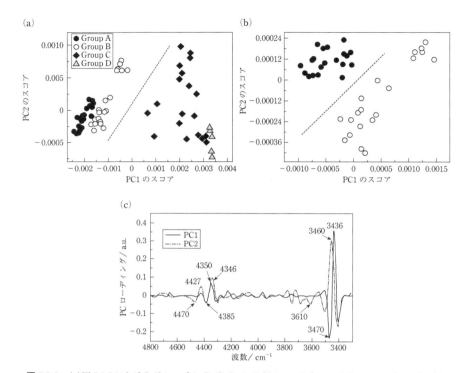

図 5.3.6 (a)図 5.3.5 におけるグループ A, B, C, D の 65 個のスペクトルの PCA スコアプロット,(b)グループ A と B の 40 個のスペクトルのスコアプロット,(c)第一主成分と第二主成分のローディングスプロット[13]

5.3.2 ■ 近赤外分光法による高分子の結晶構造形成過程の追跡

次に,近赤外分光法を用いて,生分解性ポリエステルの結晶構造形成過程を追跡した例を示す.前節でも述べたように,PHB(図5.3.1(a))には,その結晶構造中に CH_3 基の H 原子と C=O 基の O 原子の間の C=O⋯H-C 水素結合が存在する[14〜19].この水素結合は結晶の a 軸方向に存在しており,PHB の特異な分子鎖の折りたたみや結晶構造の安定化に重要な役割をもつ.この C=O⋯H-C 水素結合に注目し,結晶化のメカニズムを非調和性に基づいて検討した.

試料としてはPHB($M_w = 6.5 \times 10^5$)のクロロホルム溶液からキャスト法により作製したフィルムを用いた.温度を融点(175℃)より約20℃高い195℃に上げ,完全に試料を融解させた後,結晶化する温度である125℃へ温度ジャンプさせて

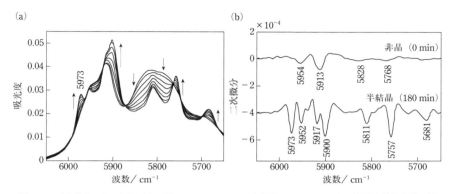

図 5.3.7 (a)ポリヒドロキシブタン酸の 6050～5650 cm^{-1} 領域の 125℃ における等温結晶化過程の近赤外スペクトル (0～180 min, 20 分間隔), (b)0 分後と 180 分後の二次微分スペクトル[19]

結晶化させた. この等温結晶化の様子を, 近赤外および赤外スペクトルの時間分解測定により観察した結果を**図 5.3.7** に示す[20]. 図より, 近赤外スペクトルは時間経過にともなう結晶構造の変化に非常に敏感であることがわかる. 二次微分スペクトル上には, 結晶化開始直後のアモルファス状態では, 5954, 5913, 5828, 5768 cm^{-1} にバンドがみられるが, 180 分後の半結晶状態では同じ領域に 5973, 5952, 5817, 5900, 5811, 5757, 5681 cm^{-1} のバンドが確認できた. 同じ条件で赤外分光法でも測定を行い, 赤外スペクトルの 3050～2840 cm^{-1} の領域と比較すると, 5973 cm^{-1} のバンドは, 赤外の 3007 cm^{-1} にみられるバンドとよく似た挙動を示すことがわかった. 6100～5600 cm^{-1} の領域の近赤外スペクトルは非常に複雑で重なり合っているためバンドの帰属は難しいが, おそらく 5954 cm^{-1} のバンドは, CH$_3$ 逆対称伸縮振動モードの第一倍音であると思われる. また, 5828 cm^{-1} と 5768 cm^{-1} にみられるバンドは, それぞれ 5811 cm^{-1} と 5757 cm^{-1} にシフトする. PHB の結晶化にともなう低波数シフトは, 無秩序な状態から規則正しく配列する様子を反映していると考えられる. 半結晶状態でもっとも高波数側に現れる 5973 cm^{-1} のバンドは, おそらく赤外スペクトルで 3009 cm^{-1} に現れる C–H⋯O＝C 水素結合バンドの第一倍音であると推察される.

次に, 得られた近赤外スペクトルと赤外スペクトルから非調和性について検討を行った. 非調和性を表す非調和定数の値は, 式(5.3.1)より実測の基本音バンドの波数 $\tilde{\nu}_{01}$ と第一倍音バンドの波数 $\tilde{\nu}_{02}$ の値から見積もった.

第 5 章　近赤外分光法の応用

表 5.3.1　近赤外および赤外スペクトルにおける各バンドの波数と非調和性

バンドの種類	波数 /cm^{-1}		非調和定数 χ/cm^{-1}
	基本音	第一倍音	
C–H 結晶バンド	3007	5973	−20.5
C–H 非晶バンド	2986	5954	−9.0
C=O 結晶バンド	1722	3435	−4.5
C=O 非晶バンド	1743	3457	−14.5

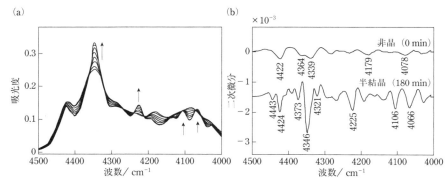

図 5.3.8　(a) ポリヒドロキシブタン酸の 4500〜4000 cm^{-1} 領域の 125℃ における等温結晶化過程の近赤外スペクトル (0〜180 min, 20 分間隔). (b) 0 分後と 180 分後の二次微分スペクトル[19]

$$\chi = \frac{1}{2}\tilde{\nu}_{02} - \tilde{\nu}_{01} \qquad (5.3.1)$$

見積もられた C–H と C=O の非調和性の値を室温である結晶状態と溶融状態にある非晶状態で比較すると，それらの値には大きな違いがみられた（**表 5.3.1**）．この非調和性の大きな違いは，C–H と C=O 基が結晶状態と非晶状態では相互作用状態が大きく異なることを意味しており，PHB 結晶構造中の C–H⋯O=C 水素結合の存在を支持している．

図 5.3.8 には，125℃ での等温結晶化過程における 4500〜4000 cm^{-1} の領域の近赤外スペクトルの時間変化を示す．この領域には CH 伸縮振動と CH 変角振動の結合音が観測されるため，非常に複雑なスペクトルとなっている．結晶化が進むにつれて 4346 cm^{-1}，4225 cm^{-1} のバンドは強くなっており，これらは結晶に起因するバンドであることがわかる．

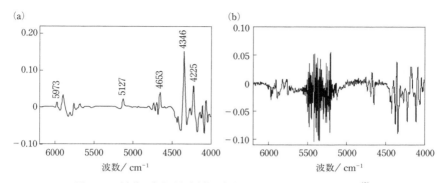

図 5.3.9 (a)第一主成分と(b)第二主成分のローディングスプロット[19]

結晶化過程の解析には,スペクトルデータだけを用いてその情報を少ない主成分数で最大限に引き出す主成分分析(PCA)と,高分子の結晶化過程をよく表すことで知られているアブラミの式を用いた.等温結晶化過程における第一主成分と第二主成分のローディングスプロットを比べると(図 5.3.9),PHB の結晶化過程は,ほぼ第一主成分だけを用いて記述でき,また 4346 cm^{-1} のバンドには PHB の結晶状態が大きく寄与していることが示された.この 4346 cm^{-1} のピークの強度変化と,第一主成分のローディングスプロットを用いて PHB のアブラミ指数を見積もった.プロットの傾きから求められるアブラミ指数は,結晶核発生の仕方と結晶成長の次元により決まるもので,高分子の結晶化の初期過程はアブラミの式によってよく説明されることが経験的に知られており,通常の高分子では 1～4 の値をとることが知られている.PHB の結晶化過程の解析では,アブラミ指数は両方とも 1.85 であり,これまでに報告されている値と良い一致を示した.

このように,近赤外スペクトルと赤外スペクトルを比較することで,C–H と C=O の結晶のバンドと非晶のバンドの非調和性を見積もることができた.非調和性の大きな変化は,結晶構造中で C–H 基と C=O 基が C–H⋯O=C 水素結合を形成していることを支持している.また,結晶化の様子はアブラミの式を用いて PCA を組み合わせることで調べた.その結果,ポリマーの結晶化過程の解析は,主成分分析のスコアとローディングスプロットをモニターすることで容易に結晶化速度を解析することができることが示された.この手法は特にピークが重なり合っているときなどは有効である.

文　献

1) S. Šašić and Y. Ozaki eds., *Raman, Infrared, and Near-Infrared Chemical Imaging*, John Wiley & Sons, Hoboken（2010）
2) D. A. Burns and E. W. Ciurczak eds., *Handbook of Near-Infrared Analysis, 3rd Edition*, CRC Press, Boca Raton（2007）
3) 岩元睦夫，河野澄夫，魚住 純，近赤外分光法入門，幸書房（1994）
4) 尾崎幸洋，河田 聡 編著，近赤外分光法，学会出版センター（1996）
5) 尾崎幸洋，近赤外分光法，アイピーシー出版（1998）
6) H. W. Siesler, Y. Ozaki, S. Kawata, and H. M. Heise, *Near-Infrared Spectroscopy Principles, Instruments, Applications*, Wiley-VCH, Weinheim（2002）
7) 岩本令吉，近赤外スペクトル法，講談社（2008）
8) H. W. Siesler and K. Holland-Moritz, *Infrared and Raman Spectroscopy of Polymers*, Marcel Dekker, New York（1980）
9) Y. Ozaki（J. M. Chalmers ed.）, in *Spectroscopy in Process Analysis*, CRC Press, Boca Raton（1999）, p.53
10) 西岡利勝 編著，高分子分析入門，講談社（2010）
11) 松下裕秀 編著，佐藤尚弘，金谷利治，伊藤耕三，渡辺 宏，田中敬二，下村武史，井上正志，高分子の構造と物性，講談社（2013）
12) G. R. ストローブル 著，深尾浩次ほか 訳，高分子の物理　改訂新版―構造と物性を理解するために，丸善出版（2012）
13) N. Suttiwijitpukdee, H. Sato, M. Unger, and Y. Ozaki, *Macromolecules*, **45**, 2738（2012）
14) H. Sato, R. Murakami, A. Padermshoke, F. Hirose, K. Senda, I. Noda, and Y. Ozaki, *Macromolecules*, **37**, 7203（2004）
15) H. Sato, J. Dybal, R. Murakami, I. Noda, and Y. Ozaki, *J. Mol. Struct.*, **35**, 744（2005）
16) H. Sato, K. Mori, R. Murakami, Y. Ando, I. Takahashi, J. Zhang, H. Terauchi, F. Hirose, K. Senda, K. Tashiro, I. Noda, and Y. Ozaki, *Macromolecules*, **39**, 1525（2006）
17) H. Sato, Y. Ando, J. Dybal, T. Iwata, I. Noda, and Y. Ozaki, *Macromolecules*, **41**, 4305（2008）
18) H. Sato, M. Nakamura, A. Padermshoke, H. Yamaguchi, H. Terauchi, S. Ekgasit, I. Noda, and Y. Ozaki, *Macromolecules*, **37**, 3763（2004）
19) J. Zhang, H. Sato, I. Noda, and Y. Ozaki, *Macromolecules*, **38**, 4274（2005）
20) Y. Hu, Z. Zhang, H. Sato, Y. Futami, I. Noda, and Y. Ozaki, *Macromolecules*, **39**, 3841（2006）

5.4 ■ プロセス分析

5.4.1 ■ プロセス分析と近赤外分光法

石油，化学，鉄鋼などの製造プロセスで行われる分析作業はプロセス分析と呼ばれる．プロセス分析に採用されている分光分析法には近赤外分光法，赤外分光法，ラマン分光法，質量分析法，核磁気共鳴分光法などさまざまなものがあるが[1]，その中でも近赤外分光法は製造プラントでのプロセス分析に適した分析法である[1~5]．その理由として，(1)非破壊でその場分析が可能である，(2)光ファイバーを利用して発火，爆発の危険性がある場所での遠隔測定が可能である，(3)高感度，高精度である，(4)リアルタイムで複数の項目を同時に分析できる，(5)成分濃度や物性といった直接的なプロセス制御のパラメータを測定できる，(6)メンテナンスが比較的容易で，耐久性や耐環境性（温度変化や機械的振動）にすぐれる，(7)コストパフォーマンスが高く，無公害，省エネルギー，省力化にすぐれる，といった点があげられる[2,3]．

近赤外分光法はプロセス分析の理想形である非侵襲分析を実現する分析法として化学工業の分野で注目されてきた[6]．非侵襲でなくともオンラインやインラインでの分析法（第1章）としてさまざまな分野で応用されている（**表 5.4.1**）[3]．2004年に米国の食品医薬品局が提唱したプロセス分析技術(process analytical technology, PAT)によりプロセス分析における近赤外分光法の有効性が再認識され，同時にプロセス分析の定義は従来の「analysis *in* the process（プロセスにおける分析）」から「analysis *of* the process（プロセスの分析）」に拡大された[7]．この流れは PAT が対象としている製薬分野のみならず，バイオテクノロジーや食品工業といった他の分野にも広がりつつあり，これらの分野においてもプロセス分析および近赤外分光法に対する関心が高まってきている[8]．

表 5.4.1 近赤外オンラインプロセスモニタリングが応用される分野と測定されるパラメータ[3]

分野	パラメータ
石油精製	オクタン価，蒸留点，密度，PONA，PINA，RVP など
化学工業，石油化学，高分子工業	OH価，成分濃度，反応度，密度，酸価，添加物濃度，水分，バインダなど
食品，薬品工業	水分，糖分，タンパク質，脂質，アミノ酸，乳糖，アルコール，塩分，全窒素，OH価，発酵度，酸価，蒸留度など

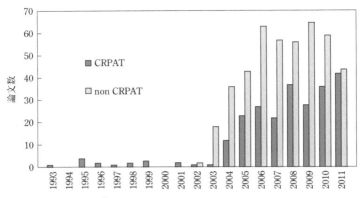

図 5.4.1 PAT に関する論文数 [8)]
CRPAT はケモメトリックスを利用した PAT 研究,non CRPAT はケモメトリックスを利用していない PAT 研究を表す.

一方,「選択性」[9)] の観点からは,一見すると近赤外分光法はプロセス分析法としては不利なようにも思われる.すなわち,一般にプロセス分析には分析対象の量や情報のみが計測データに反映され,共存物質や外乱の影響は極力小さいことが望まれるが,近赤外スペクトルはほとんどの場合,バンドが重複し,さらに分析対象の温度,粒度,屈折率などの変化がベースラインの変動やバンドシフトとして現れる.しかし,このことは近赤外スペクトルがプロセスに関するさまざまな情報を内包していることを意味しており,これまで認識されていなかったプロセス管理の重要因子を明らかにするといった「プロセスの分析」を行ううえでは長所になりうる.また,インラインや非侵襲でのプロセス分析においては,共存物質の物理的な分離が制限されるため,ソフトウェア上での分離,すなわち知能化による選択性の向上が求められる[10)].近赤外スペクトルの解析で用いられるスペクトル前処理(3.2節)やケモメトリックス(3.3節)は,知能化による選択性の向上そのものであり,近赤外分光法とともに発展したこれらのスペクトル解析技術がプロセス分析においても重要な役割を果たしている.PAT に関する論文(1993 年〜2011 年)について調査した結果からも[8)],ケモメトリックスに関する論文が増加傾向にあり,PAT に関連する研究の牽引役となっていることが示されている(**図 5.4.1**).

5.4.2 ■ ラボ分析との比較

プロセス分析に用いられる近赤外分光法であってもその測定原理はラボでの分析

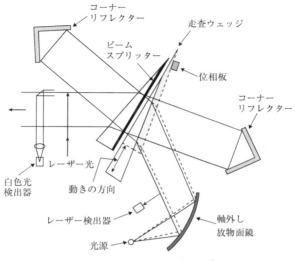

図 5.4.2　トランセプト干渉計[12]

と同じ，つまり分子の基準振動の倍音や結合音によるバンドの強度変化に基づいている．しかしプロセス分析では長期間の連続モニタリングに加え，ラボとは異なる環境条件でも測定が行われるため，プロセス分析用の近赤外分光計や測定プローブにはラボ分析用のものにはない装置構成や性能が求められる．

プロセス分析用の近赤外分光計では機械的振動に強い干渉フィルター分光器，ポリクロメーター型の回折格子分光器，音響光学素子型分光器などが使われることが多いが，振動に強いフーリエ変換型分光器も開発されている[11〜14]．例えばトランセプト（transept）干渉計（図 5.4.2）はマイケルソン型干渉計に比べて安定性が高く[13]，100 を超える製造プラントで導入されている[12]．

プロセス分析とラボ分析の異なる点としては他にサンプルの完全性があげられる[7]．ラボ分析では抜き取ったサンプルを安定した環境に設置された分析計まで運んで分析を行うのが一般的であるが，プロセス分析では分析計もしくは測定プローブを製造プラント内の測定箇所まで持ち込んで分析が行われる．これは，プロセスに存在するそのままの状態のサンプルを分析することがプロセス分析では優先され，サンプルの抜き取りや運搬中にサンプルの性状が変化するのを避けるためである．近赤外域では光ファイバーが使用できるため，周囲温度の変化や曲げ，破損に対する注意は必要なものの[15,16]，分光計から製造プラント内の測定箇所まで光ファ

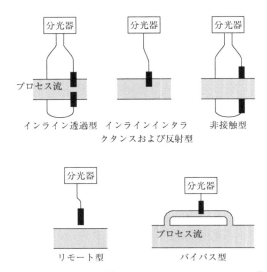

図 5.4.3　代表的な近赤外オンラインモニタリングシステム[3]

イバーで測定プローブを導くことは技術的には難しくない．

インライン分析や非侵襲分析はプロセス分析の理想形とされる[6]．図 5.4.3 に挿入型および非侵襲型の測定プローブを使用した代表的な近赤外オンラインモニタリングシステムを示す[3]．測定プローブのメンテナンスという面からは非接触型やリモート型が望ましいが[10,17]，光路長やサンプルの性状次第ではインライン分析の方が有効である場合もある．現状，特に連続プロセスではバイパス型でフローセルを使った測定が行われることが多い．これは近赤外分光計や測定プローブの保守・点検を行う際に，製造プロセスに影響を及ぼさないようにするためである．

インライン分析では挿入型プローブが必要となるが，条件によっては高温・高圧環境に耐えられる合金，シーリング材，窓材を使用しなければならない．さらに光ファイバーとの接続部にある集光・反射光学系への熱の影響を小さくする必要がある．そのため，プロセス分析用の測定プローブは図 5.4.4 のような頑強なものとなる．また，ラボ分析では結合音領域を観測するために光路長 0.5 mm のセルも用いられるが，実際の製造プロセスでは光路長が短いためにサンプルの置換に支障をきたす場合がある．さらに，インライン分析では測定プローブ，非侵襲分析では被照射部の洗浄が技術的な課題となる．

検量モデルの移植および保守・校正はプロセス分析における関心事項の一つであ

5.4 プロセス分析

図 5.4.4 プロセス分析用の挿入型透過プローブ
（Axiom Analytical 社製 FPT-850）

る[16,18]．プロセス分析計は製造プラント内の複数の箇所や，全国各地（場合によっては世界各地）の製造プラントに設置される．近赤外分光法によるプロセス分析を実施する理由がラボ分析での参照値取得の困難さ（サンプルが高価，化学分析が煩雑など）にある場合，設置するすべての近赤外分光計について検量モデルを作成するのは現実的ではない．そこで行われるのが検量モデルの移植である．検量モデルを作成する親機と移植先の子機との間で，検量モデルの結果の差を補正する移植方法とスペクトルデータの差を補正する移植方法とが知られている[16,18]．どちらを採用する場合でも，SN比の高いスペクトルの安定した測定，プロセスの変化を適切に反映したサンプルの選択，バンドの帰属などの科学的根拠が明確な検量モデルの作成が，検量モデルの移植や保守・校正の効率化につながる．

5.4.3 ■ アルコール発酵のモニタリング [19,20]

実際の製造プラントにおけるプロセス分析の研究成果が公表されることは少ないため[8]，ここでは，製造プラントへの設置を想定して開発された近赤外分光計を用いたアルコール発酵のモニタリングを例に，近赤外分光法によるプロセス分析について紹介する．アルコール発酵は食品，製薬，生化学など，さまざまな分野において重要な役割をもつ反応プロセスである．図5.4.5にグルコース水溶液と固定化酵母を混合して得られたアルコール発酵液の発酵前後の近赤外透過スペクトルを示す．スペクトルの測定には独自に開発した近赤外・赤外一体型分析計[19]を使っており，近赤外プローブも独自に開発した挿入型プローブ（光路長1mm）である．この近赤外プローブと赤外ATRプローブを発酵液に挿入し，近赤外および赤外スペクトルを交互に繰り返し測定した．発酵液のスペクトルは水のOHバンド

第 5 章 近赤外分光法の応用

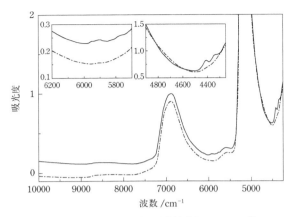

図 5.4.5 アルコール発酵液の近赤外透過スペクトル[20]
破線は発酵前,実線は発酵後.

(7000 cm^{-1},5000 cm^{-1})が支配的であり,発酵後のスペクトルには 4400 cm^{-1} と 5900 cm^{-1} 付近にエタノールの CH バンドが現れている.また,発酵の前後でベースラインの上方シフトが観測されている.このベースラインシフトは高波数(短波長)側ほど大きくなっていることから,レイリー散乱によるものと考えられる.これらのスペクトルの形状や変化だけでもプロセスに関するさまざまな情報を得ることができる.例えば,水の OH バンドが支配的であることから発酵液の組成はほとんど水であること,エタノールの CH バンドの存在から発酵後のエタノール濃度が近赤外分光法で検出できるレンジまで上昇していること,ベースライン上方シフトから発酵液が懸濁していることが推察できる.また,水の OH バンドがシフトしていないことから,発酵液の温度が一定に保たれていることも確認できる.実際に,高速液体クロマトグラフィー(HPLC)法や熱電対による測定の結果,エタノール濃度が約 7% まで上昇していることと,発酵液の温度が一定に保たれていたことが確認されている.

代表的なケモメトリックスである主成分分析法を用いることで,参照値がなくてもスペクトルデータだけでその変化を解析することができる(教師なしデータの解析).詳細は 3.2 節で解説されているために省くが,スペクトルデータに対して主成分分析法を適用すると,複雑なスペクトルの変化を代表的な波形パターン(ローディング)とその変動量(スコア)に分けて表現することができ,それぞれの波形パターンの変動量がすべての変動量に占める割合は寄与率として表される.図

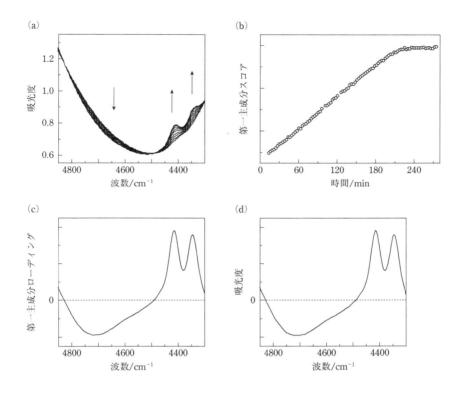

図 5.4.6 MSC スペクトル（4850〜4300 cm^{-1}）と主成分分析の結果および発酵前後の差スペクトル[19]

5.4.6 に 4850〜4300 cm^{-1} の領域について主成分分析を行った結果を示す．この領域はベースラインシフトが小さく，原スペクトルのままでもグルコースの OH バンド（4800〜4500 cm^{-1}）の低下とエタノールの CH バンド（4450〜4300 cm^{-1}）の上昇が観測できている（図 5.4.5）．しかし，散乱によるベースラインシフトがスペクトル全体に影響を与えていることは明らかであるため，散乱によるベースラインシフトの補正に有効な MSC 処理をスペクトルに適用した（図 5.4.6(a)）．第一主成分の寄与率は 99％ であったことから，アルコール発酵液のスペクトル変化を第一主成分，つまり 1 つの説明変数だけで表せることが示された．図 5.4.6(b) に第一主成分のスコアを時間に対してプロットしたものを示す．時間の経過とともにスコアは直線的に増加するが，210 分以降は一定の値に収束している．このスコアが何を意味しているかを示すのがローディングである．第一主成分のローディング（図

第 5 章　近赤外分光法の応用

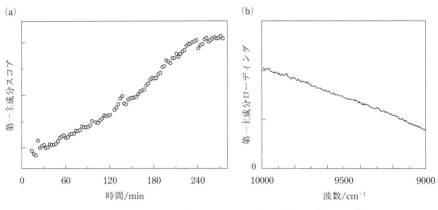

図 5.4.7　原スペクトル（10000～9000 cm^{-1}）の主成分分析の結果[19]

5.4.6 (c)) は発酵後のスペクトルから発酵前のスペクトルを差し引いた差スペクトル（図 5.4.6 (d)）と同じ形状をしており，また，エタノールの CH バンドとグルコースの OH バンドでそれぞれ大きな正と負の値が得られている．したがって，第一主成分は発酵にともなうグルコースとエタノールの相対的な濃度の変化をとらえていると考えることができ，そのスコアから発酵プロセスの反応終点を見積もることが可能である．

　インライン分析や非侵襲分析で得られたプロセスのスペクトルには外乱の影響がベースラインシフトとして現れやすく，特に問題となるのはこのシフトが分析対象の濃度変化と連動して変化する場合である．図 5.4.5 のスペクトルで特定の官能基のバンドが観測されていない 10000～9000 cm^{-1} の領域について主成分分析を行うと**図 5.4.7** のような結果が得られた．第一主成分の寄与率は 99% であり，また，そのスコア（図 5.4.7(a)）は図 5.4.6(b) と同じように変化する．しかし，第一主成分のローディング（図 5.4.7(b)）は高波数側ほど大きくなっていることから，第一主成分は酵母の増加にともなう発酵液の懸濁に起因するベースラインの上方シフトをとらえており，そのスコアは発酵液の濁り具合を反映していると考えることができる．エタノールは酵母が増加する際の代謝産物として生成するものであることから，上記の 2 つの主成分スコアが類似の挙動を示したのは当然ともいえる．気を付けなければならないのはこのベースラインのシフト量，つまり発酵液の濁り具合でエタノール濃度の検量モデルが作成できてしまう点である[20]．

　このように，スペクトルの形状や変化，主成分分析の結果を基に，得られたスペ

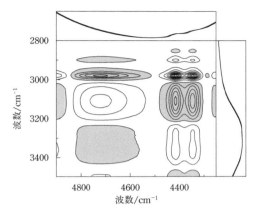

図 5.4.8 発酵液の近赤外・赤外スペクトルから求めた二次元同時相関スペクトル[20]
それぞれの平均スペクトルを上と右に示している．

クトルがプロセスにおけるどのような物理的，化学的現象をとらえているのかを検討することが重要である．視点を変えると，このような検討ができることが近赤外分光法を用いたプロセス分析の利点であり，「プロセスの分析」を行ううえで欠かせない作業である．

　近赤外分光法が製造プラントでのプロセス分析に適していることはすでに述べたが，ラボでの研究開発では観測される官能基の種類が多く，バンドの帰属が整理されている赤外分光法がよく用いられている．そのため，近赤外分光法によるプロセス分析を実施する際に赤外分光法で得られた知見を活用する方が合理的である．ラボ分析からプロセス分析へのスケールアップ，つまり赤外分光法と近赤外分光法の関係を検討するには，二次元相関分光法（3.4 節）が有効である．**図 5.4.8** に発酵液の近赤外・赤外スペクトルを使って計算した二次元同時相関スペクトルを示す[20]．縦軸に赤外スペクトル，横軸に近赤外スペクトルをとり，摂動（この場合は時間）に対する両者の応答の相関強度をプロットしている（相関スペクトルの上と右には平均スペクトルを示す）．エタノールは $2985\ cm^{-1}$ に CH_3 伸縮振動のバンドを示すことが知られており[21]，この赤外バンドと強い正の相関を示す近赤外バンドはエタノール由来である可能性が高い．図 5.4.8 の二次元相関スペクトルにおいて近赤外域の $4343\ cm^{-1}$ と $4416\ cm^{-1}$ のバンドは赤外域の $2985\ cm^{-1}$ のバンドとの間に強い正の相関を示している．これらの近赤外バンドを使ったエタノール濃度の検量モデル（図 5.4.5 のスペクトルに二次微分処理を適用したもの）は第一潜在変数

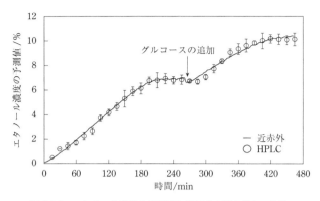

図 5.4.9 エタノール濃度の予測値と HPLC の測定値との比較
エラーバーは標準偏差を示す．

（説明変数）だけでも非常に高い検量精度を示し，決定係数は 0.997 で，RMSEP は $1.7\,\mathrm{g\,L^{-1}}$ であった．このとき，第一潜在変数のローディングの形状はエタノールの二次微分スペクトルとよく一致しており，得られた検量モデルがエタノールの CH バンドの強度変化をとらえていることが確かめられた．**図 5.4.9** に，作成した検量モデルを使って発酵プロセス中のエタノール濃度を予測した結果を示す．15 分おきにシリンジを使って発酵液の一部を抜き取り，HPLC 法でエタノール濃度を定量した結果もあわせて示した．近赤外分光法による予測値と HPLC 法の測定値はよく一致しており，グルコースの追加による発酵の再進行をとらえることができている．

5.4.4 ■ プロセス分析の今後の展開

アルコール発酵のモニタリングの例では，プロセスから連続的に得られたスペクトルデータがあれば，分析対象の参照値を測定しなくとも主成分分析を使って簡単なプロセス分析（トレンド追跡）が可能であることを示した．つまり，スペクトルの経時変化を解析することでプロセスの問題点に関する情報が得られる可能性がある．少量多品目生産，生産拠点の集約にともなうプロセス装置の大型化，海外への生産拠点の移設など，我が国のモノづくりを取り巻く環境が次々に変わっていくなかで，近赤外分光法に基づくプロセス分析によって速やかにプロセスの問題点にフォーカスできることは大きな利点であると思われる．

プロセス分析に近赤外分光法を用いる利点の一つに測定の容易さがあげられる．

非侵襲でなくともハンディ型やポータブル型の分光計，もしくは光ファイバーを使ってアットライン分析やインライン分析を行ってみることが，これまで認識できていなかったプロセスの問題点を知るきっかけになるかもしれない．こうした取り組みは，ラボ分析をプロセス分析と完全に入れ替えることを目的とはせず，プロセスが変動するポイント，つまり製品品質の変動要因を速やかに把握してラボ分析の効率化を図ることを目的とするべきであろう．また，このような取り組みを通じてプロセスに対する理解を深めていくことこそが，近赤外分光法を用いてプロセス分析を行う本当の目的であるべきと思われる．

今後，近赤外分光法を用いたプロセス分析は現在の石油・化学工業だけでなく，製薬や食品工業の分野でも一般的になると予想される．プロセス分析をさまざまな場面で展開していくためには，分析対象となるプロセス，プロセス分析計（ハードウェア），そしてスペクトル解析（ソフトウェア）のそれぞれの専門家からなる異分野融合のチームが必要であり，そのチームをまとめる人材の育成が重要になると思われる．また，製造プラントでのプロセス分析により適した近赤外分光計やスペクトル解析技術の開発が求められるだろう．

文　献

1) 渡　正博（計測自動制御学会 編），産業応用計測技術，コロナ社（2003），第4章　プロセス成分の分析
2) Y. Ozaki, *Anal. Sci.*, **28**, 545（2012）
3) 尾崎幸洋，甘利　徹，オートメーション，**43**, 64（1998）
4) Y. Ozaki and T. Amari（J. M. Chalmers ed.），*Spectroscopy in Process Analysis*, Sheffield Academic Press, Sheffield（2000），chapter 3　Near-Infrared Spectroscopy in Chemical Process Analysis
5) H. W. Sieslerb（H. W. Siesler, Y. Ozaki, S. Kawata, and H. M. Heise eds.），in *Near-Infrared Spectroscopy-Principles, Instruments, Applications*, Wiley-VCH, Weinheim（2002），chapter 11　Application to Industrial Process Control
6) J. B. Callis, D. L. Illman, and B. R. Kowalski, *Anal. Chem.*, **59**, 624A（1987）
7) R. Guenard and G. Thurau（K. A. Bakeev ed.），*Process Analytical Technology, 2nd Edition*, John Wiley & Sons, Chichester（2010），chapter 2　Implementation of Process Analytical Technologies
8) A. L. Pomerantsev and O.Y. Rodionova, *J. Chemometrics*, **26**, 299（2012）

9) 黒森健一（計測自動制御学会 編），産業応用計測技術，コロナ社（2003），第 1 章 プロセス計測技術の特徴
10) 山崎弘郎，計測と制御，**27**, 961（1988）
11) 河田 聡，分光研究，**38**, 415（1989）
12) P. R. Griffiths and J. A. de Haseth, *Fourier Transform Infrared Spectrometry, 2nd Edition*, Wiley-Interscience, New York（2007），chapter 3　Two-Beam Interferometers
13) M. Watari, *Opt. Rev.*, **17**, 317（2010）
14) 南光智昭，関行 裕，本村尚道，横河技報，**45**, 179（2001）
15) D. C. Hassell and E. M. Bowman, *Appl. Spectrosc.*, **52**, 18A（1998）
16) 渡 正博，尾崎幸洋，分析化学，**59**, 379（2010）
17) 山下 直，計測と制御，**17**, 819（1978）
18) C. E. Miller（K. A. Bakeev ed.），in *Process Analytical Technology*, *2nd Edition*, John Wiley & Sons, Chichester（2010），chapter 12　Chemometrics in Process Analytical Technology（PAT）
19) T. Genkawa, M. Watari, T. Nishii, and Y. Ozaki, *Appl. Spectrosc.*, **66**, 773（2012）
20) T. Nishii, T. Genkawa, M. Watari, and Y. Ozaki, *Anal. Sci.*, **28**, 1165（2012）
21) S. Burikov, T. Dolenko, S. Patsaeva, Y. Starokurov, and V. Yuzhakov, *Mol. Phys.*, **108**, 2427（2010）

5.5 ■ 農業・食品分析

　1960 年代に米国農務省の K. Norris が小麦の品質評価（水分，タンパク質）に近赤外分光法を適用して以来，近赤外分光法に関する数多くの研究・開発が世界各国で行われてきたことは第 1 章で述べたとおりである．

　近赤外域には CH，OH，NH，CO などの官能基の倍音や結合音に由来する吸収バンドが現れるが，これらは多数重畳して存在するため，ケモメトリックスを援用することによりはじめて有機物質である農産物や食品の非破壊定量・定性分析を行うことができる．しかし，これは試料の形状が粉体，液体などのように均一であることが前提であり，果実，魚，肉などの不均一形状試料を「丸ごとそのまま」の状態で測定して高精度な分析を行うことは困難であることをまず認識しておかなければいけない．

　また，大半の農産物や食品は水分を多く含んでおり，さらに，近赤外域には水分に関する情報が強く現れるため，比較的容易に含有水分量を推定できる．その一方，水分の大きな吸収スペクトルに他の成分の情報が埋もれてしまうことも多いため，ケモメトリックスを駆使して「水分を高精度で推定しつつ，他成分を妥当な精度で推定する」プロトコールを確立することが重要となる．以下では，農学・食品分野の各領域における概念と応用用途について概説する．

5.5.1 ■ 作物生産学分野

　米，小麦，大麦，大豆などの穀類を対象とした近赤外分光法では，デンプン，タンパク質，脂質，水分，アミノ酸などの推定が主目的である．デンプンは OH 変角振動と CO 伸縮振動の結合音に由来する 2100 nm の吸収バンド，タンパク質はアミド I の倍音とアミド III の結合音に由来する 2180 nm の吸収バンドが特徴的である．脂質は 2305 nm および 2345 nm に CH 伸縮振動由来の特徴的な吸収バンドがあり，特に脂肪含量の高い大豆でははっきりと確認できる．水分はもっとも正確かつ簡便に検出でき，試料の態様にあわせて OH 変角振動と OH 伸縮振動の結合音（1920 nm）やこの第一倍音（1450 nm）の吸収バンドが活用されている．なお，穀物中の灰分も推定できる．灰分は無機物質であるから近赤外域には吸収バンドは存在しないが，小麦に含まれるセルロースに灰分が吸着すると CH 由来の吸収バンド（2345 nm）が変動する現象を応用することで推定可能となる．米粒や米粉のデ

図 5.5.1　オンライン穀物検査装置（日本ビュッヒ社提供）

ンプン，タンパク質やアミロースの定量分析についても多くの報告があり，いずれの成分も高精度の推定が可能である．これらの化学成分定量に基づいた食味計も複数開発されている．また，もち米粉中に含まれる想定外の不純物（タルカムパウダー）を SIMCA などの多変量解析ソフトウェアと OCPLS（one-class partial least squares）によって検出するケモメトリックス手法も開発された[1]．タルカムパウダーは 1390 nm 近傍に特徴的な吸収ピークをもつため，比較的容易に検出可能である．

最近では，さまざまな穀物の育種計画時における種子の品質検査や小麦粉の品種分類にも近赤外分光法が適用されている．また，生産管理の現場では，オンライン検査装置としての利用が進んでおり（図 5.5.1），これにあわせて小型分光器の開発も積極的に進められている．さらに近赤外リモートセンシング法によって，穀物の収量などを推定する研究も活発に行われており[2]，近赤外分光法を「地球圏レベル」で活用する研究開発は今後も増加すると予想される．これについては 5.5.3 項で後述する．

沖縄県では，近赤外分光法を利用したサトウキビの高度生産管理システムが 2006 年度から稼働している（図 5.5.2）．測定される糖度データは年間約 13 万件にも達しており，スペクトルとともにデータベース化されている．糖度の推定には，2140 nm，2280 nm，2400 nm などの CH 伸縮振動に由来するスクロースの吸収バンドが利用されるが，これらは温度の影響を強く受けるため，測定条件を一定に保つことが重要である．また，均質なサトウキビの生産を目指して，地理情報システ

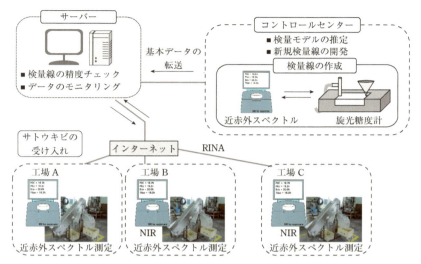

図 5.5.2　近赤外分光法を利用したサトウキビの高度生産管理システム（琉球大学 平良英三氏提供）

ム（geographic information system，GIS）と近赤外分光法を併用したカリウム含量の全島マッピングも試みられている[3]．大豆のアミノ酸含量も近赤外分光法によって推定可能となるが，RPD 値（標準偏差と予測標準誤差の比）が3を超える堅牢な検量線はロイシンだけであり，また，タンパク質構成アミノ酸残基が近赤外スペクトルに及ぼす影響が小さいことを考慮すると，あくまでも研究目的またはスクリーニング目的で用いるべきと指摘されている[4]．なお，検量線としては，ニューラルネットワーク解析よりも PLS やサポートベクターマシン（SVM，二値分類のための教師ありアルゴリズム）の方がすぐれている．

　飼料や牧草に関しては，粗タンパク質，粗脂肪，粗灰分，中性可消化繊維，酸性可消化繊維，酸性可消化リグニンなどが目的成分となるが，測定対象の形状が均一でないため，定性分析や総合特性の評価に利用されることが多い．また，P，Ca，K，Mg のような無機物質の分析も可能とされているが，これは多くの場合，無機物質の水和によってもたらされる水のスペクトルの変動に由来する．

　また近年では，近赤外ハイパースペクトルイメージング（hyperspectral imaging，HSI）法と SVM を組み合わせることにより家畜用配合飼料中の肉骨粉を二次元的に検出することも試みられている[5]．HSI は分光学的イメージング法として知られており，測定対象からの空間的な分光情報が得られる新しい技術である．以下

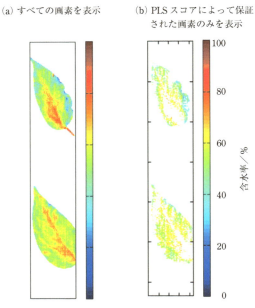

図 5.5.3 ネズミモチの葉の含水率分布マッピング

に，この方法を用いた具体例を紹介する[6]．

測定環境や装置安定性の影響により，測定対象からの反射強度は毎回微妙に変化するのが通常である．そのため HSI データの取得に際しては，反射率の補正を行う必要がある．まず，サンプルと白板（テフロン製）のスペクトルを同時に測定し，白板からの反射強度を最大値とする．次に，カメラ前面をキャップなどで被覆して反射強度の最小値を求め，式(5.5.1)により反射率の補正を行う．

$$R = \frac{R_0 - D}{W - D} \tag{5.5.1}$$

ここで，R は補正後の反射スペクトル，R_0 は補正前の反射スペクトル，D は反射強度最小時の反射スペクトル，W は反射強度最大時の反射スペクトルである．

また，HSI では，サンプル全体からの平均スペクトルを用いた予測モデルの構築が一般的に行われる．図 5.5.3(a)は，ネズミモチの葉の含水率分布のマッピングである（葉の全乾質量に基づいて求めたもの）．一見，正しいようにみえるが，各画素に対応する微小領域の含水率は実測できないため，その確からしさ（予測モデルの妥当性）を何らかの統計的手段によって担保する必要がある．そこで，平均スペ

クトルと各画素のスペクトルの各変数における PLS スコアの分布を比較して予測モデルの適用が可能な画素の特定を試みたところ，第一変数から第四変数のすべてにおいてスコアの範囲内に存在している画素は全体の 39% であった．すなわち，算出された含水率の予測誤差が予測平均平方誤差と同程度に保証される画素は全体の 4 割程度しか存在しないことになる．これは，セルロースと水の OH 伸縮振動の重なりが 1440 nm 近傍などに現れるためであり，含水率を目的変量とした場合には各画素にばらつきが生じてしまうことがわかる．葉の全体の平均スペクトルから計算された PLS スコアの範囲内に含まれる画素だけを表示すると図 5.5.3(b) のようになるが，このマッピングは水分の変動が正しい画素だけを抽出しているといえる．

5.5.2 ■ 園芸科学分野

果実を対象とする近赤外分光法の研究は国内外ともに活発であり，選果システムの実用化はわが国では約 25 年の歴史がある．ほとんどの果実の重量の 80〜85% は水分であるため，果実の近赤外スペクトルでは水の吸収が支配的であり，これにいろいろな可溶性成分やセルロースなどの吸収バンドが重畳している．したがって，原スペクトルから水分以外の成分を推定するのはほとんど不可能で，糖度などの推定には，二次微分スペクトル解析が用いられる．図 5.5.4 は和歌山県有田地区のミカン選果場の様子である．毎分 60 m で走行するベルトコンベア上のミカンの糖度が毎秒 5, 6 個の割合で計測される．ハロゲンランプを光源として利用することが

図 5.5.4　和歌山県有田地区のミカン選果場の様子

多く，ミカンを透過した光をリニアセンサーによって測定する．このように，果実をそのままの状態で測定することが要求されるため，透過性の高い可視〜近近赤外域（680〜1100 nm）のスペクトルを計測することが多い（さらに，同波長帯のリニアセンサーは比較的低価格であるため，装置開発が容易であるという利点もある）．糖度の推定には，スクロースに由来する CH 対称伸縮振動の第三倍音である 900〜920 nm の吸収バンドが利用され，さらに光路長や温度と相関の高い波長帯を検量線に含めることでこれらの影響を除去する工夫がなされている．なお，果実糖度検量線の実測値としては，スクロースなどの化学分析値ではなく，可溶性固形物の濃度（Brix 値：屈折率を利用して測定）が採用されることがほとんどであるため，分析化学的にはやや曖昧であるという点に注意しなければいけない．

わが国において研究対象となっている果実には他に，グレープフルーツ，ブルーベリー，リンゴ，メロン，ウメ，イチゴなどがあるが，対象とする検出成分は圧倒的に糖度が多い．可視・近赤外スペクトルによるミカン酸度，糖度，硬度の推定精度が調査されているが，良好な検量線は糖度のみであると報告されている[7]．これは，果実に含有される酸成分は最大でも 3% 程度であり，また，含有の変動幅も糖に比べると狭いため，良好な検量線を構築しにくいためである．ただし，850 nm および 890 nm 近傍の吸収バンドはクエン酸含量との相関が高く，食味上問題となる高酸果実の判別は実用的にも問題なく行える．果実に対して近赤外分光法を適用する際には，個体差を生じるいろいろな要因に対して安定した測定精度を保つことが重要となる．具体的には，品種，産地，熟度，収穫時期，生産年次などの影響を考慮した多様な試料を母集団とする検量線の作成が要求される．

物質内部での光散乱の影響を排除して果実の糖度・酸度を推定する分光方式（three fiber-based diffusion reflectance spectroscopy，TFDRS）が下村ら[8]によって提案され，携帯型の装置も開発されている．**図 5.5.5** は，TFDRS による測定の概略である．この方法では，1 本の照射光ファイバーと 2 本の受光ファイバーを使用する．照射光は，試料内部で吸収や散乱を繰り返しながら拡散・減衰するが，再度外部に放出される光を 2 つの受光ファイバーで捕捉する．照射光ファイバーからの距離 ρ および $\rho + \Delta$ における放出光の強度をそれぞれ i_{ref} および i_{sig} とすると，これらから波長 λ の反射率 $R(\lambda)$ は以下のように定義される．

$$R(\lambda) = \frac{i_{\text{sig}}}{i_{\text{ref}}} \tag{5.5.2}$$

また，所望の目的変数の検出に有効な 3 波長 λ_0，λ_1 および λ_2 の反射率をそれぞれ

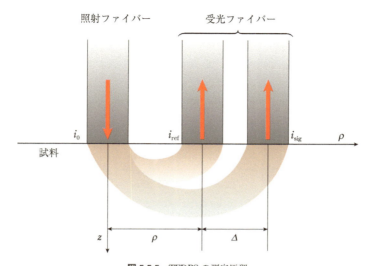

図 5.5.5 TFDRS の測定原理
i_0：照射光強度，i_{ref}, i_{sig}：受光強度，ρ, Δ：照射ファイバーからの距離

求め，式(5.5.3)のように相対吸光度比 $\gamma(\lambda_0, \lambda_1, \lambda_2)$ を定義する．

$$\gamma(\lambda_0, \lambda_1, \lambda_2) = \frac{\ln(R(\lambda_1)) - \ln(R(\lambda_0))}{\ln(R(\lambda_2)) - \ln(R(\lambda_0))} \tag{5.5.3}$$

$\gamma(\lambda_0, \lambda_1, \lambda_2)$ は，検出距離 ρ や Δ の変化，あるいは果実個々の散乱係数に依存した光路長の変化に左右されない物理量となり，果実の糖度や酸度とも高い相関をもつ．また，光源に LED を採用すると，安価で小型の装置を開発することが可能である．

その他の果実では，インタラクタンス方式および透過方式によるキウイフルーツの内部品質推定や，マンゴーの熟度推定や果実に付着したミバエ卵・幼虫の非破壊検出が検討されている[9]．幼虫に含まれるタンパク質に由来する吸収ピークが 734 nm に現れ，この信号強度に着目することによりミバエ感染を高精度で識別することができる．また，ブルーベリーの熟度および機能性成分推定や核果（ウメ・モモなど堅い核のある果物）についての可溶性固形物のインライン計測，果実酢の判別に際しての最適波長の検討，トマト中の可溶性固形物およびリコピンや β-カロテンのようなカロテノイドの推定などが報告されている．最近では，近赤外画像解析を応用した腐敗果や内部褐変の判別や異物検出なども試みられている．

なお，近赤外分光法による微量成分の推定に際しては，いまだその下限値が議論

第 5 章　近赤外分光法の応用

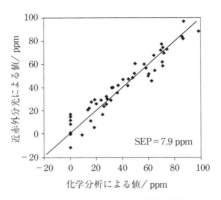

図 5.5.6　ジクロフルアニドの DESIR 法による測定と近赤外分光による測定の比較[9]

されている．通常，近赤外分光法の定量限界は約 0.1% であり，ppm オーダーの測定は困難である．Saranwong ら[10] は，DESIR 法（対象溶液をガラス製のフィルターに染み込ませた後に乾燥させ，フィルターのスペクトルを測定することにより微量成分を定量する方法）により，果実に散布される防カビ剤（ジクロフルアニド）と同じ成分のモデル溶液の濃度を推定したところ，ジクロフルアニドの測定精度（SEP；予測標準誤差）は 7.9 ppm であったと報告している（**図 5.5.6**）．

その他のユニークな研究として，飛行時間近赤外分光法（time-of-flight near infrared spectroscopy, TOF–NIRS）により，グレープフルーツやメロンの糖度が良好な精度で推定可能となることが報告されている[11]．以下では，この方法について紹介する．従来の分光計測では特定波長の吸光度変化に注目しているが，TOF–NIRS はパルス光を照射し，物質内部の光吸収・散乱状況を時間分解測定する方法であり，医療分野の脳計測では無侵襲診断法として活用されている．波形変化や強度変化など多くの情報が一度に得られ，しかも測定時間がきわめて短いなど，既往の測定方法にはない長所を有している（**図 5.5.7**）．ただし，照射パルス光がどの程度広がっているのかを緻密に実測することは不可能である．そこで，透過パルス光の形状変化から光学特性値を算出して光伝搬経路を求め，光到達範囲や深さをシミュレートする手法が通常採用される．

光伝搬シミュレーションを行うためには，組織の形状と光学特性値（吸収係数，散乱係数，位相関数（光散乱の全方位配光分布パターン），屈折率）が必要となる．散乱媒質中における光の伝搬をもっとも正しく記述するものとして光輸送方程式があるが，光学特性が非均一なものを対象とする場合には，拡散近似によって得られ

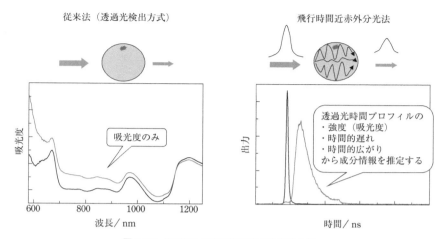

図 5.5.7　従来法と飛行時間近赤外分光法の違い

る光拡散方程式が一般的に利用される．透過型の光拡散方程式は，以下に示す式で定義される[12]．

$$
\begin{aligned}
T(p,d,t) = & (4\pi Dc)^{-3/2} t^{-5/2} \exp(-\mu_a ct)\exp\left(-\frac{p^2}{4Dct}\right) \\
& \times \left\{ (d-z_0)\exp\left[-\frac{(d-z_0)^2}{4Dct}\right] - (d+z_0)\exp\left[-\frac{(d+z_0)^2}{4Dct}\right] \right. \\
& \left. + (3d-z_0)\exp\left[-\frac{(3d-z_0)^2}{4Dct}\right] - (3d+z_0)\exp\left[-\frac{(3d+z_0)^2}{4Dct}\right] \right\}
\end{aligned}
$$

(5.5.4)

ここで，$T(p,d,t)$ は光強度，p は位相関数（散乱パターン），d は試料厚さ，t は時間，c は散乱媒質中での光速である．D は拡散係数であり，z_0 は侵達長と呼ばれる散乱媒質中を光が伝搬するときの特徴的な指標である．D および z_0 は以下の式で表される．

$$D = \{3[\mu_a + (1-g)\mu_s]\} - 1 \tag{5.5.5}$$

$$z_0 = \frac{1}{(1-g)\mu_s} \tag{5.5.6}$$

μ_a は吸収係数，μ_s は散乱係数，g は異方散乱パラメータである．

また，果実のように光散乱を何度も繰り返す測定対象の場合には，位相関数を等方散乱とみなして解析を行う．なお，等方散乱近似の際に用いる散乱係数を等価散乱係数 μ_s' と呼ぶ．μ_s' は式 (5.5.6) の分母に等しい．

上記の解析においては順問題計算と逆問題計算の2通りの方法がある．あらかじめ既知の光学特性値を光拡散方程式に代入して透過光時間プロファイルを計算する手法が順問題計算（forward model）であり，検出した透過光時間プロファイルに波形フィッティングをすることで光学特性値を得る手法が逆問題計算（backward model）である．

5.5.3 ■ 土壌学分野

土壌の近赤外スペクトルに特徴的な吸収バンドとしては，1450 nm および 1920 nm の土壌吸着水に由来するもの，および 1400 nm，2200 nm 近傍の粘土鉱物 OH の第一倍音および結合音に由来するものなどがあげられる．これまで，土壌化学物質の量（全炭素量，全窒素量）や陽イオン交換容量，粘土量などの同時高精度推定を目指して研究が進められてきた．これらの多くでは PCR や PLS などの古典的な多変量解析手法が援用されている．また，農地だけではなく，森林土壌なども研究対象となってきたが，検査項目の多くは全炭素量，全窒素量，水分である．

Udelhoven ら[13] は，室内用と屋外用の分光光度計による土壌化学成分推定精度を比較検討した結果，土壌の固着状況が大きな外乱となるために，高精度推定には実験室環境下での計測が必要であると報告している．また，Ca, Mg, Fe, Mn, K などの無機成分は高精度で推定できるが，その他の成分や評価項目に関しては，統計学的に高度な技法を用いない限り検出精度には限界があることも指摘している．屋外での近赤外計測は，迅速スクリーニング手法として意義があることを認識しておかなければならない．なお，光ファイバーケーブルを利用した土壌水分などのオンラインモニタリングの可能性についても複数の報告がある．

可視域，近赤外域，赤外域，および可視〜赤外域それぞれの拡散反射分光スペクトルからいろいろな土壌特性（全炭素量，全窒素量，Ca, K など）の推定が試みられている（**図 5.5.8**）[14]．定量分析に関しては，赤外スペクトルの利用がもっとも有効であり，定性分析に関しては，いずれの領域でも推定精度に大差がないようである．このように，複数の測定波長領域の分光スペクトルを比較検討し，近赤外分光法を利用することの得失を見極めることもたいせつである．

人工衛星に搭載されたハイパースペクトラルカメラ（Hyperion）と同程度の分

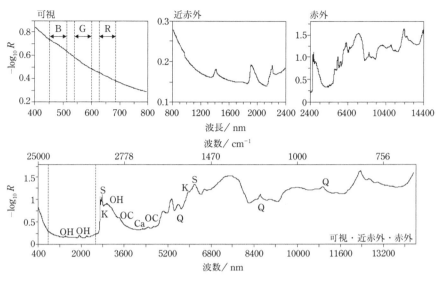

図 5.5.8　土壌の可視,近赤外,赤外スペクトル[14]

解能をもつ可搬型近赤外分光光度計によるスペクトル測定から土壌有機炭素量が推定されている[15].可搬型装置による推定精度の方が Hyperion よりもすぐれていたが,統計解析手法の改善により同程度の推定精度となっている.今後土壌を対象とした研究では,地球圏レベルでの分光画像データを汎用の分光光度計データと比較検討して,この結果をリモートセンシングにフィードバックさせるようなプロトコール開発が多くなると思われる[16].

最近では,微生物バイオマスの炭素量や β-グルコシダーゼ活性などの生物化学的な特性についても近赤外スペクトルを PLS 解析することによって高精度で推定できることが報告されている[17].国内では,トラクタ装着土壌センサーの開発やリアルタイムセンシングを目指した研究が活発である[18].

5.5.4 ■ 食品科学分野

食品科学分野における近赤外分光法の活用事例は,たいへん多い.食品の形態は,粉体,液体,ペースト状,固体などさまざまであり,それぞれの形態に適合した試料セルが開発されている.

近赤外分光法を用いた品質管理用のインライン,オンライン分析機器は国内外の

図 5.5.9 バター製造ラインにおける近赤外分光計測(ブルカー・オプティクス社提供)

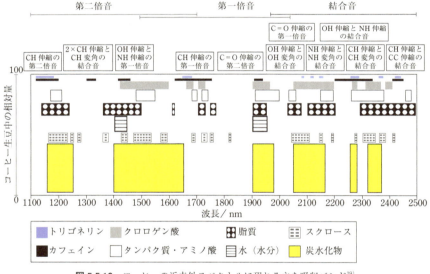

図 5.5.10 コーヒーの近赤外スペクトルに現れる主な吸収バンド[19]

製造ラインに数多く導入されている(**図 5.5.9**).例えば,チョコレート工場での応用例はよく知られており,迅速性,経費の面からチョコレート製造時のスクロース等原料品質検査手法として優良な手段である.また,カカオ中に含まれるプロシアニジン(強い抗酸化作用を示すポリフェノール)の高精度検出も可能である.

コーヒーの味覚データと近赤外スペクトルをケモメトリックス的に対応させる研究も行われている(**図 5.5.10**)[19].お茶に関しても品種判別やカフェイン,ポリフェノールの定量分析が試みられている.また,5500〜5200 cm^{-1} の波数帯が緑茶

品質評価に際して有益な情報源となることが示されている[20]．カフェイン類の定量に関しては，CH_3 に由来する 1690 nm および 2240 nm が重要な吸収バンドとなる．

近年，全世界的に食の安心安全問題が注目を浴びており，近赤外分光法を食品中の異物検査に利用しようとする動きが活発である．粉ミルクに混入したメラミンや黒胡椒に混入したソバ，キビの検出可能性などが報告されているが，安易に高精度判定を求めるのではなく，いろいろな試料を厳格な実験環境下で測定するなどして慎重に検出限界を見極めることが重要である．

醸造や発酵プロセスに近赤外分光法を活用した事例も多い．アルコール発酵過程を追跡することにより，グルコース，エタノール，グリセリン量の高精度推定が可能となる．解析に際しては，アルコールやフェノールの OH の伸縮振動（1400 nm 近傍の第一倍音，1000 nm 近傍の第二倍音，2000 nm 近傍の結合音）および CH の伸縮振動（1600〜1800 nm の第一倍音，1100〜1250 nm の第二倍音，2000〜2400 nm の結合音）が重要な鍵となる．

近赤外スペクトルのデータベースをワインの発酵過程の追跡に応用した事例[21]や，パイロットスケールでの赤ワインの発酵過程の追跡についても報告されている．一方，Smythら[22]は，ワイン中の揮発性芳香族化合物の近赤外分光法による推定を試み，例えば，モノテルペンは 20 ppm 程度の予測誤差で推定可能となると報告している．しかし，連続測定の難しさなどから，絶対的な定量分析ではなく，実際にはスクリーニング技法として同法を使用すべきであると指摘している．アルコール類のような均一液体の計測は近赤外分光計測の利点が生かされる分野であり，今後さらなる利活用が期待される．なお，日本酒の場合には，アルコールの他に酸度，アミノ酸，日本酒度，直接還元糖，全糖なども推定の対象となっている．

国内ではその他に，醤油製造時の品質管理にも適用されているほか，泡盛や味噌の熟成過程や豆乳粘度変化のモニタリングなどに関連した研究発表も行われている．なお，これら醸造物に含有される食塩も同法によって推定可能となるが，これは塩分濃度によって水の吸収スペクトルが変動することに起因する．水の吸収バンドである 1450 nm 近傍の変動を観察することによって高精度の検量線構築が期待できる．

5.5.5 ■ 水圏科学分野

1450 nm および 1920 nm 近傍の吸収バンド（水分，塩分），2058 nm および 2174 nm のアミド基のペプチド結合に由来する吸収バンド（タンパク質），925 nm，

1726 nm 近傍の吸収バンド（脂質）に着目することにより，魚肉を対象とする定性・定量分析が行えるなど，興味深い研究開発が国内外で行われているが，基本的には，水産物加工製造および食品の安全・安心に関わる分野での品質検査的な利活用がほとんどである．

魚油中の遊離脂肪酸および水分の推定や[23]，近赤外分光スペクトルの主成分スコアによる線形判別分析によって水産物加工工程における魚肉の魚種が良好な精度での判別されている[24]．こうした用途では，近赤外分光法の簡便性，迅速性および経済性が生かされている．Uddinら[25]は，加熱によるタンパク質二次構造や水分変化の影響がスペクトル変動に直接反映されることから，魚すり身の加熱温度が予測できると報告している．ニジマスの切り身の劣化状況や細菌量も推定可能である．狂牛病対策の一環として，家畜飼料中の魚由来および動物由来の骨粉を迅速判別することも試みられている．また，サーモンの脂肪含量および色素密度や鮮度の推定が近赤外分光法によって可能となる．化学成分自体の高精度推定は脂肪含量に関するものがほとんどであるが，CCDカメラなどの二次元検出器の併用によって目的変量（色素密度など）の推定も行われている．なお，提案された手法を一般化するためには，高精度推定の理化学的背景を明らかにする必要がある．ハイパースペクトラルイメージングを用いた研究も多く報告されているが，その定量限界や当該波長領域利用の妥当性についても考察が必要となる．国内においても，カツオ，アジ，マグロ，サンマなどの脂肪含有量推定に関して，多くの研究発表がある．携帯型近赤外分光光度計によるマアジ測定の様子と凍結・解凍および脂肪含有量の多寡によ

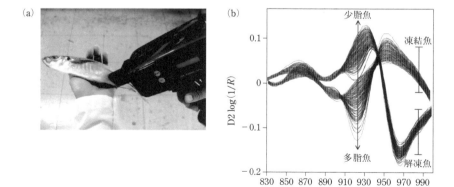

図 5.5.11　(a) 携帯型近赤外分光光度計によるマアジ測定の様子と (b) 凍結・解凍および脂肪含有量多寡による二次微分スペクトルの変動[26]

る二次微分スペクトルの変動を図 5.5.11 に示す[26].

5.5.6 ■ 動物科学分野

この分野では，乳牛，ブタ，牛乳，食肉などを対象とする化学構成成分の検出や判別関連の研究事例が多い．主たる推定物質は，水分，タンパク質，脂質，塩分であり，先の魚肉と同様の吸収バンドに着目して解析が行われる．

可視・近赤外スペクトルの主成分分析により，牛肉，羊肉，豚肉，鶏肉の判別が高精度で行え，また雄牛肉の主要化学構成成分やヤギ肉の筋肉内脂肪および水分なども同法によって定量できる．さらに，食肉内の微量成分や感覚的性質の推定を試みる研究報告もあるが，高精度検出は困難である．ソーセージの脂肪，水分，タンパク質はいずれも高精度で推定可能であり，同法のオンラインプロセス管理への応用が期待される．このように，さまざまな活用方法が提案されているが，対象である食肉は不均一な物質であるために，どのような基準でサンプリングを実施するのか，また，リファレンス（基準）をどのように定めるのかが，同法を一般化させる際のポイントとなる．この点を克服するために，ハイパースペクトラルイメージング法の導入が検討されている．図 5.5.12 は，羊肉の成分推定マッピングに関する一連の画像処理プロセスである[27]．特定波長画像間の差分や 2 値化処理により，脂質や水分などの分布状況を推定することができる．

また，オンライン方式で生乳の脂肪，タンパク質，ラクトースをリアルタイムで測定するシステムも考案されており[28]，さらに生乳中の体細胞数が精度良く検出できるとの報告もある[29]．主成分分析や人工ニューラルネットワーク解析によって近赤外スペクトルをデータ処理することにより，ほぼ 100 ％ の精度でヨーグルトの品種判別が可能となる．また，乳清や水分などの牛乳混和物も PLS 法や SIMCA を援用して近赤外スペクトルをデータ処理することにより，高精度で判別できるようになる．生乳の主要構成物質は水であるから，その近赤外スペクトルは水のスペクトルと酷似しており，上記のような高度な統計解析を積み重ねることによって目的とする物質の定量・定性分析が可能となる．

さらに，乳牛の乳房炎原因菌の検出および総菌数の予測や生乳の微生物汚染の推定や，オランウータンやジャイアントパンダ[30]の発情および排卵に関する尿のスペクトル変動による診断も報告されている．その他には，近赤外分光法によるマウスの異常プリオンと正常プリオンの識別や放牧牛貧血検査[31]が試みられている（図 5.5.13）．これらの研究では，野外での迅速な測定を目指しているため，携帯型の

第 5 章　近赤外分光法の応用

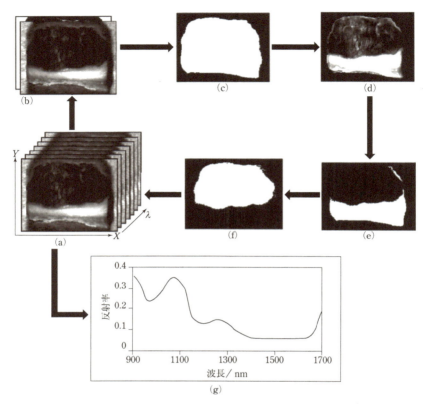

図 5.5.12　羊肉の成分推定マッピングに関する一連の画像処理プロセス[27]
（特定波長画像間の差分，二次微分処理による脂質，水分などの分布）

図 5.5.13　採血管方式による放牧牛貧血検査（農研機構動物衛生研究所提供）

装置が利用されている．

5.5.7 ■ 森林圏科学分野

近年，木材や森林を対象とする近赤外分光の研究が増えてきた[32,33]．木材は主にセルロース，ヘミセルロース，リグニンから構成されているが，セルロースに関してはOH伸縮振動（1400 nm近傍の第一倍音），ヘミセルロースに関してはCH伸縮振動（1600〜1800 nmの第一倍音），リグニンに関しては1700 nm近傍の芳香環由来のCH伸縮振動が重要な吸収バンドである．

木材含有水分計測の可能性について検討した研究も多く，樹種や測定面の違いが含水率予測精度に及ぼす影響が調査されている．また，PCAやSIMCAなどの既存の解析手法を利用することにより，さまざまな樹種の判別が高精度で行えることも報告されている．木材の曲げ強度や引張強度特性も近赤外分光法によって推定できる．これはセルロースの結晶領域および準結晶領域のOHに由来する吸収バンド（1550〜1590 nmおよび1490 nm近傍）が木材の機械特性と強く関連しているためである[34]．

エンジニアリングウッドの特性推定にも活用され始めており，単板の含水率，強度および密度のオンライン計測，パーティクルボードの接着剤含量や各種素材の混合比率，木質セメントパネルの強度などがオンライン推定できることが報告されている．比較的均質化された工業材料であるエンジニアリングウッドを測定対象とする場合には，オンライン計測としての利活用を志向した研究が多い．分光イメージングとケモメトリックス的手法を組み合わせた木質材料の定量・定性分析も検討されている[35]．果実の選果システムと同様にコンベア上を走行する板材の含水率および強度を近赤外反射スペクトルから高精度推定しつつ，分光イメージングによって節，割れなどの木材表面欠点を検出する装置も開発されている（**図 5.5.14**）[36]．

腐朽菌による木材の劣化を近赤外分光法によってモニタリングした研究報告はここ数年急激に増加している．赤外分光法などとの併用によって腐朽菌による木材劣化を腐朽初期の段階で迅速に判別することが可能となる．また，木質バイオマスの糖化率や糖分析を近赤外分光法によってハイスループット分析する手法の開発も試みられている．

木質系材料の経年変化に関して新たな知見を得ることを目指した基礎研究も行われている．文化財はその希少価値が非常に高く繰り返し実験が容易ではないため，結果の再現性・妥当性を検証することが難しい．そこで，木材に段階的に湿熱処理

第 5 章　近赤外分光法の応用

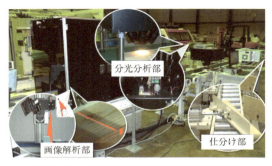

図 5.5.14　木材多形質高速非破壊測定装置の外観

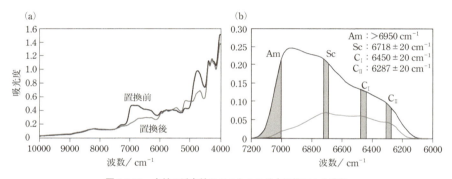

図 5.5.15　木材の近赤外スペクトルの重水置換による変化

を施して擬似古材を作製し，材質変化の過程を近赤外分光法と X 線回折法を併用して調査する方法が提案されている[37]．具体的にはヒノキ材試料を段階的に熱処理し，重水置換前後の近赤外拡散反射スペクトルを測定した後に，X 線回折によって結晶化度（CR_X）および結晶幅を算出した．また，比較のために 1400 年前の東大寺ヒノキ古材の断片を別途測定した．重水素置換による木材近赤外スペクトルの変化を図 5.5.15 に示す．木材を重水中に浸漬させるとセルロース OH 基に由来する吸収（7200〜6000 cm^{-1} および 4900〜4400 cm^{-1}）が OD 基に置換されるので，図 5.5.15 のようにセルロース結晶領域（C_I, C_{II}, および C_{III}），準結晶領域（Sc）および非晶領域（Am）で大きなスペクトル変化が観察される．ベースライン補正した 7200〜6000 cm^{-1} のスペクトル（図 5.5.15(b)）から，C_I, C_{II}, C_{III}, Sc および Am の面積強度変化を算出し，結晶性指数（CR_{NIR}）およびアクセシビリティ（Z）を下記の式を用いて算出した．この場合の Z は，セルロースの各領域における OH 基の

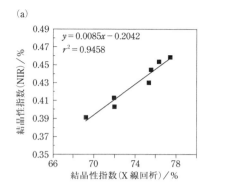 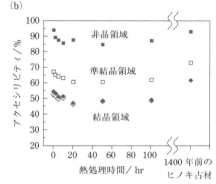

図 5.5.16 近赤外スペクトルおよびX線回折チャートから算出した(a)結晶性指数の関係および(b)アクセシビリティの変化

OD 基への置換の程度を示す指標となる.

$$CR_{\mathrm{NIR}} = \frac{A_{\mathrm{bef}}(\mathrm{C_I}) + A_{\mathrm{bef}}(\mathrm{C_{II}})}{A_{\mathrm{bef}}(\mathrm{C_I}) + A_{\mathrm{bef}}(\mathrm{C_{II}}) + A_{\mathrm{bef}}(\mathrm{Am})} \tag{5.5.7}$$

$$Z(\%) = \frac{A_{\mathrm{bef}}(\mathrm{OH}) - A_{\mathrm{sat}}(\mathrm{OH})}{A_{\mathrm{bef}}(\mathrm{OH})} \times 100 \tag{5.5.8}$$

ここで, A_{bef} および A_{sat} は, それぞれ重水素置換前・後のスペクトル面積強度を示す.

図 5.5.16 は, 近赤外スペクトルおよびX線回折チャートから算出した結晶性指数 (CR_X および CR_{NIR}) の関係および Z の変化を表している. 熱処理と経年変化双方によって結晶化度は増加するが, 結晶幅は特徴的に変化した. また, Z は熱処理時間の増加とともに低下したが, ヒノキ古材の Z は必ずしも低下しなかった. これらの結果を総合的に考察することにより, 木材の劣化機構を分光学的な立場から分子レベルで説明することができる. この方法により得られる知見は, 文化財修復材として最適な熱処理材を作成する指針としても重要である.

文 献

1) L. Xu, S. Yan, C. Cai, and X. Yu, *Food Anal. Methods*, **6**, 1568 (2013)
2) M. A. Babar, M. P. Reynolds, M. van Ginkel, A. R. Klatt, R. W. Raun, and M. L. Stone, *Crop Science*, **46**, 578 (2006)

3) E. Taira, M. Ueno, and Y. Kawamitsu, *J. Near Infrared Spectrosc.*, **18**, 209 (2010)
4) I. V. Kovalenko, G. R. Rippke, and C. Hurburgh, *J. Agric. Food Chem.*, **54**, 3485 (2006)
5) J. A. F. Pierna, V. Baeten, A. M. Renier, R. P. Cogdill, and P. Dardenne, *J. Chemometrics*, **18**, 341 (2004)
6) S. Higa, H. Kobori, and S. Tsuchikawa, *Appl. Spectrosc.*, **67**, 1302 (2013)
7) A. H. Gomez, Y. He, and A. G. Pereira, *J. Food Eng.*, **77**, 313 (2006)
8) 下村義昭, レーザー研究, **39**, 233 (2011)
9) 河野澄夫, 生物工学, **88**, 606 (2010)
10) S. Saranwong and S. Kawano, *J. Near Infrared Spectrosc.*, **15**, 227 (2007)
11) Y. Kurata, T. Tsuchida, and S. Tsuchikawa, *J. Am. Soc. Horticult. Sci.*, **138**, 225 (2013)
12) M. S. Patterson, B. Chance, and B. C. Wilson, *Appl. Optics*, **28**, 2331 (1989)
13) T. Udelhoven, C. Emmerling, and T. Jarmer, *Plant and Soil*, **251**, 319 (2003)
14) R. A. V. Rossel, D. J. J. Walvoort, A. B. McBratney, L. J. Janik, and J. O. Skjemstad, *Geoderma*, **131**, 59 (2006)
15) C. Gomez, R. A. V. Rossel, and A. B. McBratney, *Geoderma*, **146**, 403 (2008)
16) 一般財団法人宇宙システム開発利用推進機構 ホームページ：http://www.jspacesystems.or.jp/ersdac/HYPER/index.html
17) R. Zornoza, C. Guerrero, J. Mataix-Solera, K. M. Scow, V. Arcenegui, and J. Mataix-Beneyto, *Soil Biol. Biochem.*, **40**, 1923 (2008)
18) 梅田大樹, 澁澤 栄, 岡山 毅, サクマデニスユキオ, 下保敏和, 二宮和則, 農業機械学会誌, **73**, 37 (2011)
19) J. S. Ribeiro, M. M. C. Ferreira, and T. J. G. Salva, *Talanta*, **83**, 1352 (2011)
20) T. Ikeda, S. Kanaya, T. Yonetani, A. Kobayashi, and E. Fukusaki, *J. Agric. Food Chem.*, **55**, 9908 (2007)
21) M. Zeaiter, J. M. Roger, and V. Bellon-Maurel, *Chemometr. Intell. Lab. Syst.*, **80**, 227 (2005)
22) H. E. Smyth, D. Cozzolino, W. U. Cynkar, R. G. Dambergs, M. Sefton, and M. Gishen, *Anal. Bioanal. Chem.*, **390**, 1911 (2008)
23) D. Cozzolino, I. Murray, A. Chree, and J. R. Scaife, *LWT-Food Sci. Technol.*, **38**, 821 (2005)
24) D. Cozzolino, A. Chree, J. R. Scaife, and I. Murray, *J. Agric. Food Chem.*, **53**, 4459 (2005)
25) M. Uddin, E. Okazaki, M. U. Ahmad, Y. Fukuda, and M. Tanaka, *Food Control*, **17**, 660 (2006)
26) 山内 悟, 嶌本淳司, 水野俊博, 日本食品科学工学会誌, **53**, 393 (2006)
27) M. Kamruzzaman, G. ElMasry, D. Sun, and P. Allen, *Anal. Chim. Acta*, **714**, 57 (2012)

28) M. Kawasaki, S. Kawamura, M. Tsukahara, S. Morita, M. Komiya, and M. Natsuga, *Comput. Electron. Agric.*, **63**, 22 (2008)
29) R. Tsenkova, H. Meilina, S. Kuroki, and D. H. Burns, *J. Near Infrared Spectrosc.*, **17**, 345 (2009)
30) K. Kinoshita, M. Miyazaki, H. Morita, M. Vassileva, C. Tang, D. Li, O. Ishikawa, H. Kusunoki, and R. Tsenkova, *Scientific Reports*, **2**, 856 (2012)
31) A. Ikehata, X. Luo, K. Sashida, S. Park, T. Okura, and Y. Terada, *J. Near Infrared Spectrosc.*, **22**, 11 (2014)
32) S. Tsuchikawa, *Appl. Spectrosc. Rev.*, **42**, 43 (2007)
33) S. Tsuchikawa and M. Schwanninger, *Appl. Spectrosc. Rev.*, **48**, 560 (2007)
34) S. Tsuchikawa, Y. Hirashima, Y. Sasaki, and K. Ando, *Appl. Spectrosc.*, **59**, 86 (2005)
35) H. Kobori, H. Yonenobu, J. Noma, and S. Tsuchikawa, *Appl. Spectrosc.*, **62**, 854 (2008)
36) S. Tsuchikawa and H. Kobori (P. J. Harris, C. M. Altaner eds.), "Using NIR for Grading Timber" *Workshop on Commercial Application of IR Spectroscopies to Solid Wood*, Wood Technology Research Centre, 49 (2013)
37) T. Inagaki, H. W. Siesler, K. Mitsui, and S. Tsuchikawa, *Biomacromolecules*, **11**, 2300 (2010)

5.6 ■ 医薬品分析

　医薬品は患者の生命に直接かかわることから，その品質や安定性に対する消費者の要求はきわめて高い．このため医薬品製造工程においては遵守すべき厳密な法令「医薬品の製造管理，品質管理製造管理及び品質管理規則（Good Manufacturing Practice, GMP）」[1]が施行されている．一方，日米欧の3極を中心に，医薬品開発・認可やその製造に関する規制について，日米EU医薬品規制調和国際会議（International Conference on Harmonization, ICH）によるガイドライン制定が進んでいる．こうした国際間合意は，新医薬品の国際的な研究開発や，優れた新医薬品をより早く患者の手元へ届けること，経済効率の高いジェネリック医薬品の使用を促進している[2]．このため，製造現場におけるGMP適合性調査においても国際的な協力や情報交換などの必要性が高まっており，その業務の実施体制を一層充実することが求められている．このような状況を踏まえ，厚生労働省は2013年3月にPIC/S[注1]への加盟申請を行った．今後GMP適合性調査はPIC/S GMPガイドラインを参考に実施されるため，各製薬メーカーの分析ラボでは，国際水準を満たす分析法への早急な対応が求められている．一方，米国食品医薬品管理局（FDA）を中心として，今まで以上に高い品質の医薬品を製造するために，従来の品質管理の概念をさらに発展させた製造工程の分析と管理，プロセス分析技術（PAT，5.4節参照）が発展しつつある[3〜5]．これは，製造プロセスの進行中に，製品の重要品質パラメータをリアルタイムに非破壊・非接触な方法により測定し，最終製品の品質を保証する技術である．医薬品の製造工程でも，PATに基づく迅速で正確な分析方法が要求されている．特に，PIC/S GMPガイドラインでは，すでに原材料の全数受入検査が要求されている．これまでの章で述べてきたように，近赤外分光法はその特徴から，製造現場での効率的な定性確認試験に適した検査手法と考えられる．現在，近赤外分光法は，日本薬局方（JP），米国薬局方（USP）およびヨーロッパ薬局方（EP）に収録されており，非破壊・非接触な分析が可能な方法として注目されている．ここでは，近赤外分光法を用いたプロセス分析技術の例を示す．な

[注1] 医薬品査察協定（Pharmaceutical Inspection Convention）と医薬品査察共同機構（Pharmaceutical Inspection Co-operation Scheme）の略称．欧州を中心とした41ヵ国（2013年1月現在）が加盟している．医薬品のGMP査察業務に関し，国際的に調和の取れた基準や品質システムを考案・継続実行することを目的とし．活動の一環として「PIC/S GMPガイドライン」が発行されている．

5.6.1 ■ 打錠工程における錠剤硬度と空隙量のオフライン同時予測[6]

　錠剤から得られる近赤外スペクトルは，各成分の化学的情報と各成分の錠剤中における三次元分布を反映している．現状では，医薬品製造時に測定が必要な錠剤の機械的硬度は，適当な試料をランダムに抜き出して，オフラインで圧縮破壊して測定されている．一方，錠剤硬度や崩壊時間，溶出速度[7]などの製剤品質を制御する因子である錠剤の空隙率も，錠剤生産時に測定する必要がある．このような背景から，近赤外分光法による錠剤硬度と空隙量の評価方法の構築を試みた．試料としては，ベルベリン塩酸塩 10%，噴霧乳糖 63%，ジャガイモデンプン 27% を含む錠剤処方を用いた．従来の方法により，異なる圧縮圧力で成形した錠剤の硬度と空隙量の関係を評価したところ，圧縮圧が増加するに従い空隙量が減少し，これにより粒子間接触面積が増大することから錠剤の破壊強度が増大した．また，錠剤の硬度と空隙量の間には直線関係があることがわかった．また，水銀ポロシメーターによる錠剤の細孔分布測定から，錠剤の平均細孔半径は $10\,\mu m$ 以下であることが確認された．続いて，錠剤硬度と空隙量を予測・評価するために反射法により各錠剤の近赤外スペクトルを測定した．錠剤の近赤外スペクトルは，**図 5.6.1** 上段に示すように，圧縮圧力が上昇するに従いスペクトルのベースラインが増加した．これらの近赤外スペクトルについて錠剤硬度と空隙量を目的変数として主成分回帰分析（PCR）を行ったところ，良好な検量モデルが得られた．これらの検量モデルからバリデーションデータに関して予測した錠剤硬度と空隙量を実測値と比較した結果，予測値は実測値に対してそれぞれ 0.921，0.801 の決定係数を示す良好な直線関係を示した．このことから PCR 検量モデルから錠剤硬度と空隙量が予測できることがわかる．

　ここで示した錠剤強度と空隙量の予測検量モデルの化学的根拠を解明するために，主成分スコアと測定実測値の関係を検討した．**表 5.6.1** に錠剤硬度と空隙量を予測する検量モデルの各主成分のスコアと実測値を示した．錠剤硬度あるいは空隙量に対する PC1 と PC2 のスコアは，それぞれ高い相関を示した．また，PC5 と PC7 のスコアも比較的高い相関を示した．PC1，PC2，PC5，PC7 のローディングスプロットを**図 5.6.2** に示した．PC1 は -0.05 ほどのベースラインシフトに類似したスペクトルを示し，一方 PC2 は，ベースラインの傾きに類似したスペクトルを

第 5 章　近赤外分光法の応用

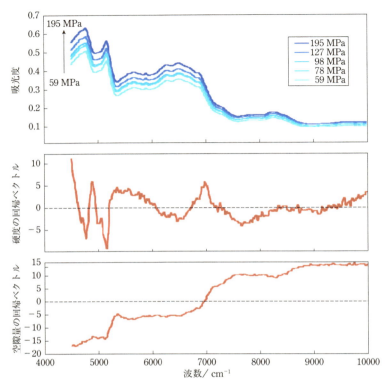

図 5.6.1　(a)圧縮圧力による錠剤の近赤外スペクトルの変化および(b)錠剤硬度と(c)空隙量の予測検量モデルによる回帰プロット

表 5.6.1　錠剤特性と主成分スコア間の決定係数

主成分	錠剤硬度	空隙率
PC1	0.8821	0.9476
PC2	0.7919	0.7949
PC3	0.0004	0.0127
PC4	0.0544	0.1095
PC5	0.4198	0.3474
PC6	0.0009	0.0051
PC7	0.6898	0.6498
PC8	0.0033	0.0150
PC9	0.0011	0.1154

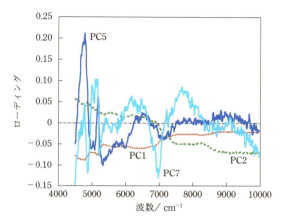

図 5.6.2 錠剤硬度と空隙量の予測検量モデルのローディングスプロット

示した．近赤外反射スペクトルにおいて，筆者[8]は直径 50 µm 以上の粒子径変化が平坦なローディングスプロットに関与していることを報告している．また，Norris ら[9]は，50 µm より小さい粒子径変化がスペクトルベースラインの傾きに関与していることを報告している．このことから，PC1 は 50 µm より大きい粒子径や粒子間空隙などの界面に関与した光散乱に基づく現象であると推察された．一方，PC2 は 50 µm より小さい粒子や空隙における光散乱に基づく現象と考えられる．また，PC3 以降は個別の化学種の相互作用に関与する変動と思われるが，特に PC5 と PC7 は錠剤硬度と空隙量との相関性が高い．PC5 は，7000 cm^{-1} の OH 伸縮振動の倍音，PC7 は 4776 cm^{-1} および 5172 cm^{-1} の OH 伸縮振動の第一倍音であることから，賦形剤である乳糖あるいはデンプンの粒子間に形成される分子間水素結合に関与するものと考えられる．図 5.6.1 の中段と下段は，錠剤硬度と空隙量の検量モデルの回帰プロットを示している．PC7 ローディングと同様に，4776 cm^{-1} および 5172 cm^{-1} のバンドは OH 伸縮振動の第一倍音であることから，錠剤硬度は賦形剤粒子間に形成される分子間水素結合に依存し，OH 基の化学情報に基づいて予測が行われているものと考えられる．一方，空隙量を予測する検量モデルの回帰プロットは，PC2 ローディングと同様にベースラインの傾きであることが示された．これは，粒子間界面における光の屈折に基づく現象であり，細孔分布の測定が示すように 10 µm 以下の微細な細孔をもつ錠剤の幾何学構造（物理情報）に依存した光散乱量により予測しているものと考えられる．

5.6.2 ■ 顆粒の製造工程のインラインモニタリング[10]

製薬工業において錠剤原料顆粒を調製する標準的な方法として，混合・造粒・乾燥までの医薬品製造工程を同一装置内で行える流動層造粒法が広く用いられている．顆粒の製造工程を非接触分析法でモニタリングし，顆粒乾燥過程やできあがる顆粒の物性を非破壊的に予測できれば，最終製品である錠剤の品質を高めることができる．Kona ら[11]は流動層造粒工程を評価するために，温度や湿度と近赤外スペクトルを同時測定し，多変量解析により造粒乾燥工程の水分量変化を予測している．しかし，調製される顆粒の粒子径と水分量の定量的関係は明らかにされていない．そこで，筆者らは流動層造粒工程の水分変化量と粒子径の関係に注目し，それらの変化を近赤外スペクトルにより同時に測定し，造粒中の水分量変化がもたらす顆粒粒径の変動を量的に同時予測することを試みた．アセトアミノフェン（AC）と結晶乳糖（LA），および結晶セルロース（CE）を含む 300 g の混合粉末（AC 10％，LA 61％，CE 26％）を容積 6.0 L の小型流動層に入れ，反射法により近赤外スペクトルを測定しながら，5 分間 35℃で流動混合した後，結合剤であるヒドロキシプロピルセルロース（HPC）を 8 g 含む溶液（10％，8.5％，7.5％）を 20 分間スプレー噴霧した後，60℃で 10 分間乾燥した．また途中で，3 分ごとに約 1 g の試料を秤取し，水分量と 50％粒子径を測定した．**図 5.6.3** に混合・造粒・乾燥過程

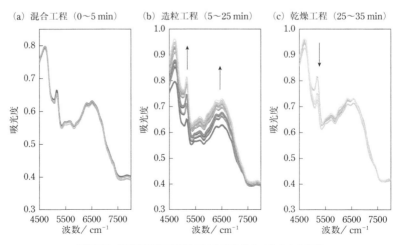

図 5.6.3 流動層造粒工程における近赤外スペクトルの変化

における近赤外スペクトルの経時変化を示した．混合工程においてはあまり顕著なスペクトル変化は認められなかったが，造粒工程においては水分量の増加を表す5200 cm^{-1}の吸収が増大した．これは，造粒が進行して粒子径が大きくなることを示しており，これに応じてスペクトル全体のベースラインが増大する傾向もみられた．また乾燥工程では，5200 cm^{-1}のピークだけが減少する傾向が見られた．得られた近赤外スペクトルを種々の関数により前処理した後，秤取した試料の水分量と50％粒子径を目的変数として partial least squares（PLS）法により解析し，それぞれの検量線モデルを作成した結果を**表** 5.6.2 に示した．この結果から水分量と50％粒子径の検量モデルは，ともに MSC 処理したものにおいて SEV（standard error of cross-validation；クロスバリデーションセットで予測した場合の検量線の予測値の標準偏差）がもっとも小さく，直線性の高いモデルであるという結果となった．また，外部バリデーションデータを用いた評価結果からも MSC 処理を用いたモデルが再現性の高いことがわかった．

表 5.6.2 水分量と 50％粒子径を予測する検量モデルに与える前処理の影響

水分量

前処理	主成分数	累積分散	SEV	Press Val	r Val	SEC	Press Cal	r Cal
Non	3	99.70	0.4412	1.694×10	0.9774	0.4218	1.476×10	0.9803
MSC	5	97.92	0.3259	9.242	0.9877	0.2996	7.272	0.9903
2nd	4	99.33	0.4034	1.416×10	0.9811	0.3756	1.157×10	0.9846
Nor	3	98.81	0.4260	1.579×10	0.9789	0.3955	1.298×10	0.9827
SNV	4	96.32	0.3388	9.987	0.9867	0.3167	8.224	0.9891

50％粒子径

前処理	主成分数	累積分散	SEV	Press Val	r Val	SEC	Press Cal	r Cal
Non	1	76.30	72.35	4.554×10^5	0.6185	66.71	3.782×10^5	0.6820
MSC	8	98.99	32.19	9.016×10^4	0.9341	26.22	5.362×10^4	0.9613
二次微分	7	99.74	34.20	1.018×10^5	0.9253	27.66	6.045×10^4	0.9563
Nor	8	99.84	37.57	1.228×10^5	0.9114	27.64	5.958×10^4	0.9569
SNV	7	99.74	34.20	1.018×10^5	0.9253	27.66	6.045×10^4	0.9563

Press Val：クロスバリデーションセットに基づく予測残差平方和，r Val：クロスバリデーションセットに基づく予測値および測定値に関連する線形相関係数，SEC：トレーニングセットで予測した場合の検量線の予測値の標準偏差（standard error of calibration），Press Cal：トレーニングセットに基づく予測残差平方和（prediction residual error sum of squares），r Cal：トレーニングセットに基づく予測値および測定値に関連する線形相関係数．

第5章 近赤外分光法の応用

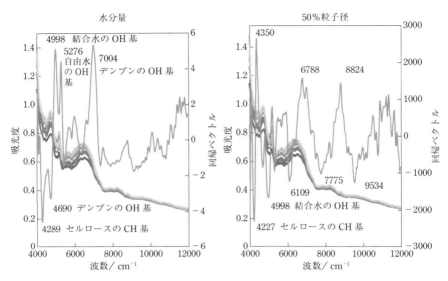

図 5.6.4 水分量と 50％粒子径を予測する検量モデルの回帰プロット

図 5.6.4 に流動層中での造粒工程の近赤外スペクトルの変化と回帰プロットの関係を示した．水分量を予測する検量モデルの回帰プロットは，OH 基に関係する 4998 cm^{-1}，5276 cm^{-1}，7004 cm^{-1}，11500 cm^{-1} にピークを示すことから，水分量の予測が OH 基のピークに由来することがわかる．

一方，50％粒子径に関係する回帰プロットは，NH 基に関与する 4350 cm^{-1}，6788 cm^{-1} が正のピーク，CH 基に関与する 4227 cm^{-1}，6109 cm^{-1}，7775 cm^{-1}，9534 cm^{-1} に特徴的なピークを示した．一般に，顆粒粒子径の検量モデルは，筆者らが報告[10]しているように粒子の増大に基づく光拡散などの物理的な情報に由来する．しかし，流動層造粒中の粒子径測定では，水分含有時と脱水時の両過程にまたがって粒子径を測定することから，光散乱と粒子径の間には単純な関係が成立しなかった．今回の結果から顆粒粒子径の増加は原薬 AC の NH 基と結合剤 HPC の CH 基の吸収に関連する情報に依存しており，顆粒中の粉末粒子間の複雑な光反射・吸収機構により顆粒粒子径測定の回帰プロットが成立しているものと考察される．

これらの顆粒含水量と 50％粒子径を予測する検量モデルを用いて実際の流動層顆粒造粒装置を用いて異なる結合剤含有溶液の濃度が水分量変化と顆粒粒子径変化に与える影響を検討したところ，各結合剤溶液濃度の試験で，顆粒中の実測した水分量と顆粒粒子径は，図 5.6.5 に示したように，それぞれ予測値とよく一致した．

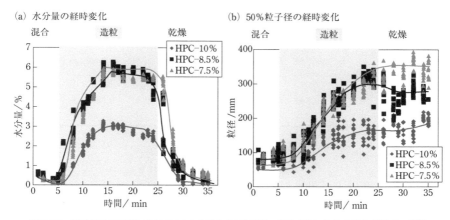

図 5.6.5 流動層造粒工程における(a)水分量と(b)粒子径の経時変化に与える結合剤濃度の影響

これらの結果から，異なる水分量のHPC溶液による流動層造粒中の顆粒粒子径は，水分量に比例して増加することが示された．噴霧する結合剤の水分量を調節することにより粒子径を制御することができることから，噴霧する結合剤の水分量が，流動層造粒工程の品質管理のキーパラメータであることを近赤外分光法により実証できた．

5.6.3 ■ 顆粒の製造過程における水和物転移のモニタリング[12]

テオフィリン（TA）は，造粒工程において水和物への結晶転移を生じ，医薬品の製剤特性を変動させ，生物学的利用能に影響を与える可能性があることが知られている．Rantanenら[13]は，医薬品の湿式造粒中の水和物形成は，混合速度や水和物の種結晶の添加が影響することをインラインの近赤外分光法および多変量解析により報告している．造粒工程でのTA無水物から水和物への転移現象は，TA錠剤の品質に大きな影響を与えることが予測されるため，造粒環境温度の変化により製剤処方粉末中の結晶多形転移を制御する目的で，筆者らは処方粉体を撹拌造粒機により異なる造粒温度で練合・造粒し，その造粒工程をインライン近赤外分光法によりモニタリングした．試料としては，50% TA, 31.5%噴霧 LA, 13.5% CE, 5.0% HPCを含む打錠用顆粒処方を用いた．標準TA無水物と一水和物を混合して5種類の既知水和物含有量処方標準試料を調製し，また一定量の水分を処方粉末に添加して全水分量既知処方標準試料を調製した．それぞれの標準試料を撹拌造粒装置で撹拌して近赤外スペクトルを測定し，既知量を目的変数としてPLS解析して，全

表 5.6.3 全水分量と水和物転移量を予測する検量モデルの PLS 解析結果

THM	主成分数	累積分散 (%)	SEV (%)	Press Val	r Val	SEC (%)	Press Cal	r Cal
non	3	96.01	9.460	4.474×10^3	0.9680	8.738	3.512×10^3	0.9749
nor	3	86.25	6.596	2.175×10^3	0.9845	5.923	1.614×10^3	0.9886
2nd	3	93.27	3.319	5.509×10^2	0.9961	3.073	4.345×10^2	0.9969 *

Wa	主成分数	累積分散 (%)	SEV (mg/4 g)	Press Val	r Val	SEC (mg/4 g)	Press Cal	r Cal
non	3	92.99	44.50	1.426×10^5	0.9794	43.24	1.272×10^5	0.9817
nor	3	89.60	41.72	1.253×10^5	0.9819	37.30	9.463×10^4	0.9864
2nd	3	90.76	35.04	8.839×10^4	0.9873	33.10	7.450×10^4	0.9893 *

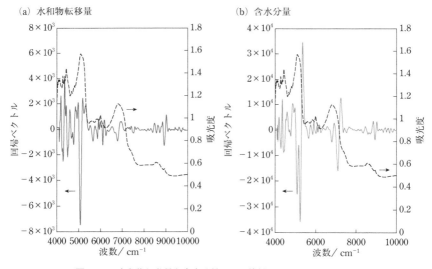

図 5.6.6 水和物転移量と全水分量の予測検量モデルの回帰プロット

水分量と水和物転移量の検量モデルをそれぞれ構築した．**表 5.6.3** に前処理した全水分量と水和物転移量の検量モデルの PLS 解析結果を示す．全水分量と水和物転移量の評価のための検量モデルは，ともに二次微分処理したものが線形性がもっとも高いという結果となった．**図 5.6.6** に二次微分したスペクトルから求めた全水分量と水和物転移量を評価する検量モデルの回帰プロットを示した．全水分量評価の

検量モデルは 5160 cm^{-1} に自由水の OH 基伸縮振動に基づく吸収と 5075 cm^{-1} に結晶水の OH 基伸縮振動に基づく吸収を示したが,水和物転移量評価の検量モデルは,結晶水のみに基づく 5068 cm^{-1} の吸収を示した.この結果から,得られた全水分量の検量モデルは,自由水と結晶水の化学情報に基づいていることが示された.また,水和物転移量の検量モデルは,結晶水を含む化学情報により構築されていることが示された.

TA 錠剤処方粉末,全量 4 g の処方粉体を微小撹拌造粒機により各温度(27℃,40℃,50℃)において,精製水を 60 µL/min で 10 分間滴下しながら 500 rpm で練合し造粒した後,70℃ で乾燥し,試料錠剤を同一条件で圧縮成形し,錠剤を調製した.これらの顆粒剤の造粒過程を連続的に近赤外分光法によりモニタリングし,前出の全水分量と水和物転移量の検量モデルにより全水分量と結晶水分量の推移を解析した.

図 5.6.7 に 25℃ における練合工程をインライン近赤外モニタリングした結果を示した.練合水の添加量増加に従い,5160 cm^{-1} の吸収が増加した.添加終了後,1 水和物への転移に従い 5070 cm^{-1} の結晶水に基づく吸収が増加した.一方,50℃ における練合過程では,5070 cm^{-1} の結晶水に基づく吸収が認められず,練合水量の添加に従い 5160 cm^{-1} の吸収が増加し,その後,減少した.40℃ においては,27℃ と 50℃ の中間的な変化を示した.近赤外スペクトルについて前項で示した最適検量モデルにより全水分量と結晶水量(TA 1 水和物量)を評価した.この結果

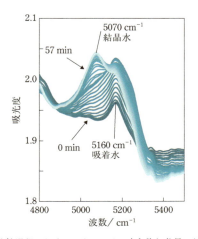

図 5.6.7　撹拌造粒過程におけるテオフィリン水和物転移量の経時変化(27℃)

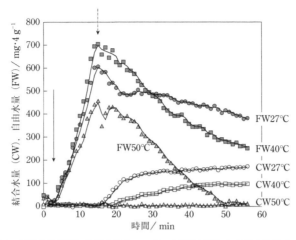

図 5.6.8 撹拌造粒過程におけるテオフィリン水和物転移に与える造粒温度の影響

から，全水分量から結晶水量を差し引き，製剤処方粉末中の自由水量を求めた．27℃，40℃，50℃における製剤処方中の自由水量と結晶水量の経時的変化を**図 5.6.8**に示す．27℃では，自由水量が増加した後，100％のTAが水和物へ転移したが，自由水も十分に存在し，顆粒の結合の役割を果たしていることを示した．50℃での造粒における製剤処方中では，水和物への転移が認められず，添加した結合水中の水分は加熱により蒸発し，減少した．40℃では，自由水量が増加した後，57％のTAが水和物結晶に転移し，結合水量が不足した．造粒工程中に水和物結晶へ転移したTAは，乾燥過程で再びTA無水物に転移する時に微粉末化が起こることから，原末製剤特性は，造粒工程中に水和物へ転移した量に依存して製剤物性が変化させることが知られている．このため，調製された顆粒中の原料TA粉末の微粉化による顆粒表面積の増大は 40℃ > 27℃ > 50℃ となり，調製された顆粒剤の製剤特性は，造粒温度により著しく異なった．製剤処方粉末中の原末の微粉化は処方粉末全体の濡れ特性の変化を引き起こし，錠剤の崩壊時間は 40℃ > 27℃ > 50℃ となり，錠剤の50％溶出時間も同じ順序になった．すなわち，顆粒造粒工程の温度を制御することができれば，TAが水和物へ転移する履歴や転移量を制御して，製剤特性をコントロールされた製剤が調製することが可能である．

TAのように医薬品製造工程において結晶転移が発生する医薬品の製剤特性は，その結晶転移の程度が，最終製品である錠剤の製剤特性に大きな影響を与えること

から，造粒中の原薬の結晶形の安定性が製剤の品質のキーパラメータであることが示された．このように，医薬品製造工程を近赤外分光法などの非破壊・非接触な方法で，リアルタイムにモニタリングすることは，医薬品の品質を高く保つために重要である．

文　献

1) 医薬品及び医薬部外品の製造管理及び品質管理規則（平成6年1月27日厚生省令第3号）
2) 小嶋茂雄，特集第十四改正日本薬局方の改正点／医薬品各条の改正点／新収載医薬品（抗生物質医薬品，生物薬品および生薬を除く），薬局，**52**, 1588（2001）
3) FDA ホームページ内 Process Analytical Technology(PAT) Initiative（2004）: http://www.fda.gov/cder/OPS/PAT.htm
4) 水田泰一，西山昌慶，*Pharm Tech Japan*, **18**, 1771（2002）
5) 小嶋茂雄，檜山行雄，寺下敬次郎，柳原義彦，*Pharm Tech Japan*, **19**, 1471（2003）
6) H. Tanabe, K. Otsuka, and M. Otsuka, *Anal. Sci.*, **23**, 857（2007）
7) M. Otsuka, H. Tanabe, K. Osaki, K. Otsuka, and Y. Ozaki, *J. Pharm. Sci.*, **96**, 788（2007）
8) M. Otsuka, *Powder Tech.*, **141**, 244（2004）
9) K. H. Norris and P. C. Williams, *Cereal Chem.*, **61**, 158（1984）
10) M. Otsuka, A. Koyama, and Y. Hattori, *RSC Advanced*, **4**, 17461（2014）.
11) R. Kona, H. Qu, R. Mattes, B. Jancsik, R. M. Fahmy, and S. W. Hoag, *Int. J. Pharmaceutics*, **452**, 63（2013）
12) M. Otsuka, Y. Kanai, and Y. Hattori, *J. Pharm. Sci.*, **103**, 2924（2014）
13) J. Rantane, A. Jørgensen, E. Räsänen, P. Luukkonen, S. Airaksinen, J. Raiman, K. Hänninen, O. Antikainen, and J. Yliruusi, *AAPS PharmSciTech*, **2**, 21（2001）

5.7 ■ 医学への応用

生体をサンプルとする場合,紫外光は DNA やタンパク質などに,可視光はヘモグロビンに,赤外光は水に強く吸収されてしまうため,体内には到達しない.したがって,これらの光のスペクトル情報から体内の情報を取り出すことは難しい.一方,近赤外光は水やヘモグロビンに強く吸収されることはないため体内を透過しやすく,散乱も紫外光や可視光より少ない.したがって,近赤外スペクトルから多くの生体内部の情報を取り出すことができる.なかでも,650 nm から 1100 nm の「生体の窓」と呼ばれる領域がもっとも非侵襲測定に適している(図 5.7.1).一般に近赤外域での分子の吸収は,水素原子を含む CH,OH,NH などの原子団の伸縮・変角振動による吸収の倍音や結合音に起因するため,吸収ピークがブロードになる.しかし,酸素化/脱酸素化ヘモグロビン,酸化型シトクロム c オキシダーゼ,酸素化/脱酸素化ミオグロビンについては近赤外領域に独特の吸収スペクトルをもっている(図 5.7.2).また,これらの物質は組織内の酸素濃度により吸収特性が変化するため,生体内の酸素指示物質としても機能している.

1977 年に Duke 大学の Jöbsis が近赤外分光法により酸素化ヘモグロビンと脱酸素化ヘモグロビンの変化を測定することで,組織の酸素化状態を非侵襲的に測定できると報告して以来,組織の酸素モニターに近赤外分光法が用いられるようになった[1]).この方法の対象としてもっとも活発に研究されているのが,脳機能である.近年,老化,アルツハイマー病,がん,慢性疲労症候群,皮膚の状態,糖尿病,て

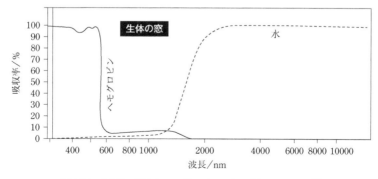

図 5.7.1 「生体の窓」とヘモグロビンや水の吸収スペクトル[70])

んかんなどの幅広い臨床分野で近赤外分光法を使った研究が試みられるようになった（**表 5.7.1**）．多くは酸素化/脱酸素化ヘモグロビンを指標にしたものである．同様の原理を用いたものに動脈血酸素飽和度を測定するパルスオキシメーターがある[2]．また，酸素化/脱酸素化ヘモグロビンの他に酸素化/脱酸素化ミオグロビン

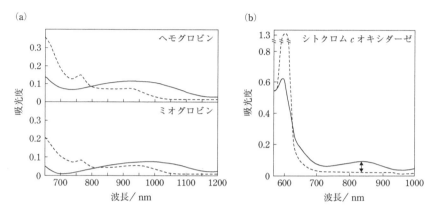

図 5.7.2 ヘモグロビン，ミオグロビン，シトクロム c オキシダーゼの近赤外スペクトル[71]
(a)酸素化型（実線）と脱酸素化型（点線）のヘモグロビンとミオグロビンの吸収スペクトル，(b)酸化型（実線）と還元型（点線）の精製シトクロム c オキシダーゼの吸収スペクトル

表 5.7.1 近赤外分光法で非侵襲解析された代表的な疾患

疾患名	測定部位	分子	波長/nm	アルゴリズム	文献
代謝性筋疾患	腓腹筋	酸素化ヘモグロビン，脱酸素化ヘモグロビン	760, 850	未使用	5
フリードライヒ運動失調症	腓腹筋	酸素化ヘモグロビン，脱酸素化ヘモグロビン	760, 850	未使用	7
皮膚がん	皮膚	未同定	400〜2500	LDA, Paired t test, Repeated measures analysis of variance	42
II 型糖尿病	腓腹筋	酸素化ヘモグロビン，脱酸素化ヘモグロビン	733, 809	未使用	47
I 型糖尿病	指	未同定	600〜1300	PLS, PCR	48
I 型糖尿病	親指	未同定	400〜1700	PLS	49
MELAS and MERRF 症候群	腓腹筋	酸素化ヘモグロビン，脱酸素化ヘモグロビン	760, 850	未使用	50

（つづく）

表 5.7.1 近赤外分光法で非侵襲解析された代表的な疾患（つづき）

疾患名	測定部位	分子	波長/nm	アルゴリズム	文献
心弁膜症	額	酸素化ヘモグロビン，脱酸素化ヘモグロビン	775, 810, 850, 910	未使用	51
アテローム硬化性閉塞症	ふくらはぎ	酸素化ヘモグロビン，脱酸素化ヘモグロビン	700, 750, 830	未使用	52
アルツハイマー病	額	酸素化ヘモグロビン，脱酸素化ヘモグロビン	775, 825, 850, 904	未使用	53
加齢	額	酸素化ヘモグロビン，脱酸素化ヘモグロビン	775, 825, 850, 904	未使用	54
色素性皮膚	皮膚	未同定	400〜2500	PCA	55
てんかん	額	酸素化ヘモグロビン，脱酸素化ヘモグロビン	780, 830	未使用	56
てんかん	額	酸素化ヘモグロビン，脱酸素化ヘモグロビン	730, 810	未使用	57
乳がん	乳房	未同定	625〜1050	PCA	58
慢性疲労症候群	腓腹筋	酸素化ヘモグロビン，脱酸素化ヘモグロビン	760, 850	未使用	59
慢性疲労症候群	額	酸素化ヘモグロビン，脱酸素化ヘモグロビン	780, 805, 830	未使用	60
慢性疲労症候群	足	酸素化ヘモグロビン，脱酸素化ヘモグロビン	760, 850	未使用	61
慢性疲労症候群	指	酸素化ヘモグロビン，脱酸素化ヘモグロビン，シトクロム c オキシダーゼ	605, 620, 694, 780, 830	未使用	62
慢性疲労症候群	指	未同定	600〜1100	PCA and SIMCA	63
胆道閉鎖症	糞便	ビリルビン，脂肪	600-2500	least squares regression analysis	64
統合失調症	額	酸素化ヘモグロビン，脱酸素化ヘモグロビン	780, 805, 830	未使用	65
肺疾患	額	酸素化ヘモグロビン，脱酸素化ヘモグロビン	775, 810, 850, 910	未使用	66

LDA: linear discriminant analysis, MELAS: myopathy, encephalopathy, lactic acidosis, and stroke-like episodes, MERRF: myoclonic epilepsy with ragged red fibers, PCA: principal component analysis, PCR: principal component regression analysis, PLS: partial least squares regression analysis, SIMCA: soft modeling of class analogy. ここにあげている以外にも多数報告あり．

を利用した骨格筋中の酸素飽和度の計測も可能である．酸素消費や血管拡張の異常はさまざまな機能悪化をもたらすため，近赤外分光法でこれらの異常を検出することで，鬱血性心不全（CHF）[3]，慢性閉塞性肺疾患（COPD）[4]，シトクロム c オキシ

ダーゼ欠損[5]，代謝性ミオパシー[6]，フリードライヒ（Friedreich）失調症[7]，ミトコンドリアミオパシー[8]などの神経筋疾患や末梢動脈疾患（peripheral arterial disease，PAD）[9]および脊椎損傷[10]および末期腎不全（ESRD）[11]の鑑別や病態解析を行った研究報告がある．以下では，近赤外分光法の医学領域への適用例を紹介するとともに，その難しさやデータ解釈時の注意点などについて述べる．

5.7.1 ■ 脳機能解析

脳機能解析法には，近赤外分光法の他にPET（positron emission tomography），SPECT（single photon emission tomography），EEG（electro encephalography，脳波検査），MEG（Magneto encephalography，脳磁図），fMRI（functional MRI）などがある．近赤外分光法ではPET，SPECT，fMRIと同様に脳血流量を指標に脳機能を計測する．したがって，神経活動を指標とするEGGやMEGとは観察しているものが異なる．PET，SPECT，fMRIなどの画像診断装置では被験者が動かないように拘束しなければならず[12]，またEEGやMEGなどの脳波診断においては信号が非常に微弱であり，身体を動かすことで発生する筋肉による信号もノイズとなるため，身体のどこかを動かすタスクを行っている間の計測は難しい．一方，近赤外分光法の場合，トレッドミル上の歩行など，動く作業をしながらの計測も可能であるというメリットがある[13]．さらに，近赤外分光法は，放射線や高磁場などの影響がまったくなく，大がかりな設備を要しないため比較的安価である．

脳の神経活動があるとその部分の血流が増加する．脳の神経活動による酸素消費を上回るレベルで血流増加が起こるため，酸素は余剰になり，酸素化ヘモグロビンが増加し，脱酸素化ヘモグロビンが軽く減少する．近赤外分光法では酸素化ヘモグロビンと脱酸素化ヘモグロビンの変化をモニターすることで脳血流量変化を把握し，これを指標に神経活動の推定がなされている[14]．このように神経活動の活性化と脳血流量の増加にはタイムラグがあるため，時間的関係を解析する際には注意をしなければならない[15]．一般に，局所的変化はタスク開始直後からみることができるが，ピークに達しプラトー（停滞状態）となるのは5〜10秒後である．

近赤外光は皮膚や骨を透過しながら散乱され（図5.7.3），一部の散乱光は脳組織を通過した後，照射側に戻ってくる．照射点から離れた地点に戻る光は深部を通った光である．一般に測定対象から30 mm離れた点で計測すると約20 mmの深部を通ってきた成分が計測されると考えられている．したがって，反射法で計測できるのは大脳皮質の情報に限られる．照射部から受光部までの光路長が不明であること

第 5 章　近赤外分光法の応用

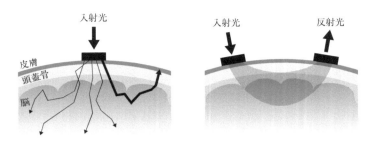

図 5.7.3　頭部への近赤外光の入射と反射[72]
(a)近赤外光は頭部への入射後，さまざまな方向に散乱し，一部の光は反射して戻ってくる．
(b)出光部で検出される光を計測することで，入光部と出光部を結ぶ近赤外光が通過する領域のすべての組織の酸素代謝が解析できる．

や皮膚や頭蓋骨は個人差が大きいこと，および散乱係数が不明であることから，得られる酸素化/脱酸素化ヘモグロビンの値は相対値であり絶対値ではないことに注意しなければならない．一方，一般的な連続光ではなく，パルス光や変調光を利用する時間分解分光法[16,17]や位相変調分光法[18]であれば，光路長については計測可能であり，そのような方法での絶対値計測の研究が多くなされている．

　日本では近赤外分光法を用いた脳機能解析装置は日立メディコ，浜松ホトニクス，島津製作所から購入可能であり，光トポグラフ装置（日立メディコ），マルチファイバーアダプタシステム（浜松ホトニクス），近赤外イメージング装置あるいは functional NIRS (fNIRS)（島津製作所）というように，それぞれ異なった名称で呼ばれている．これらの脳機能解析に特化した近赤外分光装置は大きく分けて二つの方法で結果を表示する．一つは測定位置の酸素化ヘモグロビンと脱酸素化ヘモグロビンの信号の経時変化を表示するもの，もう一つは測定位置において両方の信号を同時計測した値をカラーで表示するものである．初期状態からの酸素化/脱酸素化ヘモグロビン量の増加を赤，減少を青で表示することが多い．

　もっともよく用いられているのは 830 nm と 780 nm の 2 波長を用いるものであり，780 nm，805 nm，830 nm の 3 波長（島津製作所社製 OMM-3000/FOIRE-3000）や 695 nm，830 nm の 2 波長（日立メディコ社製 ETG-7100/4000），775 nm，810 nm，850 nm（浜松ホトニクス社製 NIRO-200）を使用するものもある．照射と受光のペアを互い違いに等間隔で多数配置したヘッドギアを頭に取り付けることで，脳の活動部位を解析する（**図 5.7.4**）．髪の毛は光路を妨げるため，頭皮に直接照射部と受光部を密着させる必要がある．なお，脳機能解析で用いられる近赤外光の強さ

図 5.7.4 脳機能解析に用いられる近赤外分光装置（日立メディコ社製 ETG-7100）[73]
(a)脳機能解析測定用頭部ホルダー，(b)光ファイバー先端部の形状（最適な圧力になるようにバネがついている）．

（3 mW 以下）では生体内部の温度上昇はほとんど無視できるレベルであり（2 mW で 0.2℃ 以下）[19]，脳においても自然光を浴びた際の 2〜3% 以下であり，非常に弱く安全であると考えられている[20]．

近年になり，近赤外分光法は非侵襲的に利用できる臨床検査法の一つとしての重要性も増している．現在，統合失調症やうつ病などの精神疾患は世界保健機構（WHO）による国際疾患分類（ICD-10）や，米国精神医学会による統計的診断マニュアル（DSM-IV）に記載されている臨床症状を指標にした分類をもとに診断が行われている．これらの指標は改定が頻繁に行われており，そのたびにより客観的に診断ができるように努力がなされている．しかし，幻覚や妄想といった症状を医師が問診を通じて判断することには変わりなく，主観が入りこむ余地のある形になってしまっている．そこで，客観的な診断法の開発が求められていた．そのようななか，脳神経外科領域の保険収載検査や精神科領域での先進医療検査として「光トポグラフィー検査」が利用できるようになった．特に，ICP-10 での統合失調症圏（F2）や気分障害圏（F3）によるうつ症状の鑑別診断の際の補助検査法として認められている．例えば，言語流暢性課題（前頭前野の機能（特に実行機能）を回答に要するタスク）を与えた際の光トポグラフィー検査時の信号の時間的変化を指標に臨床診断結果と比較すると，大うつ病性障害 74.6%，双極性障害もしくは統合失調症のうち 85.5% を鑑別することができたと報告されている（**図 5.7.5**）[21,22]．

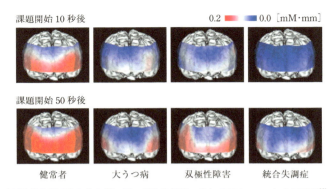

図 5.7.5 言語流暢性課題を与えた際の脳の活性化領域の光トポグラフィーによる計測[22]
健常者，大うつ病性障害患者，双極性障害患者，統合失調症患者の比較．赤色の部分は酸素化ヘモグロビンが増加している領域．言語流暢性課題とは，ひらがなで頭文字1つ（例えば「あ」「か」「さ」「た」「な」など）の付く言葉や，あるカテゴリーにあてはまる言葉（例えば「食べ物」「動物」など）をできるだけ多く答えさせる課題のこと．

5.7.2 ■ 臨床検査への応用

　何らかの症状を訴えて病院に来た患者に対して，医師はどのような疾患であるのか診断をして，それをもとに治療を行う．診断を行うには根拠となる情報が必要であるが，疾患の種類によっては患者の話を聞いて診断を行う「問診」のみで診断がなされる場合もある．より客観的に診断を行うためには科学的データが必要であり，それを行う作業が「臨床検査」である．「診断」は医師しかできないが，「臨床検査」は医師以外にも臨床検査技師などの医療従事者が行うことができる．健康診断で行われる血液検査がその代表例である．血液検査は，酵素反応による比色定量や抗原抗体反応などの生化学測定を利用したものがほとんどであるが，生化学測定には，抗体や酵素などの高価な試薬が必要である．一方，近赤外分光法では試薬を必要とせず，さらに1つのスペクトルから多成分を同時に解析することも可能であるため，迅速かつ安価に測定が行える．また，通常の生化学測定では多くのステップを経て測定が行われるため，近赤外分光法の利用により血液サンプルの処理過程が少なくなることで，感染や汚染のリスクが低下することも期待される．

　生活習慣と社会環境のめまぐるしい変化にともない，糖尿病患者数は急速に増加し続けている．2013年11月に発表された「糖尿病アトラス 第6版」によると世界の糖尿病有病者数は2013年現在で3億8200万人（有病率8.3％）であり，有効な

対策を施さないと，2030年までに5億9200万に増加すると予測されている[23]．なお，我が国の現在の成人糖尿病人口は720万人で，世界10位となっている．

糖尿病の治療では食事と運動療法の他にインスリンや血糖降下薬による血糖のコントロールが行われる．その際，患者自身が血糖を把握するため，指先などに針を刺して血液を採取して専用器具で測定する．頻繁に刺針を行うことは苦痛であり，感染の危険性も増加する．そのため，非侵襲で血糖をモニターできる方法が求められており，近赤外分光法による非侵襲的な血中グルコース測定が数多く試みられている．

近赤外スペクトルの非侵襲測定には，スペクトルの取得法の工夫が必要である．グルコース負荷を行った被験者の下唇[24,25]や前腕[26]の近赤外スペクトルを利用して被験者ごとにPLS（partial least squares）モデルを作成し，それをもとに血中グルコース量変化をモニターすることにより，グルコース量の相対変化を計測することに成功している（図5.7.6）．しかし，皮膚，皮下脂肪，血流，有効光路長などによる個人差が大きいため，1つの多変量解析モデルにより絶対値で表示することが難しい．このため，適切な測定部位の選択[27]や多変量解析に用いる前の原スペクトルの前処理[28]，および血液の脈動を考慮したスペクトル取得・解析法（パルスグルコース測定法）[29]などの開発が進められている．

また，多くの研究グループにより，血清や血漿など血液由来サンプルの近赤外スペクトルの多変量解析による臨床検査数値予測が試みられており[30～32]，アルブミン[31]，コレステロール[31]，グロブリン[31]，グルコース[31]，タンパク質[31]，尿素[31]，ウイルス[33]，乳酸[31]，トリグリセリド（中性脂肪）[31,32]などが近赤外分光法によって測定できると報告されている．Hazenらの研究[31]では，242個のヒト血清を用い，2000 nmから2500 nmの近赤外スペクトルを取得したところ，総タンパク，アルブミン，グロブリン，トリグリセリド，コレステロール，尿素，グルコース，乳酸について，良好なPLSモデルを作成できたと報告している（図5.7.7）．50個のヒト血清からのブラインド状態での測定後にPLSモデルに代入して既存の方法により得られた数値との比較を行った結果，全体的な値の上昇がわずかに確認されたが，概して既存の方法との相関はとれていた．

一方，血液以外にも臨床検査に用いられる体液として，尿[34]，羊水[35]，関節滑液[36]についての研究例が報告されている．尿を用いた研究[34]では，123個の尿サンプルから近赤外スペクトルを取得し作成したモデルに，モデル作成時に含めなかった50サンプルのスペクトルを代入すると，尿素は既存の方法である生化学測

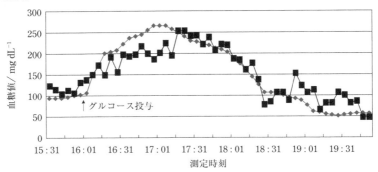

図 5.7.6 前腕から取得した近赤外スペクトルを利用した PLS モデルからの予測血糖値（■）と採取した血液を用いた血糖値測定器による値（◆）[26]

定（ウレアーゼアッセイ）と同等の精度であったが，クレアチニンとタンパク質については既存の生化学測定（ヤッフェレート（Jaffé rate）法などの比色定量法）よりも劣る精度となった．

また，組織についても乳房[37]，子宮頸部細胞[38]，前立腺組織[39]，脳組織[40]，皮膚組織[41] が研究されている．悪性腫瘍は成長にともない，周囲に微小血管が新生されるため，血液量や酸素飽和度および水分量などに変化がみられる．例えば，乳房では悪性腫瘍が正常組織よりもヘモグロビン濃度が高く，血液酸素飽和度が低いため，近赤外分光法を用いた乳がんの検出が可能であり[37]，近赤外マンモグラフィーの実用化が進められている．また，前立腺がん細胞では正常組織よりも水分含量が少ないため，水の OH 基に由来するピークである 980, 1195, 1444, 1930 nm の吸

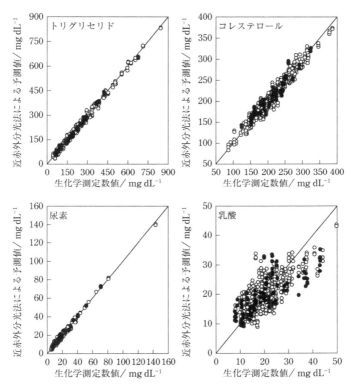

図 5.7.7 ヒト血清から取得した近赤外スペクトルを利用した PLS モデルにおけるモデル作成に用いたスペクトルの値（キャリブレーション）（○）とモデル作成に用いなかったスペクトルの予測値（●）[31]

収が低くなり，これを利用した診断が行える[39]．一方，神経膠芽腫では血液量と酸素飽和度が共に高く，これを指標に患者の病状が把握できる[40]．

以下では，これらの報告を含めた近赤外分光法によるさまざまな結果を近赤外分光法と測定原理が似ている赤外分光法と比較する．比較的多くのサンプル数が解析されている報告をもとに精度を比較すると，トリグリセリドや尿素は近赤外分光法の方が適しているようである（**表 5.7.2**）．筆者も 45 名の血清の可視・近赤外スペクトル（600〜1100 nm）を取得し，合計 13 項目の臨床検査数値（アスパラギン酸アミノトランスフェラーゼ（AST），ALT アラニンアミノトランスフェラーゼ（ALT），γ-グルタミルトランスペプチダーゼ（γ-GTP），クレアチンホスホキナーゼ（CPK），乳酸脱水素酵素（LDH），C 反応性タンパク（CRP），トリグリセリド，

表 5.7.2 近赤外分光法と赤外分光法で血清を測定した場合の予測精度の比較（単位 mg dL^{-1}）

	近赤外分光法（透過測定）	赤外分光法（血清乾燥フィルム測定）	
	Hazen et al.[31]	Shaw et al.[34]	Petrich et al.[68]
サンプル数	40	82〜103	24
総タンパク質	230	310	—
グルコース	23.3	27	16
尿素	1.3	7.2	—
総コレステロール	12.1	11.2	15
トリグリセリド	10.4	23.6	13

総コレステロール，尿酸，尿素窒素，クレアチニン，グルコース，ヘモグロビンA1c（HbA1c））のPLSモデル作成と44名のスペクトルのバリデーションによる精度確認を行った結果，トリグリセリドがもっとも良好な結果を得た[32]．したがって，物質によっては近赤外分光法が得意とするものがあるようである．一方で，逆に不得意とするものもある．例えば，187個の血清を用いてHDL（high-density lipoprotein）やLDL（low-density lipoprotein）コレステロールおよび総コレステロールを近赤外分光法で定量解析した研究[41]では，LDLコレステロールや総コレステロールでは良好なPLSモデルが作成できたが，HDLコレステロールではまったく検量線モデルが作成できなかったと報告されている．

上記のように，近赤外分光法と多変量解析を用い，生体内の成分を定性もしくは定量分析した研究が多くみられるが，生体のように無数の成分が存在し，それらが相互作用しているサンプルを対象とした場合，近赤外スペクトルのピークの帰属は非常に困難であり，得られたピークのほとんどは帰属できていない．また，相互作用する物質はそれぞれのピークに影響を与える．例えば，生体物質はほとんど水と相互作用するため，水の吸収スペクトルに影響を与える．これは，温度変化などの物理的な影響でも起こりうる．したがって，多変量解析で目的とする物質の濃度に依存して変化するピークを見つけた場合も，そのピークは目的物質自体の吸収によるものかはわからないことに注意しなければならない．さらには，物質を加えた際に変化するピークも，その物質自身の吸収に基づくピークである可能性以外に他の物質との相互作用により出現したピークである可能性もあることに注意なければならない．このことは同時に，ある生体環境中で特定波長に観察されたピークが他の生体環境中では検出されない可能性があることを意味する．例えば，近赤外スペクトルを用いて血清中のグルコースの定量を行うPLSモデルを作成した場合，その

予測モデルに血漿のスペクトルを代入しても，正しい値を得ることができないだけでなく，場合によってはアウトライヤー（異常値）となることが知られている[30]．もちろん，血液を用いて作成した多変量解析モデルに体表から非侵襲測定したスペクトルを代入しても同様にうまくいかない．

5.7.3 ■ おわりに

近赤外分光法は試薬を用いなくても解析できることがメリットの一つであるが，試薬を用いるとより効果的に解析が可能になる．近赤外光で励起されて近赤外蛍光を発する蛍光プローブとしてインドシアニングリーン（ICG）や量子ドット，金ナノクラスター，セラミックスナノ粒子などが近年利用できるようになり，CCDやCMOSなどの二次元検出器が比較的容易に入手可能になったこととあいまって，近赤外 in vivo イメージングの研究は盛んになっている．現在のところ，アレルギー反応などの副作用の頻度が低く生体に対する毒性が低い近赤外蛍光プローブはICGに限られており，臨床で用いられているのはICGのみである．静脈血にICGを投与すると，乳がん，肝細胞がん，悪性腫瘍，膵臓がん，胆管がんなどの腫瘍にICGが貯留する（図 5.7.8）．そのため，手術中に用いると患部が同定しやすくなる[43]．しかし，ICGは発光収率が低く蛍光が弱いため2 cm程度の深部までしか可視化で

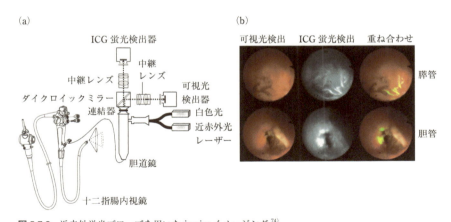

図 5.7.8　近赤外蛍光プローブを用いた in vivo イメージング[74]
　　　　（a）十二指腸内視鏡と近赤外光レーザーや近赤外蛍光プローブICG（インドシアングリーン）検出部を備えた胆道鏡をつないだ装置で観察した．（b）膵管と胆管の腫瘍と思われる部分にICG蛍光が強くみられた．膵管はバイオプシーの組織染色で膵管内乳頭粘液性腫瘍と確認された．胆管はバイオプシーの組織染色では炎症のみ観察されたが，その後の経過から悪性腫瘍と診断された．

きない[44]. さらに深部を可視化するために安全で蛍光収率の高い蛍光プローブが求められている. ICGのように腫瘍に集積する蛍光プローブの他に, 抗体を修飾するなどした蛍光プローブを用いることで, さまざまな生体物質が深部に局在する様子を解析できるようになるものと考えられる.

近赤外光の透過性の高さは, 診断だけでなく治療にも応用できるものと考えられ, 最近になり, がんの治療に関する研究が報告されるようになった. 抗悪性腫瘍薬のドキソルビシンをカプセルと金ナノロッドで包むことで, 近赤外光レーザー（808 nm）が当たると抗がん剤が放出されるように設計したり[45], ポリエチレングリコールを結合させた三酸化タングステンナノ粒子が近赤外光レーザー（980 nm）照射により熱を発する性質を利用してがん細胞を破壊できることが細胞レベルと個体レベルで示されている[46].

以上のように, 医学分野への近赤外分光法の利用範囲は広がっている. 精神科領域の臨床現場において光トポグラフィーがすでに普及しつつあるように, 近赤外分光法が求められる用途はこれからも数多く見つかるであろう. そして, 将来は医学分野において必要不可欠な技術となっていくものと期待される.

文 献

1) F. F. Jobsis, *Science*, **198**, 1264（1977）
2) I. Yoshiya, Y. Shimada, and K. Tanaka, *Med. Biol. Eng. Comput.*, **18**, 27（1980）
3) S. Watanabe, C. Ishii, N. Takeyasu, R. Ajisaka, H. Nishina, T. Morimoto, K. Sakamoto, K. Eda, M. Ishiyama, T. Saito, H. Aihara, E. Arai, M. Toyama, Y. Shintomi, and I. Yamaguchi, *Circ. J.*, **69**, 802（2005）
4) L. Puente-Maestu, T. Tena, C. Trascasa, J. Perez-Parra, R. Godoy, M. J. Garcia, and W. W. Stringer, *Eur. J. Appl. Physiol.*, **88**, 580（2003）
5) W. Bank and B. Chance, *Ann. Neurol.*, **36**, 830（1994）
6) B. Grassi, S. Porcelli, M. Marzorati, F. Lanfranconi, P. Vago, C. Marconi, and L. Morandi, *Med. Sci. Sports Exerc.*, **41**, 2120（2009）
7) D. R. Lynch, G. Lech, J. M. Farmer, L. J. Balcer, W. Bank, B. Chance, and R. B. Wilson, *Muscle Nerve*, **25**, 664（2002）
8) B. Grassi, M. Marzorati, F. Lanfranconi, A. Ferri, M. Longaretti, A. Stucchi, P. Vago, C. Marconi, and L. Morandi, *Muscle Nerve*, **35**, 510（2007）
9) E. R. Mohler, 3rd, G. Lech, G. E. Supple, H. Wang, and B. Chance, *Diabetes Care*, **29**,

1856 (2006)
10) R. M. Crameri, P. Cooper, P. J. Sinclair, G. Bryant, and A. Weston, *Muscle Nerve*, **29**, 104 (2004)
11) N. Matsumoto, S. Ichimura, T. Hamaoka, T. Osada, M. Hattori, and S. Miyakawa, *Am. J. Kidney Dis.*, **48**, 473 (2006)
12) 志村孚城，近赤外分光法による前頭前野計測—認知症の早期発見とリハビリテーション方法の評価，コロナ社（2009），第2章　近赤外分光法の基礎
13) I. Miyai, H. C. Tanabe, I. Sase, H. Eda, I. Oda, I. Konishi, Y. Tsunazawa, T. Suzuki, T. Yanagida, and K. Kubota, *Neuroimage*, **14**, 1186 (2001)
14) P. T. Fox and M. E. Raichle, *Proc. Natl. Acad. Sci., USA*, **83**, 1140 (1986)
15) Y. Yang, W. Engelien, H. Pan, S. Xu, D. A. Silbersweig, and E. Stern, *Neuroimage*, **12**, 287 (2000)
16) B. Chance, S. Nioka, J. Kent, K. McCully, M. Fountain, R. Greenfeld, and G. Holtom, *Anal. Biochem.*, **174**, 698 (1988)
17) D. T. Delpy, M. Cope, P. van der Zee, S. Arridge, S. Wray, and J. Wyatt, *Phys. Med. Biol.*, **33**, 1433 (1988)
18) A. Duncan, J. H. Meek, M. Clemence, C. E. Elwell, L. Tyszczuk, M. Cope, and D. T. Delpy, *Phys. Med. Biol.*, **40**, 295 (1995)
19) Y. Ito, R. P. Kennan, E. Watanabe, and H. Koizumi, *J. Biomed. Opt.*, **5**, 383 (2000)
20) M. Kiguchi, N. Ichikawa, H. Atsumori, F. Kawaguchi, H. Sato, A. Maki, and H. Koizumi, *J. Biomed. Opt.*, **12**, 062108 (2007)
21) R. Takizawa, M. Fukuda, S. Kawasaki, K. Kasai, M. Mimura, S. Pu, T. Noda, S. Niwa, and Y. Okazaki, *Neuroimage*, **85 Pt 1**, 498 (2014)
22) 滝沢　龍，福田正人，*MEDIX*, **53**, 30 (2010)
23) International Diabetes Federation, *IDF Diabetes Atlas, 6th Ed.*（糖尿病アトラス　第6版）：http://www.idf.org/diabetesatlas
24) H. M. Heise, R. Marbach, T. Koschinsky, and F. A. Gries, *Artif. Organs*, **18**, 439 (1994)
25) R. Marbach, Th. Koschinsky, F. A. Gries, and H. M. Heise, *Appl. Spectrosc.*, **47**, 875 (1993)
26) K. Maruo, M. Tsurugi, M. Tamura, and Y. Ozaki, *Appl. Spectrosc.*, **57**, 1236 (2003)
27) J. J. Burmeister and M. A. Arnold, *Clin. Chem.*, **45**, 1621 (1999)
28) Y. Yang, O. O. Soyemi, M. R. Landry, and B. R. Soller, *Appl. Spectrosc.*, **61**, 223 (2007)
29) K. Yamakoshi and Y. Yamakoshi, *J. Biomed. Opt.*, **11**, 054028 (2006)
30) J. W. Hall and A. Pollard, *Clin. Chem.*, **38**, 1623 (1992)
31) K. H. Hazen, M. A. Arnold, and G. W. Small, *Anal. Chim. Acta*, **371**, 255 (1998)

32) T. Kobayashi, Y. H. Kato, M. Tsukamoto, K. Ikuta, and A. Sakudo, *Int. J. Mol. Med.*, **23**, 75 (2009)
33) A. Sakudo, R. Tsenkova, T. Onozuka, K. Morita, S. Li, J. Warachit, Y. Iwabu, G. Li, T. Onodera, and K. Ikuta, *Microbiol. Immunol.*, **49**, 695 (2005)
34) R. A. Shaw, S. Kotowich, H. H. Mantsch, and M. Leroux, *Clin. Biochem.*, **29**, 11 (1996)
35) K. Z. Liu, M. K. Ahmed, T. C. Dembinski, and H. H. Mantsch, *Int. J. Gynaecol. Obstet.*, **57**, 161 (1997)
36) R. A. Shaw, S. Kotowich, H. H. Eysel, M. Jackson, G. T. Thomson, and H. H. Mantsch, *Rheumatol. Int.*, **15**, 159 (1995)
37) X. Cheng, J. M. Mao, R. Bush, D. B. Kopans, R. H. Moore, and M. Chorlton, *Appl. Opt.*, **42**, 6412 (2003)
38) Z. Ge; C. W. Brown, and H. J. Kisner, *Appl. Spectrosc.*, **49**, 432 (1995)
39) J. H. Ali, W. B. Wang, M. Zevallos, and R. R. Alfano, *Technol. Cancer Res. Treat.*, **3**, 491 (2004)
40) S. Asgari, H. J. Rohrborn, T. Engelhorn, and D. Stolke, *Acta Neurochir.*(Wien), **145**, 453 (2003)
41) L. M. McIntosh, R. Summers, M. Jackson, H. H. Mantsch, J. R. Mansfield, M. Howlett, A. N. Crowson, and J. W. Toole, *J. Invest. Dermatol.*, **116**, 175 (2001)
42) K.-Z. Liu, M. Shi, A. Man, T. C. Dembinski, and R. A. Shaw, *Vib. Spectrosc.*, **38**, 203 (2005)
43) 佐藤隆幸, *Medical Photonics*, (2011年秋号), 53 (2011)
44) M. V. Marshall, J. C. Rasmussen, I. C. Tan, M. B. Aldrich, K. E. Adams, X. Wang, C. E. Fife, E. A. Maus, L. A. Smith, and E. M. Sevick-Muraca, *Open Surg. Oncol. J.*, **2**, 12 (2010)
45) Z. Zhang, J. Wang, X. Nie, T. Wen, Y. Ji, X. Wu, Y. Zhao, and C. Chen, *J. Am. Chem. Soc.*, **136**, 7317 (2014)
46) J. Liu, J. Han, Z. Kang, R. Golamaully, N. Xu, H. Li, and X. Han, *Nanoscale*, **6**, 5770 (2014)
47) M. Scheuermann-Freestone, P. L. Madsen, D. Manners, A. M. Blamire, R. E. Buckingham, P. Styles, G. K. Radda, S. Neubauer, and K. Clarke, *Circulation*, **107**, 3040 (2003)
48) M. R. Robinson, R. P. Eaton, D. M. Haaland, G. W. Koepp, E. V. Thomas, B. R. Stallard, and P. L. Robinson, *Clin. Chem.*, **38**, 1618 (1992)
49) I. Gabriely, R. Wozniak, M. Mevorach, J. Kaplan, Y. Aharon, and H. Shamoon, *Diabetes Care*, **22**, 2026 (1999)

50) W. Bank and B. Chance, *Mol. Cell. Biochem.*, **174**, 7（1997）
51) A. Koike, H. Itoh, R. Oohara, M. Hoshimoto, A. Tajima, T. Aizawa, and L. T. Fu, *Chest*, **125**, 182（2004）
52) T. Watanabe, M. Matsushita, N. Nishikimi, T. Sakurai, K. Komori, and Y. Nimura, *Surg. Today*, **34**, 849（2004）
53) C. Hock, K. Villringer, F. Muller-Spahn, M. Hofmann, S. Schuh-Hofer, H. Heekeren, R. Wenzel, U. Dirnagl, and A. Villringer, *Ann. N. Y. Acad. Sci.*, **777**, 22（1996）
54) C. Hock, F. Muller-Spahn, S. Schuh-Hofer, M. Hofmann, U. Dirnagl, and A. Villringer, *J. Cereb. Blood Flow. Metab.*, **15**, 1103（1995）
55) R. K. Lauridsen, H. Everland, L. F. Nielsen, S. B. Engelsen, and L. Norgaard, *Skin Res. Technol.*, **9**, 137（2003）
56) E. Watanabe, Y. Nagahori, and Y. Mayanagi, *Epilepsia*, **43 Suppl 9**, 50（2002）
57) D. K. Sokol, O. N. Markand, E. C. Daly, T. G. Luerssen, and M. D. Malkoff, *Seizure*, **9**, 323（2000）
58) M. K. Simick, R. Jong, B. Wilson, and L. Lilge, *J. Biomed. Opt.*, **9,** 794（2004）
59) K. K. McCully, S. Smith, S. Rajaei, J. S. Leigh, Jr., and B. H. Natelson, *J. Appl .Physiol.*, **96**, 871（2004）
60) H. Tanaka, R. Matsushima, H. Tamai, and Y. Kajimoto, *J. Pediatr.*, **140**, 412（2002）
61) K. K. McCully and B. H. Natelson, *Clin. Sci.*（London）, **97**, 603（1999）
62) A. Sakudo, Y. H. Kato, S. Tajima, H. Kuratsune, and K. Ikuta, *Clin. Chim. Acta*, **403**, 163（2009）
63) A. Sakudo, H. Kuratsune, Y. H. Kato, and K. Ikuta, *Clin. Chim. Acta*, **413**, 1629（2012）
64) T. Akiyama and Y. Yamauchi, *J. Pediatr. Surg.*, **29**, 645（1994）
65) F. Okada, Y. Tokumitsu, Y. Hoshi, and M. Tamura, *Eur. Arch. Psychiatry Clin. Neurosci.*, **244**, 17（1994）
66) G. Jensen, H. B. Nielsen, K. Ide, P. L. Madsen, L. B. Svendsen, U. G. Svendsen, and N. H. Secher, *Chest*, **122**, 445（2002）
67) A. R. Shaw and H. H. Mantsch, *Appl. Spectrosc.*, **54**, 885（2000）
68) W. Petrich, B. Dolenko, J. Fruh, M. Ganz, H. Greger, S. Jacob, F. Keller, A. E. Nikulin, M. Otto, O. Quarder, R. L. Somorjai, A. Staib, G. Werner, and H. Wielinger, *Appl. Opt.*, **39**, 3372（2000）
69) D. Rohleder and W. Petrich（P. Lasch and J. Kneipp eds.）, *Biomedical Vibrational Spectroscopy,* John Wiley & Sons, Hoboken（2008）, chapter 5　Raman Spectroscopy of Biofluids
70) 田村　守，光による医学診断，共立出版（2001），第 1 章　光と生体―生体分光学へ

の招待
71) 尾崎幸洋, 河田 聡 編, 近赤外分光法（日本分光学会測定法シリーズ）, 学会出版センター（1998）, 第4章　近赤外分光の応用
72) 富田 豊, 正門由久, 高橋 修, 臨床検査技師に必要な生理検査機能の常識—実例から学ぶとっさの判断, 丸善（2009）, 第13章　NIR（光トポグラフィー）
73) （株)日立メディコホームページ：https://www.hitachi-medical.co.jp/products/nirs/contents01.html
74) J. Glatz, P. B. Garcia-Allende, V. Becker, M. Koch, A. Meining, and V. Ntziachristos, *Gastrointest. Endosc.*, **79**, 664（2014）

第6章 近赤外イメージング

　二次元（平面）・三次元（空間）的な広がりをもつ対象の不均一性および形態は，医薬，高分子，農業や生体関連分野などの実用の現場においてプロセス中の製品管理，状態の把握や最終製品の品質評価のための重要な要素である．そのため，対象の不均一性や形態を視覚的にとらえることが可能な可視分光イメージングに加えて，分子間・分子内相互作用や分子構造の不均一性を検出可能な振動分光（赤外・ラマン）イメージング技術がさまざまな対象に対して広く検討されている[1〜6]．さらに 2000 年頃からは，新たな振動分光イメージングとして，テラヘルツ領域を用いたイメージング技術の利用も盛んに進められている．

　これまでの章ですでに述べられているように，近赤外分光法は，非破壊性，非侵襲性や高い透過性だけでなく，スペクトルの再現性や安定性など，実用的に有効である多くの長所を有している．しかしながら，近赤外イメージング装置を含む振動分光イメージング装置は，可視分光イメージング装置より価格が高く，測定環境条件の影響を強く受ける．また，近赤外分光から得られるシグナルは他の振動分光（赤外分光やラマン分光）のそれよりはるかに弱く，さらにそれらのバンドの化学的帰属は赤外分光に比べて著しく複雑である．そのため，近赤外分光に基礎をおいたイメージング技術の発展は，可視，赤外およびラマン分光イメージングに比べるとやや遅れていた．それらを解決し実用に導くため，近赤外イメージングも近赤外分光と同様，ケモメトリックスの進歩と歩調を一つにしてきた．

　またスペクトル解析技術の発展はもとより，装置そのものの性能も，近赤外イメージングの技術を実用的な現場へ適用するために考慮されるべき要因の一つである．近赤外スペクトルは，赤外スペクトルに比べ信号強度が微弱であるため，高感度の近赤外イメージング装置が必要となる．しかしながら，感度の改良は測定速度および測定可能エリアとトレードオフの関係であるため，高い感度を維持しつつ，高速かつ広域測定が可能な近赤外イメージング装置の開発が続けられている[7]．

　本章ではまず，近赤外イメージングの概念について解説し，近赤外イメージング装置と他の振動分光イメージング装置の特徴について記述する．また，近赤外イメージング技術の医薬分野（特に錠剤）と高分子分野への応用事例について紹介する．

第6章 近赤外イメージング

6.1 ■ 近赤外イメージングの原理と装置

6.1.1 ■ 近赤外イメージングの原理

A. ハイパーキューブの取得

　近赤外イメージングは，近赤外分光装置によって取得される各波長に対応するXY軸上のある点のスペクトルデータを1つあるいは複数の画素ごとに走査することによって対象平面全体に対して獲得する走査法と，面状多素子検出器と分光器を組み合わせて位置情報とスペクトル情報を取得する撮像法のいずれかで行われる．データ取得の概念図を**図6.1.1**に示す[7]．このように得られたXY軸とλ（波長）軸の三つの次元からなるスペクトルデータは，しばしばハイパーキューブ（hypercube）と呼ばれる．この位置情報ごとのスペクトル情報をマップ化（マッピング）することよって，ある化学成分の空間的な広がり，他の成分との境界や不均一性が分析可能となる．しかしながら，ハイパーキューブの一括取得は，データ量が膨大になり，時間を要する場合が多いため，通常は二次元のデータをまず取得し，それらの断片（スライス）を積み重ねていくことで最終的なハイパーキューブを出力する．

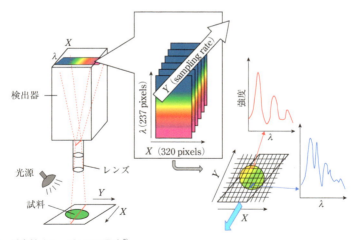

図6.1.1 近赤外イメージングの概念[7]
　　　　　各ピクセルで，対象物から分光装置に到達した光は波長ごとに分光され，X軸とλ（波長情報）軸をもつ1枚のスライスが構築される．図の装置の場合，1ライン分を一度に取得し，対象物をY軸方向に移動させることで対象物内のX軸，Y軸（位置情報）とλ（波長情報）軸をもつハイパーキューブとなる．

撮像法は位置情報を一括で取得できることから，高速にハイパーキューブを取得できるが，各素子の感度ムラや照度ムラが発生しやすいことが，測定上注意が必要な点としてあげられる．加えて近赤外域の面状多素子検出器は，ノイズ低減のために極低温で使用しなければならず，一般的にコストが高く検出器サイズも大きくなる．一方，走査法では，XY軸方向への走査によって位置情報を取得する．この手法では，1画素ごとにスペクトルを取得するため，画素数が多い場合は測定に長時間を要する．しかし，先に述べた測定誤差の発生を抑制し，高精度なハイパーキューブを取得可能である．また，走査法では，撮像法に比べて検出器のサイズを小さくすることが可能であることから，イメージング装置自体の小型化が可能であるという利点がある．

B. データ転送とマッピング

　得られたピクセルごとのスペクトル情報は，コンピュータへ迅速に転送される．基本的には，汎用的なテキスト形式（CSVなど）のデータとして格納されるが，場合によっては，専用のソフトウェアを経由し，バイナリー形式で直接保存される場合もある．保存されたデータ内には，位置情報と波長（波数）情報，つまり各波長と各位置に対応するスペクトル値（吸光度，反射率など）が記録されている．ポイントデータに比べ一度に転送される情報量が格段に大きいためにコンピュータの性能によっては転送が中断されてしまうことがあり，注意が必要である．

　位置情報をもつスペクトルデータを可視化する手法としては，(1)スペクトル強度や(2)強度比を用いた手法，(3)ケモメトリックスを用いた手法などが提案されている．(1)スペクトルの強度を用いたマッピングでは，近赤外域に現れる特定の成分の吸収ピークを用いることで，種々の成分ごとにマッピングが可能である．これにより，特定成分の分布や分子間の相互作用の様子を可視化できる．(2)強度比を用いたマッピングでは，吸収強度の高い2波長（波数），もしくは一方の吸収強度変化が大きく，一方が少ない波長（波数）帯の強度比を用いる．2波長の比を用いることでサンプルの厚みの影響を取り除くことが可能である．(3)ケモメトリックスを用いたマッピングでは，主に主成分分析が使用される（主成分分析の詳細については本書第3章を参照）．主成分分析を用いることで情報が集約化されることから，対象内のデータの差異（イメージングの場合，不均一性）を明確にすることができる．その他として，近年，波長（波数）シフトを用いたイメージングも提案されている．吸収バンドのシフト量を用いてマッピングすることで，分子間相互作

第6章 近赤外イメージング

用の変化を評価できる．ただし，近赤外域では，吸収ピークの重なりがシフトの原因となる場合も多い．スペクトルから観察されたシフトが対象の化学的な変化を反映したものかどうかについては，十分な検討が必要となる．

6.1.2 ■ 近赤外イメージング装置の特徴

分光イメージング装置の利用に際しては，(1)波長（波数）分解能，(2)空間分解能，(3)測定領域，(4)装置サイズ，(5)価格の考慮が不可欠である．近赤外イメージング装置の開発においても，それらは同様である．(1)～(5)の特徴には，**図 6.1.2** のような関係が成り立っていると考えてよいだろう．(1) 波長（波数）分解能は，分光装置そのものに依存しており，本書ですでに述べられているとおりである．フーリエ変換型の近赤外分光装置では，約 2 cm^{-1} の分解能が，一方，ポリクロメーターなどの回折格子による分散型分光方式の装置では，約 3 nm 程度の波長分解能が一般的に用いられている．(2)空間分解能は，一般的に用いられているフーリエ変換型の赤外分光装置や多くの近赤外分光装置に比べラマン分光装置の方が高い場合が多い．通常，赤外・近赤外イメージング装置の空間分解能は，入射光源の回折限界に依存し，最高でも 100 μm 程度であるが，近年のラマンイメージング装置では，近接場光を用いることにより光の回折限界をはるかに超えた 100 nm 程度の空間分解能で物体のイメージングが可能である．

赤外・中赤外（10000～650 cm^{-1}）領域を測定可能なフーリエ変換型分光器一体型のイメージング装置としては，12000～700 cm^{-1} 領域に感度をもつ HgCdTe（MCT）や 11000～400 cm^{-1} 領域に感度をもつ硫酸トリグシン（TGS）および改良型 TGS（DTGS）検出器が用いられる場合が多い．特に，中赤外イメージング装置

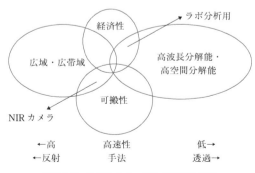

図 6.1.2 近赤外イメージング装置の特徴

では，TGS より 1 桁感度の良い MCT が用いられる場合が多く，高精度なスペクトルデータの取得が可能である．しかし，MCT 検出器は液体窒素による冷却が必要であることから，高速および長時間の安定測定には不向きであるという欠点がある．

また，1000～2000 nm 領域用の分散型分光方式の近赤外分光装置およびそのイメージング装置では，インジウムガリウムヒ素（InGaAs）が検出器としてよく用いられる．装置全体として大がかりな駆動部分を必要とせず，かつ高強度の光源を必要としないことから，多くの応用の現場に活用可能である点が大きな特徴である．近年の近赤外イメージング装置の開発は，高い精度はもちろんのこと，高速かつ広範な測定を重視して行われている．しかし，高速性は，波長分解能や空間分解能とトレードオフにあることは自明である．さらに，高速性を追求することで定量性も下がるため，測定対象に応じて，使用する分光イメージング装置を選択することが必要であろう．

近赤外スペクトルには，赤外域に現れる分子振動の倍音および結合音による振動が観察される．その結果，スペクトル中に多くの吸収バンドが現れ，非常に複雑なスペクトル形状となることが多い．この複雑さは，スペクトル解析だけでなくイメージング解析において，得られたスペクトル情報の正しい理解を困難とする場合が多い．したがって，最適なケモメトリックス技術の導入が，スペクトルから得られる相互作用や分子の構造に由来する変化を正確に追跡するためにきわめて重要になってくる．そのため，近赤外イメージングではケモメトリックスとの融合が他の振動分光法を用いたイメージングに比べて，もっとも発展している．

6.1.3 ■ 近赤外イメージング装置の実際

A. 顕微鏡タイプ

図 6.1.3 は顕微鏡タイプのフーリエ変換型近赤外（中赤外）イメージング装置の一つである Spotlight 400 および分光器 Frontier（Perkin Elmer 社）の外観である．本装置と同様，多くの顕微鏡タイプのイメージング装置では，顕微鏡部分と分離した分光器からの光を用いる構造となっており，出力された光は，分光器内の干渉計を通った後，顕微鏡側に導入される．顕微鏡内部は図 6.1.4 のような光学系からなり，サンプルは顕微鏡の可動式サンプルステージに設置される．透過測定と反射測定の選択が可能で，透過測定の場合は下部から，反射測定の場合は上方から入射光が導入される．導入された光はいずれの測定法においても対物集光鏡（カセグレンミラー）によって集光され，最終的に検出器に到達する．一般的な光学顕微鏡では

第6章 近赤外イメージング

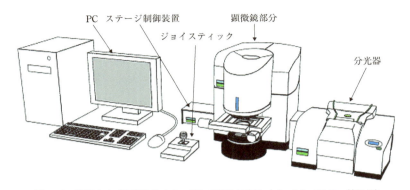

図6.1.3 顕微タイプの近赤外イメージング装置の外観(パーキンエルマー社提供)

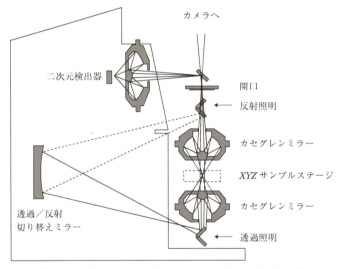

図6.1.4 顕微タイプの近赤外イメージング装置の光学系の例[2]

レンズを使用するが,観察用の可視光と近赤外・赤外光の広い波長領域を均一な屈折率でカバーできるレンズはないため,顕微鏡タイプの近赤外イメージング装置でも,通常反射鏡を用いた集光方式をとる.本装置の場合,検出器にはMCTやInGaAsが用いられており,測定可能波数領域は7800〜2200 cm^{-1}付近である.実際に測定する場合,サンプル上の焦点は,顕微鏡部分に内蔵されたCCDカメラを用い対象を肉眼で観察することで任意に決定することが可能である.可動式サンプルステージは,モーターで上下(Z軸方向)および左右(XY軸)に駆動し,ジョイ

6.1 近赤外イメージングの原理と装置

スティックまたはマウスによって微小な領域の移動を制御できる．本装置では，走査法によって XY 軸方向のスペクトル取得を行い，ステージ駆動によって XY 軸方向のデータ取得を行っている．検出は，複数のアレイセンサによって数ピクセル同時に行われ，最大 50 mm×50 mm の領域を，高空間分解能で測定することができる．

B．高速・小型タイプ

図 6.1.5 は，製剤工程（特に錠剤）モニタリング向けに開発された可搬型近赤外イメージング装置 D-NIRs（横河電機(株)）である[8]．高速・小型タイプの近赤外イメージング装置は，イメージングユニット，分光ユニットおよび光源（一体型の場合もある）から構成される．イメージングユニットと分光ユニットは，マルチモードファイバーによって接続される．ハイパーキューブの取得は，イメージングユニットによる位置情報の取得と分光ユニットによる分光計測を組み合わせて行われる．

分光ユニットとしては，図 6.1.6 のように分散型ポリクロメーターなどが用いられる．対象物から散乱（または反射）された光は，光ファイバープローブによってポリクロメーター本体へ入射される．入射光は，コリメートレンズを通して平行光に変換され，その後回折格子によって波長分解される[9]．最終的に集光レンズを通った光は，フォトダイオードアレイ検出器（PDA）に到達し，得られた電荷は，チャージアンプを通じて電圧に変換される．検出器は，一般的には 256 ないし 512 素子の PDA を装備している場合が多い．よって，近赤外スペクトルの波長分解能は，約 3 nm か 1.5 nm となる．波長分解能の向上については，さらに密度の高い検出器の開発が試みられており，およそ 1.25 nm の高波長分解能で近赤外スペクト

図 6.1.5　高速・小型タイプの近赤外分光イメージング装置（横河電機社製 D-NIRs）[8]

ルを測定することも可能となっている．また，チャージアンプについても改良が試みられており，今後さらなる高速測定および感度の向上が見込まれている．

　近赤外イメージング装置のイメージングユニットについて，**図 6.1.7** の例をもとに解説する．イメージング走査ユニットは，光源および 1 対のガルバノミラー，集光レンズ，直角プリズム，光ファイバーケーブルを備えている．サンプルからの拡散反射光は，1 対のガルバノミラーで反射させ，レンズによって光ファイバーへ導光する．ガルバノミラーを走査することで，空間的な拡散反射光を高速に取得できる．図 6.1.7 の装置の場合，光源，分光装置およびイメージングユニットを含めた全体の保守スペースとしても，250 mm×500 mm×300 mm とコンパクトであるが，

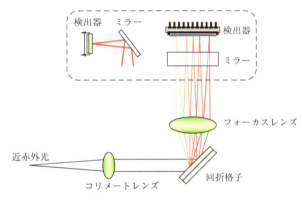

図 6.1.6　D-NIRs の分光方式[9]

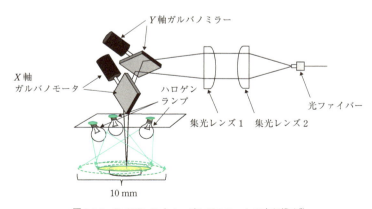

図 6.1.7　D-NIRs のイメージングユニットの内部構成[8]

基本的にはイメージングユニットはガルバノミラーおよびレンズのみから構成されるので，イメージングユニット自体はわずか 151 mm×93 mm×102 mm（容積 3 L 未満）のサイズとなっている．イメージングユニットと分光ユニットの駆動は，データ取得ソフトウェアによって同期制御され，得られたスペクトルデータは迅速に PC に出力，記録される．図 6.1.7 の装置の場合，最大測定エリア 10 mm×10 mm，空間分解能 0.025 mm，波長範囲 950～1700 nm，波長分解能 1 nm での測定が可能となっている．

C．高速・広域タイプ

高速・広域タイプの近赤外イメージング装置は，分光器付カメラ（センサ）部と光源（主にハロゲンランプ）およびサンプルステージからなり，それらをセットとしてイメージングシステムを構築している場合が多い．近赤外カメラを用いたイメージングシステムの一例として，住友電気工業(株)製の Compovision を**図 6.1.8** に示す[7]．図の装置では，装置全体は 1000 mm×1500 mm×1500 mm 程度の保守スペースを必要とするが，近赤外イメージングシステムに搭載された分光器つきカメラ部は，使用用途に応じて，取り外した状態での測定も可能である．通常，近赤外カメラの光学系は，InGaAs など近赤外域に感度を有する検出器およびプリズムなどの分散素子から構成されている．入射光はサンプル上で反射され，拡散反射光が検出器に達する．図の装置の場合，二次元平面のスペクトルを高速で取得するため，可動式サンプルステージを採用している．ステージは，モーターによって電気的に制御されており，任意の速度で Y 軸方向に移動し，スライスを積み重ねることで，1000～2300 nm 領域のハイパーキューブを構築する．一般的な近赤外分光器の特徴として，InGaAs 検出器の感度は 2300 nm 付近で非常に弱くなり，測定波長は通常，二次元センサで 1700 nm 程度，ラインセンサなどで 2000 nm 程度が上限である．現在，図 6.1.8 の装置のように，検出器の感度を向上させ，近赤外域全体の測定を可能にする装置の開発が進んでいる．

図 6.1.8 に示した装置では，空間分解能は約 0.25 mm でスペクトル分解能は，6 nm で測定を実行する場合が多い．これらの性能は，顕微鏡タイプと比較すると低いが，その分，広範囲を高速で取得することが可能である．顕微鏡タイプの近赤外イメージング装置では，最大 10 mm^2 程度の微小領域に対する測定を実施する場合が多いが，近赤外カメラでは，その約 10～1000 倍程度の広域測定が可能である．例えば図 6.1.8 の装置では，一度に測定された視野領域内に約 10 万ピクセル分の

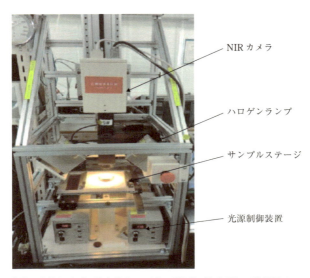

図 6.1.8 高速・広域タイプの近赤外イメージング装置（住友電気工業社製 Compovision）[7]

データを有しているが，その収集時間は，装置のフレームレートが最大で 320 fps 程度であることから，およそ 1 秒程度となる．

6.2 ■ 近赤外イメージングの応用

　近赤外イメージングの産業応用の試みは，この数十年で飛躍的に増加したが，もっとも研究が発達している分野として，医薬品と高分子を対象とした事例を取り上げる．医薬品製造過程における成分濃度モニタリングや，最終製品の評価，また高分子材料の品質劣化や物性評価は，近赤外分光器を用いたポイントセンシングにおいてもすでに数多く研究されている．しかし，原料，製品ともに厳密な品質管理が求められるため，イメージング技術によって対象の濃度分布や劣化の不均一性を調査することで，より詳細なプロセスモニタリングおよび最終製品評価につながることから，いずれの分野においても，有望な新技術として期待されている．

6.2.1 ■ 医薬品製造工程のプロセスモニタリングおよび品質評価

A. 錠剤成分濃度の不均一性把握[8]

　図 6.2.1 は，錠剤の添加剤の一つであるタルク固有の吸収バンドが現れる

6.2 近赤外イメージングの応用

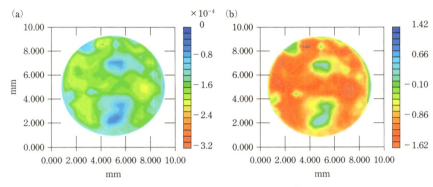

図 6.2.1 錠剤を用いた単波長イメージングの例[2]
(a)二次微分強度イメージ，(b)標準化イメージ．

1391 nm の二次微分強度イメージ（左）および標準化イメージ（右）である．標準化は，錠剤内の二次微分値の平均値と標準偏差を用いて行った．二次微分強度，標準化イメージとも，強度によって RGB を割り当てた擬似カラーによってコントラストをつけている．図のように，可視イメージでは識別できない成分に対して，中心部の濃度が全体に比べて，低いというような錠剤内の濃度不均一性を明確に観察することができる．標準化イメージは，さらにイメージ内のコントラストを増強することができる．これは，二次微分強度イメージが，強度が高い場合に負の値のみでコントラストをつけるのに対し，標準化イメージでは平均値を 0（基準値）とした正負（成分過剰・不足）両方の影響を可視化できることによる．このようにして得られる近赤外イメージを実際の製品の品質評価に用いる場合，成分濃度分布が錠剤内で均一と定義できる基準試料との比較が必要である．

B. 撹拌中の成分混合度合の評価[2]

一般的な錠剤は，原料の撹拌，打錠成型といった製剤プロセスを経て製造される．特に混合度合いは，最終的な製品の品質にとって重要である．混合度合いは基本的には，最終製品になってから評価されることが多いが，撹拌中の混合過程を近赤外イメージングによってモニタリングする研究が行われている．**図 6.2.2** は，V 型混合器に 2 種類の成分（ラクトースとサリチル酸）を混合させた場合の近赤外スペクトルの変化を追跡するための測定系である．数種類のバンドパスフィルターを用いて特定波長のみの二次元スペクトルを近赤外カメラにより取り出す機構となっ

第6章　近赤外イメージング

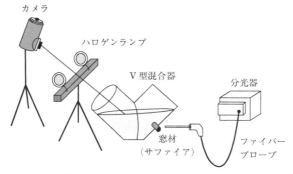

図 6.2.2　近赤外イメージングによる撹拌中の混合過程の評価の一例[2]

ている．実験では，15 cm 程度の視野角（FOV）内の二次元近赤外スペクトルを2分おきに記録し，標準偏差を算出することで，混合の終点を決定している．この実験では，紫外分光や近赤外分光のポイントデータも補助的に利用しているが，最終的に 14〜16 分程度の混合が最適混合時間であり，それ以上経過すると成分に分離が生じてしまうことなどを近赤外イメージングにより明らかとしている．

C. 撹拌による成分の構造変化[5]

撹拌中には錠剤が力学的作用を受け，それによって製剤中の成分の構造が変化し，最終的には溶出速度にまで影響を及ぼす可能性がある．**図 6.2.3** は異なる撹拌条件で作成したセルロースとアセトアミノフェンからなる錠剤の近赤外イメージで

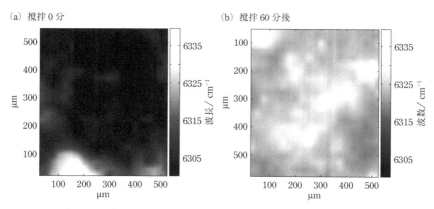

図 6.2.3　撹拌によるセルロースの構造変化（結晶バンドのピーク変化）[5]

ある.画像は,6300 cm^{-1}付近に観測されるセルロース結晶のOH基由来のバンドのピーク位置を用いて構築したものであり,ピーク位置は結晶化や相互作用の形成によってシフトする.したがって,バンドのピーク位置の変化を調べることで,高分子構造の変化を検出することが可能になる.例えば,撹拌処理なしの錠剤の近赤外イメージは全体的に暗色で覆われており,結晶バンドが低波数側で観測されることを意味している.一方,60分間撹拌された錠剤のイメージでは,結晶バンドが高波数側に位置していることがわかる.このような変化は,撹拌中に生じる機械的な負荷によって,セルロースの結晶構造が崩壊し,アモルファス構造が発生していることを示している.

D. パッケージ化された錠剤の品質判別[5]

近赤外分光の利点として優れた透過性があげられるが,近年の高速イメージング装置の開発によって,数錠の錠剤の濃度分布均一性や異物混入を一括して評価可能であることが示されている.図6.2.4(a)は,試験サンプルとして用いたプラスチック容器にパッケージ化された白色の錠剤である.これら10個の錠剤の一つは,有効成分を他の9個と意図的に変えてある.10錠の近赤外スペクトルを同時に取得し(測定エリアは約7 cm×11 cm)作成したPCAスコアイメージを図6.2.4(b)に示す.図6.2.4(b)のように,PCA処理によって異なる有効成分を含む錠剤が,他の錠剤と明確に識別可能である.また,これらの結果は,パッケージを破壊することなく取得可能であることから,品質評価の有効な手段となることが示唆される.

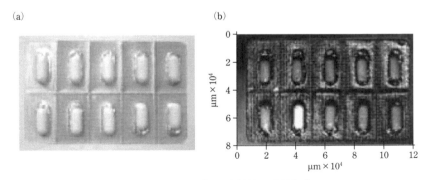

図6.2.4 パッケージ化された錠剤の一括評価[5]
(a)可視イメージ,(b)PCAイメージ.

E. 水分浸透過程のモニタリング[11]

錠剤の溶出度は，最終製品の品質において非常に重要である．これまでは破壊的な手法が用いられてきたが，近年では Quality by Design（QbD）の概念から非破壊的な手法による連続モニタリングやイメージングによる溶出性の評価法が求められている．図 6.2.5 は，錠剤に水分を浸透させ，溶出過程をモニタリングした際の吸光度および二次微分スペクトルである．錠剤は BaF_2 窓を用いたサンプルホルダーに設置し，側面方向から水滴を注入することで，240 分まで 5～10 分間隔で測定を行った．その結果，図のように水分浸透に従ってアスコルビン酸のピーク（1360 nm 付近）が減少し，水のピーク（1400 nm）の増加がみられた．また，アスコルビン酸のピーク位置は水分浸透時間によって変化した．これは，この付近にアスコルビン酸以外の水分に関与するピークがあることに由来する．このような場合，強度自体を用いるより，2 波長の強度比を利用する方が有効である．図 6.2.6 は，前述した 1300～1400 nm 付近の 2 波長（1361 nm/1354 nm）でマッピングしたものである．コントラストは，アスコルビン酸濃度が高い順に，赤 → 黄 → 緑 → 青となっている．画面下部は他の領域に比べて青色の部分が多く，水分が錠剤下部から浸透している様子がわかる．同時に，実験初期では，錠剤内部にはアスコルビン酸濃度が高い部分が点在しているが，水分の浸透とともに錠剤の縁から中心部にかけて濃度が低下していく様子が観察されている．このことから，視覚的には溶出を確認できない部分に対しても水分浸透の度合いを把握することが可能となる．

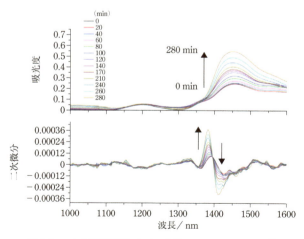

図 6.2.5 水分浸透過程における錠剤のスペクトルの変化[11]

6.2 近赤外イメージングの応用

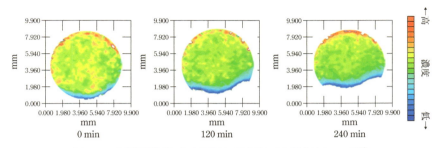

図 6.2.6 水分浸透過程における錠剤の強度比による近赤外イメージ[11]

6.2.2 ■ 高分子分析への応用

A. ポリマーブレンドの不均一性解析[12]

ポリ乳酸（PLA）とポリヒドロキシ酪酸（PHB）のような結晶性高分子は温度履歴に依存して結晶化度が異なることや，サンプル内での各成分の混合状態が混合比率によって異なることがよく知られている．したがって，高分子品質判定の観点から，高分子の結晶化度や混合状態の不均一性を調査することは，重要なテーマとなっている．第5章では球晶の成長に焦点をおいた事例を紹介したが，ここでは混合状態の不均一性に関して調査した事例について紹介する．

近赤外スペクトルの取得およびイメージングはPLAとPHBの混合比率が 80：20, 60：40, 40：60, 20：80 のポリマーブレンドについて行われた．**図 6.2.7**(a) および (b) に PHB と PLA の 1200～2400 nm 付近の原スペクトルと二次微分スペクトルを示す．1690 nm と 1720 nm に CH_3 伸縮振動の倍音が，1910 nm と 1950 nm に C＝O 伸縮振動の倍音がそれぞれ現れる．この領域が，PLA および PHB に関する情報を多く含むが，二次微分を行った場合でも，スペクトルのオーバーラップが観測されてしまう．このようなサンプルでは，成分の正確な変化を単離して検討することは困難であるため，ケモメトリックスと組み合わせた分析手法が有用である．今回の場合，PLA や PHB の混合不均一性は，主成分得点（スコア）イメージングによって，調査されている（主成分分析や主成分得点の算出方法については，第3章に詳しい）．

混合比の異なる PLA/PHB ポリマーブレンドから得られたスコアイメージを**図 6.2.8** に示す．60：40 の場合，他の比率の場合と比較して，若干凹凸が小さいことが視認される．画像内の不均一性を明確化するため，スコア値の分布をヒストグラ

第6章 近赤外イメージング

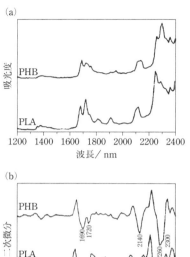

図 6.2.7 ポリヒドロキシブタン酸（PHB）とポリ乳酸（PLA）の(a)吸光度スペクトルと(b)二次微分スペクトル[12]

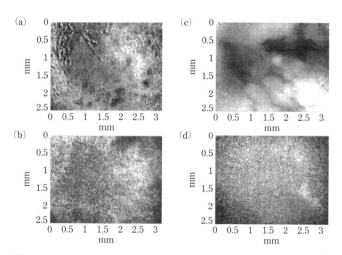

図 6.2.8 PLA/PHB ポリマーブレンドの主成分得点（スコア）イメージ[12]
(a)は 80：20，(b)は 60：40，(c)は 40：60，(d)は 20：80．

ムによって確認した結果，60：40での混合の場合，標準正規分布から少し外れた分布形状となり，混合の均一性が他の混合比と異なることが示唆された．これは，高分子混合過程における溶媒の蒸発速度によって発生する可能性が認められていることからケモメトリックスとりわけ主成分分析を適用することで，高分子製造プロセス中の品質評価につながると期待される．

B. ポリ乳酸（PLA）／ナノクレイ複合材料の物性評価[13]

　近赤外イメージングによって，PLAとナノクレイからなる複合材料の光劣化を調べた例を示す．ポリ乳酸は植物由来原料から作られる高分子であり，紫外線などの影響によって自発的に分解が進む．PLAに3 wt％のナノクレイと呼ばれる微粒子を添加し，一定量の紫外線を30時間照射したところ，近赤外イメージは図6.2.9のような変化を示した．なお，図6.2.9のイメージは$5810\ cm^{-1}$と$5940\ cm^{-1}$に観察される結晶とアモルファスの吸収バンドの強度比を用いて構築している．紫外線照射前の試料のイメージには明確なパターンはみられない．これは，結晶とアモルファスの相対濃度が一定であることを意味する．一方，紫外線照射後の試料のイメージには，高いバンド強度比を示す領域が現れている．このようなパターンはPLA結晶の相対濃度が他よりも高い領域が試料内に存在することを示しており，これらはナノクレイが凝集している箇所とよく対応している．

　紫外線は高分子鎖をせん断する作用をもつ．PLAが紫外線にさらされると，高分子鎖が乱雑に配向したアモルファス領域において高分子鎖がせん断され，加水分

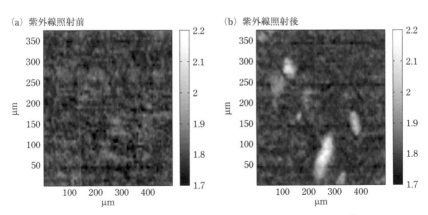

図 6.2.9 ポリ乳酸（PLA）／ナノクレイ複合材料の近赤外イメージ[13]

解が進行する.上記の結果は,ナノクレイ近傍では,せん断によって絡み合いがほどけた高分子鎖が二次的な結晶化を経ていることを示しており,ナノクレイがPLAの結晶化を促進する作用をもつことを示唆している.

C. 溶媒拡散過程のモニタリング[14]

ここでは,ポリアミド(ポリアミド11)のガラス転移温度(37℃付近)以上(50℃)と以下(25℃)でのブタノール(OD)の拡散に関する研究結果を紹介する.ポリアミドのNHプロトンはブタノールによって,重水素置換(NH/ND)され,NHに由来する特徴的なピークの強度減少から,NH/NDの置換の進行をモニタリング可能となる.図6.2.10は,25℃,50℃における開始直後および時間経過後の近赤外イメージである.イメージは,4935〜4800 cm^{-1}付近のν(NH)+アミドIIの結合音のバンドを用いて作成されており,左側の青色で示された部分がブタノール,右側の赤で示された部分がポリアミド11の存在している部分である.

実験開始直後は,ブタノールの高分子側への拡散はない.したがって,ポリアミド側は均一色である.10時間後のイメージでは,境界面からポリアミド側へ先端が移動していることがわかる.ν(NH)+アミドIIバンドは,NH/ND置換ととも

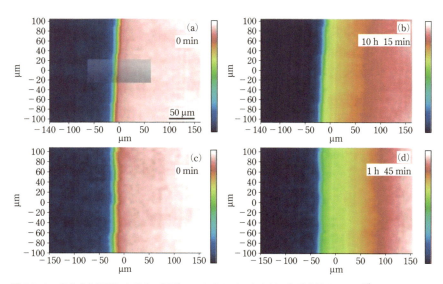

図6.2.10 重水素化過程におけるν(NH)+アミドIIバンドを用いた近赤外イメージ[14]
25℃における(a)開始直後,(b)10 h 15 min経過後,50℃下における(c)開始直後,(d)1 h 45 min経過後のイメージ.

に減少し，図内では黄色で示される．25℃の拡散の進行とは対照的に，50℃では約 1 h 45 min の時点で，25℃の 10 h 15 min とほぼ同じ位置に到達している．図 6.2.10 からガラス転移温度以上や以下の場合，拡散度合いや進行速度の差異が明確化可能となる．

D. 広域結晶化度評価法[15]

図 6.2.11 は，1600～2000 nm 付近の二次微分と SNV のスペクトルに基づいて予測された PLA の結晶化度イメージと可視画像である．このサンプルは，70～110℃付近までの温度勾配を設定できる温調ステージ上で作製された．サンプルサイズは 20 mm × 40 mm であるが，前出の Compovision によりわずか 3 秒程度で全領域のスペクトル測定が完了する．二次微分値と SNV 値を用いたイメージはどちらも，温度が高くなるに従って序々に結晶化度が上昇する傾向を明確に表している．特に，SNV スペクトルに基づいたイメージは，フィルムの結晶度のわずかな変化を示すことが可能である．すなわち，サンプル中心部付近では，結晶化が中心部を避けるようにフィルム側面部から進行していることがみてとれる．SNV スペクトルを用いた場合，そのわずかな温度変化をも正確にトレースし可視化できる．さらに，通常はサンプルの上部にみられるような高結晶化度の部分は，スペクトルの吸光度が飽和してしまい，不均一性を明確に示唆することは困難であったが，この事例のように定量性の高いスペクトルと組み合わせることで，高結晶化部分にも不均一性があることを明確にできる．

一般的に，温度によって高分子フィルム内の結晶化度が変化することは広く知ら

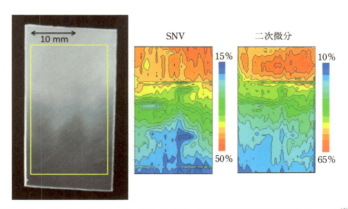

図 6.2.11 PLA の可視イメージ（左）と SNV，二次微分を用いた近赤外イメージ[15]

れた現象である．しかしながら，近赤外を含めた既存のイメージング装置では，ごく微小な領域の結晶成長のみを追跡することしかできなかった．しかし，本装置のように，通常の数倍～数千倍の領域における結晶やその成長を計測することは，実際の高分子製品の評価のためには有用な手法であろう．

文　献

1) Y. Ozaki, *Anal. Sci.*, **28**, 545（2012）
2) S. Šašić and Y. Ozaki eds., *Raman, Infrared, and Near-Infrared Chemical Imaging*, John Wiley & Sons, Hoboken, New York（2010）
3) H. F. Grahn and P. Geladi eds., *Techniques and Applications of Hyperspectral Image Analysis*, John Wiley and Sons, Chichester（2007）
4) R. Salzer and H. W. Siesler eds., *Infrared and Raman Spectroscopic Imaging*, Wiley-VCH, Weinheim（2009）
5) E. N. Lewis, J. Schoppelrei, and E. Lee, *Spectrosc.*, **19**, 28（2004）
6) D. Ishikawa, H. Shinzawa, T. Genkawa, S. G. Kazarian, and Y. Ozaki, *Anal. Sci.*, **30**, 143（2014）
7) D. Ishikawa, T. Nishii, F. Mizuno, S. G. Kazarian, and Y. Ozaki, *NIR News*, **24**, 6（2013）
8) D. Ishikawa, K. Murayama, T. Genkawa, K. Awa, M. Komiyama, and Y. Ozaki, *NIR News*, **23**, 19（2012）
9) K. Murayama, T. Genkawa, D. Ishikawa, M. Komiyama, and Y. Ozaki, *Rev. Sci. Instrum.*, **84**, 023104（2013）
10) K. Awa, H. Shinzawa, and Y. Ozaki, *Appl. Spectrosc.*, **68**, 625（2014）
11) D. Ishikawa, K. Murayama, K. Awa, T. Genkawa, M. Komiyama, S. G. Kazarian, and Y. Ozaki, *Anal. Bioanal. Chem.*, **405**, 9401（2013）
12) T. Furukawa, H. Sato, H. Shinzawa, and I. Noda, S. Ochiai, *Anal. Sci.*, **23**, 871（2007）
13) H. Shinzawa, T. N. Murakami, M. Nishida, W. Kanematsu, and I. Noda, *J. Mol. Struct.*, **1069**, 171（2014）
14) M. Unger, H. Sato, Y. Ozaki, D. Fischer, and W. H. Siesler, *Appl. Spectrosc.*, **67**, 141（2012）
15) D. Ishikawa, T. Nishii, F. Mizuno, H. Sato, S. G. Kazarian, and Y. Ozaki, *Appl. Spectrosc.*, **67**, 1441（2013）

付録 A　さまざまな物質の近赤外スペクトル

［スペクトルの測定条件］
①液体の測定
　　測定装置　　　：Spectrum One NTS FT-NIR Spectrometer（PerkinElmer 社製）
　　測定波長域　　：1000〜2500 nm
　　繰り返し回数：128 回
　　測定法　　　　：透過法

②固体およびフィルムの測定
　　測定装置　　　：Vector 22 / N FT-NIR Spectrometer（Bruker Optics 社製）
　　測定波長域　　：1000〜2500 nm
　　繰り返し回数：128 回
　　測定法　　　　：拡散反射法

測定：関西学院大学大学院理工学研究科
安田　充

付録 A　さまざまな物質の近赤外スペクトル

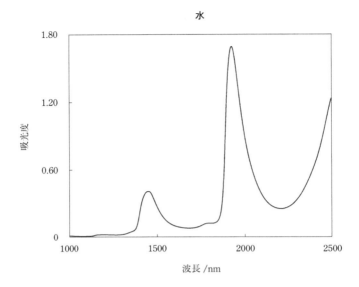

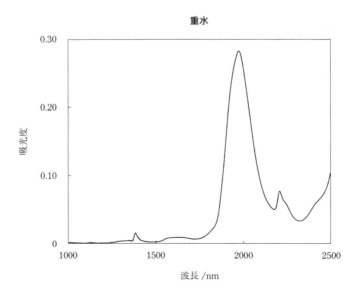

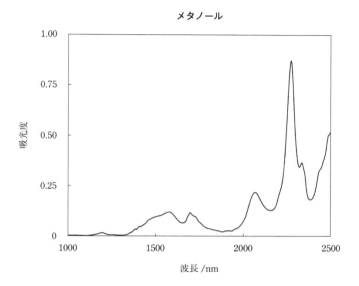

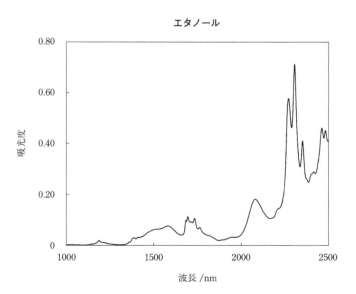

付録 A　さまざまな物質の近赤外スペクトル

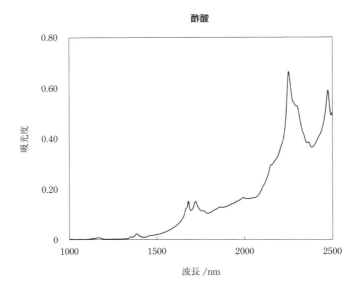

酢酸

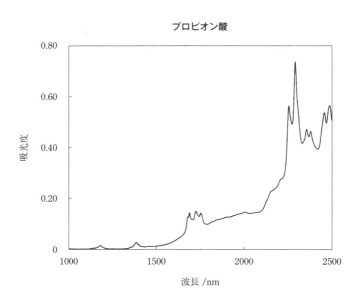

プロピオン酸

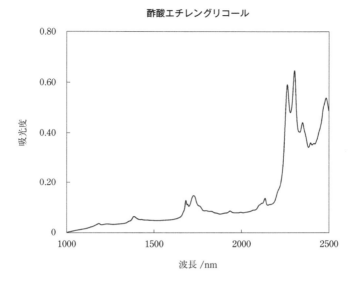

酢酸エチレングリコール

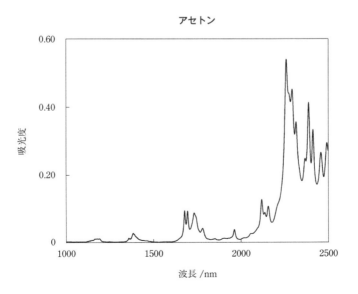

アセトン

付録 A　さまざまな物質の近赤外スペクトル

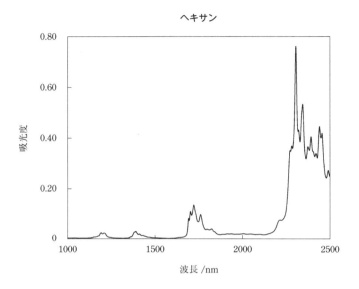

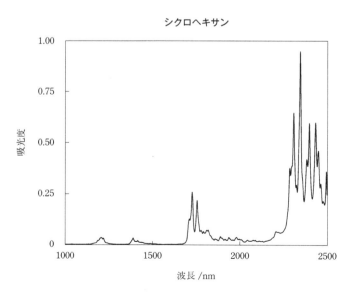

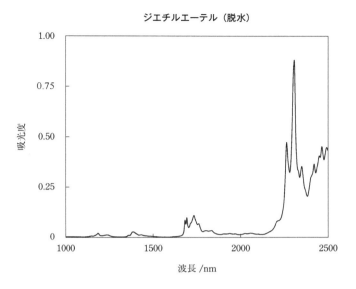

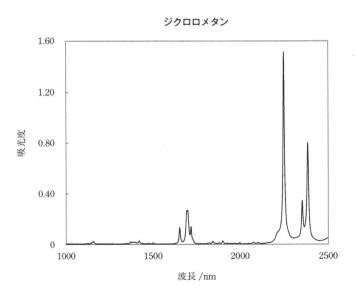

付録 A　さまざまな物質の近赤外スペクトル

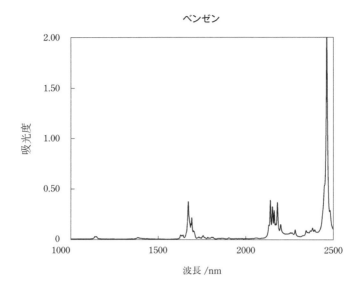

ベンゼン

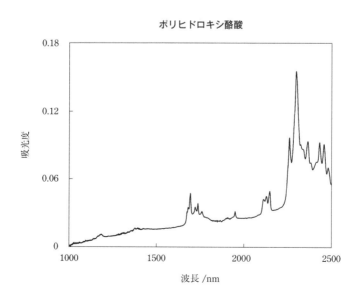

ポリヒドロキシ酪酸

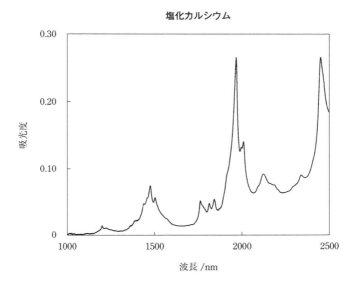

塩化カルシウム

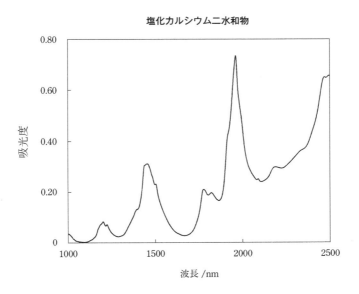

塩化カルシウム二水和物

付録 A　さまざまな物質の近赤外スペクトル

酢酸ナトリウム

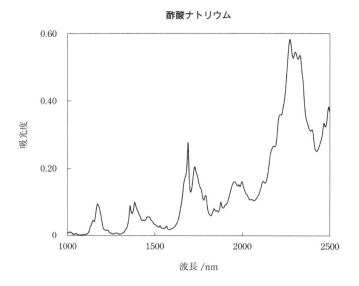

酢酸ナトリウム三水和物

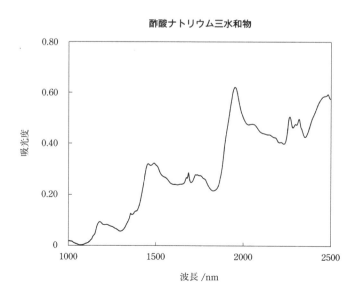

258

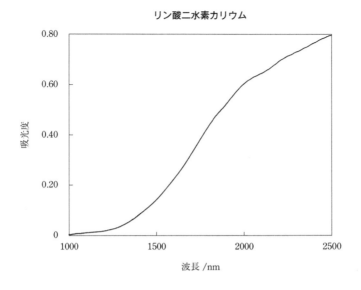

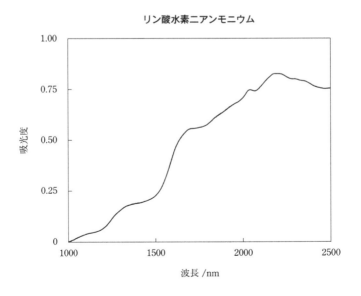

付録 A　さまざまな物質の近赤外スペクトル

ジブロモメタン

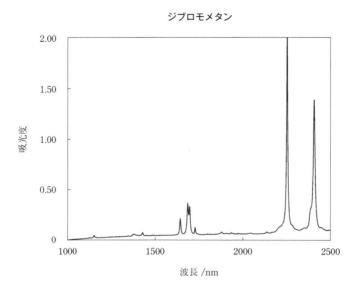

炭酸水素ナトリウム

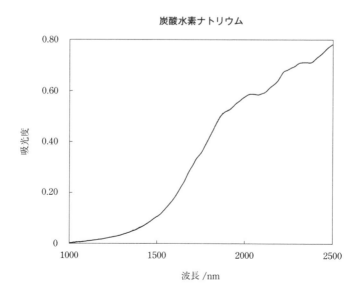

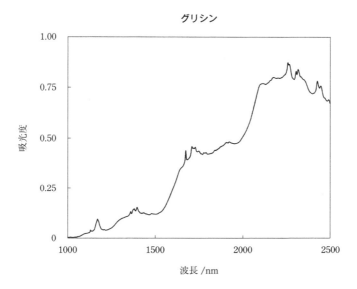

グリシン

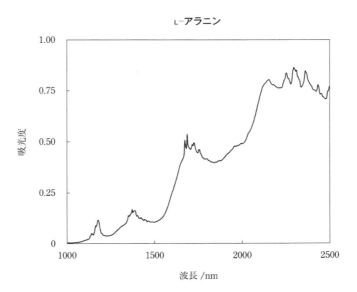

L-アラニン

付録A さまざまな物質の近赤外スペクトル

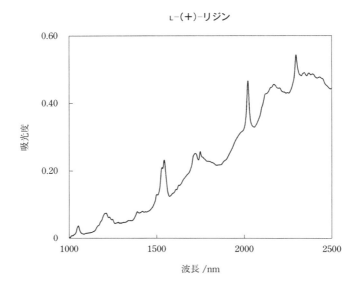

L-(＋)-リジン

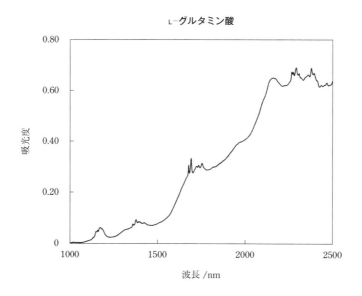

L-グルタミン酸

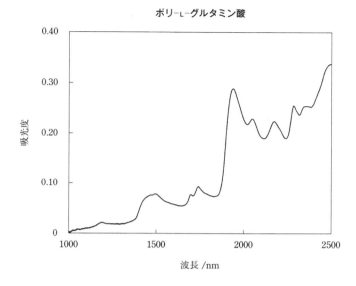

ポリ-L-グルタミン酸

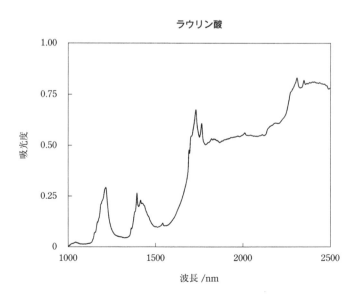

ラウリン酸

付録A　さまざまな物質の近赤外スペクトル

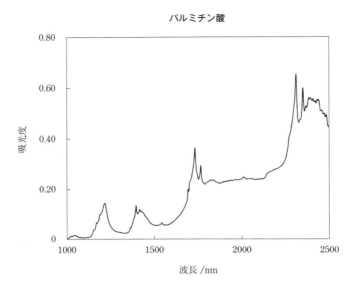

パルミチン酸

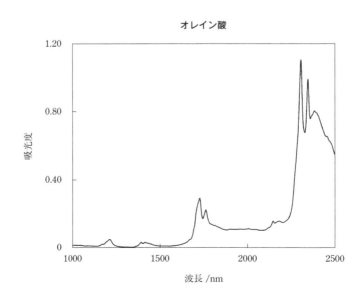

オレイン酸

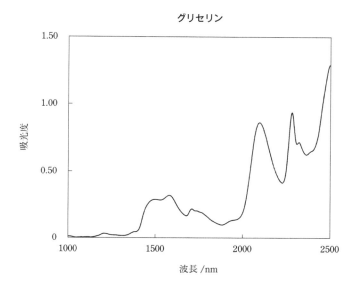

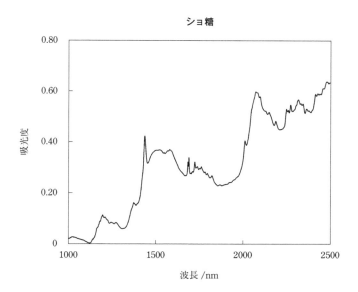

付録A さまざまな物質の近赤外スペクトル

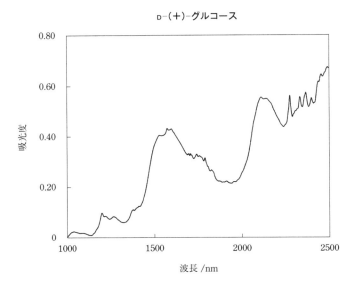

D-(＋)-グルコース

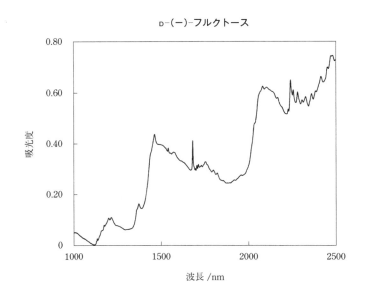

D-(−)-フルクトース

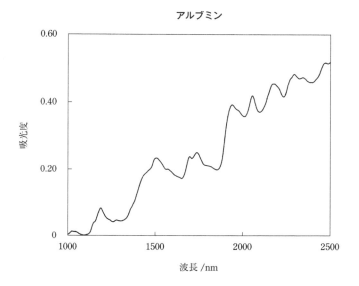

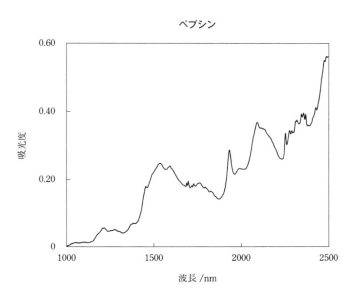

付録 A　さまざまな物質の近赤外スペクトル

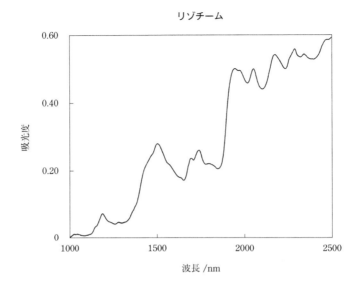

付録 B　グループ振動数表

グループ振動数表を使うにあたっての注意事項

　近赤外分光法のグループ振動数表を使うにあたって，最初に注意すべきことは，近赤外スペクトルには倍音・結合音によるバンドだけではなく，電子遷移によるバンドも観測されるということである．以下に示すグループ振動数表はもっぱら，倍音・結合音に関するものである．

　赤外・ラマン分光法のグループ振動数表はほぼ確立されていると考えてよいが，近赤外分光法では完全なグループ振動数表を作り上げることはきわめて難しい．それは言うまでもなく，多くの倍音・結合音が重なるからである．バンドの幅が広くなることも多い．フェルミ共鳴の影響もある．また倍音と結合音を判別することはしばしば困難である．したがって，グループ振動数表を見て，直ちにバンドの帰属を行うことは容易でないことも多い．振動数表はバンドの帰属の"探り針"と考えればよい．

　近い将来，倍音・結合音の量子化学計算が進み，簡単な分子については，帰属がかなり進む可能性はある．

倍音，結合音		波長領域/ nm	波数領域/ cm^{-1}	備考
(i) C，H 原子のみを含む基				
1) $-CH_3$ メチル				
	結合音	2275〜2285	4400〜 4380	CH 伸縮＋CH 変角
		1355〜1365	7380〜 7330	2×CH 伸縮＋CH 変角
		1010〜1020	9900〜 9800	2×CH 伸縮＋3×CH 変角
	第一倍音	1710〜1730	5850〜 5780	縮重伸縮振動の第一倍音
		1770〜1785	5650〜 5600	対称伸縮振動の第一倍音
	第二倍音	1150〜1165	8700〜 8580	縮重伸縮振動の第二倍音
		1190〜1200	8400〜 8330	対称伸縮振動の第二倍音
	第三倍音	870〜 885	11490〜11300	縮重伸縮振動の第三倍音
		900〜 910	11110〜10990	対称伸縮振動の第三倍音
2) $-CH_2$ メチレン				
	結合音	2320〜2350	4310〜4260	⎫ CH 伸縮＋CH 変角
		2300〜2350	4350〜4260	⎭
		1410〜1420	7090〜7040	⎫ 2×CH 伸縮＋CH 変角
		1390〜1400	7190〜7140	⎭
		1050〜1060	9520〜9430	

倍音，結合音	波長領域／nm	波数領域／cm^{-1}	備考
第一倍音	1735～1750	5760～5710	逆対称伸縮振動の第一倍音
	1780～1795	5620～5570	対称伸縮振動の第一倍音
第二倍音	1170～1180	8550～8470	逆対称伸縮振動の第二倍音
	1200～1210	8330～8260	対称伸縮振動の第二倍音
第三倍音	885～895	11300～11170	逆対称伸縮振動の第三倍音
	910～920	10990～10870	対称伸縮振動の第三倍音

3) −CH

第一倍音	1755～1775	5700～5630	
第二倍音	1185～1195	8440～8370	
第三倍音	900～910	11110～10990	

4) C＝C アルケン（ビニル，ビニリデン，ビニレンなど）

結合音	2340～2350	4270～4260	CH$_2$ 伸縮＋＝CH$_2$ 変角
	2185～2195	4580～4560	CH$_2$ 伸縮＋C＝C 伸縮
	2135～2145	4680～4660	＝CH 伸縮＋C＝C 伸縮
第一倍音	1675～1695	5970～5900	
	1645～1660	6080～6020	ビニル基
第二倍音	1130～1145	8850～8730	
	1110～1120	9010～8930	ビニル基
第三倍音	860～870	11630～11490	
	840～850	11900～11760	ビニル基

5) −C≡CH アルキン（エチニル）

第一倍音	1535～1545	6510～6470	
第二倍音	1035～1045	9660～9570	
第三倍音	780～790	12820～12660	

6) CH（芳香族）

結合音	1440～1450	6940～6900	2×CH 伸縮＋CH 変角
	1410～1420	7090～7040	2×CH 伸縮＋CH 変角
	1070～1085	9350～9220	2×CH 伸縮＋2×C–C 伸縮
第一倍音	1680～1690	5950～5920	
第二倍音	1130～1140	8850～8770	
第三倍音	850～860	11760～11630	

(ii) O 原子を含む基

7) H$_2$O（振動数は温度などの影響を大きく受ける）

結合音	1930～1940	5180～5150	OH 伸縮＋OH 変角
第一倍音	1450～1460	6900～6850	
第二倍音	975～985	10260～10150	
第三倍音	740～750	13510～13330	

8) 遊離−OH アルコール

結合音	2060～2090	4850～4780	OH 伸縮＋OH 変角
第一倍音	1395～1425	7170～7020	
第二倍音	2370～2390	4220～4180	OH 変角振動の第二倍音
	940～955	10640～10470	OH 伸縮振動の第二倍音
第三倍音	730～745	13700～13420	

倍音,結合音	波長領域/nm	波数領域/cm^{-1}	備考
9) 会合-OH アルコール			
第一倍音	1435～1480	6970～6760	分子内水素結合の場合
	1500～1595	6670～6270	分子間水素結合の場合
第二倍音	980～990	10200～10100	分子内水素結合の場合
	1035～1045	9660～9570	分子間水素結合の場合
10) COOH カルボン酸, COOR エステル			
(OH の倍音については 8), 9) のアルコールを参照のこと.			
ただし,遊離の OH の伸縮振動の倍音の波長はカルボン酸の方がいくぶん長い)			
第二倍音	1890～1920	5290～5210	カルボン酸の C=O の第二倍音
	1930～1950	5180～5130	エステルの C=O の第二倍音
11) C=O ケトン			
第二倍音	～1950	～5130	
12) CHO アルデヒド			
結合音	2190～2210	4570～4520	CH 伸縮+C=O 伸縮
13) O エポキシ			
第一倍音	1640～1650	6100～6060	CH 伸縮の第一倍音

(iii) N 原子を含む基

倍音,結合音	波長領域/nm	波数領域/cm^{-1}	備考
14) -NH$_2$ 第一級アミン			
結合音	1970～2010	5080～4980	NH 伸縮+NH 変角
第一倍音	1520～1540	6580～6490	NH$_2$ 対称伸縮振動の第一倍音
	1500～1520	6670～6580	NH$_2$ 逆対称伸縮振動の第一倍音
	1450～1480	6900～6760	ArNH$_2$
第二倍音	1020～1040	9800～9620	NH$_2$ 対称伸縮振動の第二倍音
	1000～1020	10000～9800	NH$_2$ 逆対称伸縮振動の第二倍音
	980～1020	10200～9800	ArNH$_2$
第三倍音	800～820	12500～12200	NH$_2$ 対称伸縮振動の第三倍音
	780～800	12820～12500	ArNH$_2$
	770～790	12990～12660	NH$_2$ 逆対称伸縮振動の第三倍音
15) -NH- 第二級アミン			
第一倍音	1490～1545		
第二倍音	1010～1040		
16) -CONH$_2$ 第一級アミド			
結合音	2140～2170	4670～4610	2×アミド I+アミド III
	2100～2130	4760～4690	NH 伸縮+アミド III
	2040～2060	4900～4850	⎫ NH 伸縮+アミド II
	1950～1970	5130～5080	⎭
第一倍音	1600～1620	6250～6170	分子間水素結合の場合
	1510～1530	6620～6540	分子内水素結合の場合
	1490～1510	6710～6620	NH$_2$ 対称伸縮振動の第一倍音
	1440～1460	6940～6850	NH$_2$ 逆対称伸縮振動の第一倍音
	2020～2040	4950～4900	アミド I の第二倍音
第二倍音	1070～1090	9350～9170	分子間水素結合の場合

付録 B　グループ振動数表

倍音, 結合音		波長領域／nm	波数領域／cm^{-1}	備考
		1015～1035	9850～9660	分子内水素結合の場合
		1000～1020	10000～9800	NH_2 対称伸縮振動の第二倍音
		970～990	10310～10100	NH_2 逆対称伸縮振動の第二倍音
17) −CONH−第二級アミド				
	結合音	2150～2170	4650～4610	2×アミド I＋アミド III
		2100～2120	4760～4720	NH 伸縮＋アミド III
		1990～2010	5030～4980	NH 伸縮＋アミド II
	第一倍音	1530～1670	6540～5990	水素結合
		1460～1510	6850～6620	遊離の場合
	第二倍音	1910～1930	5240～5180	アミド I の第二倍音
		1035～1120	9660～8930	水素結合
		1000～1050	10000～9520	遊離の場合

(iv) S または P 原子を含む基

18) −SH チオール
　　第一倍音　　1735～1745　　5760～5730

19) P−OH リン酸, ホスホン酸, ホスフィン酸
　　第一倍音　　1900～1910　　5260～5240　　OH 伸縮振動の倍音

20) PH ホスホン酸エステル, ホスフィン酸エステル, ホスフィンオキシド
　　第一倍音　　1890～1900　　5290～5260

「分光法シリーズ」刊行にあたって

　分光学は，電磁波（光）と物質の相互作用を介して物質の構造や性質を解き明かすという基礎学術の分野として，より精密，より高感度，より高速を目指して大きく発展してきました．一方で，分光学は，人々の安全・安心ならびに健康や高度な産業を支える先端的な計測技術・装置の基盤となる技術を社会に提供してきました．そして，分光機器やレーザー光源，解析装置などの著しい進展とも相まって，いまや従来の物理学や化学の分野の枠を越えて，その応用分野は産業分野から生命科学そして医療や宇宙にまで著しく拡大しています．

　本シリーズは，このような進展著しい分光学に対する学術分野ならびに産業界からの切実なニーズに応えるべく企画されました．各巻では，現代に見合った新しいコンセプトを盛り込みつつも，次のような編集方針が貫かれています．すなわち，

（ⅰ）およそ20年は陳腐化しない内容とする．
（ⅱ）研究に取り組む者が最初に手に取るべき教科書とする．
（ⅲ）原理から応用までを解説する．応用については概念を重視する．
（ⅳ）刊行時点での一過性のトピックスを取り上げることはせず，すでに確立している概念・手法を解説する．
（ⅴ）付録の充実を図り，日々密に携えて活用される指針書とする．

などです．

　新シリーズは「分光法シリーズ」と名付け，当学会がその内容に責任をもって企画・編集・執筆などにあたります．本シリーズは，大学院修士課程以上の研究者や企業の専門職層を対象とし，分光法そのものを専門とする読者だけでなく，それを利用する広範な科学技術分野の研究者にも役立つ内容を目指しています．

　本シリーズが社会的要請に合致したものとして受け入れられ，わが国の科学の発展と産業競争力の向上に資するべく，遍く活用されることを願うものであります．

2014 年春
公益社団法人日本分光学会
出版広報委員長　鈴木榮一郎
会長　緑川　克美

索引

■欧文

ab initio 法　86
AOTF　101
ATR 法　142
BK7　117
Brix 値　184
CCD　116
CH 伸縮振動　152
CMOS　116
Connes 優位性　114
C=O 伸縮振動の倍音　140
CVF　104
DFT 法　84
EEG　215
Fellgett 優位性　114, 120
fMRI　215
fNIRS　123
FT-NIR　5
F 値　111
GaAlAs　99
GaAs　99
GAMESS　90
Gaussian　90
Hershel 領域　7
HgCdTe　232
HIS　181
InAs　115
InGaAs　99, 115, 233
InSb　115
Jacquinot 優位性　114
LCTF　105
LD　100
LED　99
LVF　104
MCR-ALS　149
MCT　232
MEG　215
MSC　59
multiplicative scatter correction　59
OCPLS　180
OH 伸縮振動　146
PAT　167, 200
PCA　60
PCMW2D 法　82
PET　215
PLS 回帰分析　68, 70, 205
PMT　116
PTFE　125
RMSE　68
RSS　67
scaling factor　88
scaling 補正　89
SEV　207
SIMCA　180
SMA　50
SNV　57
SPECT　215
standard normal variate　57
SVM　181
TFDRS　184
TGS　232
TOF-NIRS　186
wavenumber linear scaling 法　89
WMA　50

■和文

ア

アウトライヤー　66, 74
後分光　98
アポダイジング関数　113
アポダイゼーション　113

索引

アミド基のグループ振動　28
アミノ酸　179
アルコール
　　──と水の相互作用　151
　　──と溶媒の相互作用　146
アルコール発酵　171
イオン液体　137
異時相関スペクトル　78
一般化二次元相関分光法　76, 78
イメージセンサー　116
医薬品　200
インジウムアンチモン　115
インジウムガリウムヒ素　115, 233
インジウムヒ素　115
インターフェログラム　112
インタラクタンス法　121, 122
インライン分析　170
液晶チューナブルフィルター　105
エタノール　142
エバート-ファスティ配置　111
エリアイメージセンサー　116
凹面回折格子配置　111
オクタン酸　12
オーバーフィット　68
重み関数　50, 51
オレイン酸　135
音響光学波長可変フィルター　101, 106
温度制御　126
オンライン分析　12

カ

回帰係数　128
回帰分析　66
回折　108
回折格子　108, 169
回折効率　109
回転エネルギー準位　15
拡散反射光　38
拡散反射法　121, 122
可視近赤　115
加重移動平均　50
カップリングモード　44

カーブフィット　145
ガリウムヒ素　99
顆粒　204
還元型ヘモグロビン　99
干渉フィルター　102, 169
機差補正法　129
基準振動　20, 26, 28
　　──数　20
　　──の特性帯　44
帰属　43, 48
基本音　30
基本準位　30
逆対称伸縮振動　26, 44
逆対称面内変角振動　44
逆問題計算　188
キャリブレーション　128
キャリブレーションセット　68
吸光度　19, 123
吸収スペクトル　19
吸収率　17
共線性　69
鏡面反射法　38
許容遷移　17
近近赤外領域　7
禁制遷移　17
近赤外 *in vivo* イメージング　223
近赤外イメージング　229
　　──装置　233
　　　　高速・広域タイプの──　237
　　　　高速・小型タイプの──　235
近赤外光　1, 7
近赤外スペクトル　8
　　──の前処理　49
近赤外電子吸収スペクトル　9
近赤外脳機能計測法　123
近赤外ハイパースペクトラルイメージング　183
近赤外バンド　43
　　──の特徴　10
近赤外分光法の特色　11
クベルカ-ムンク関数　38, 50
クベルカ-ムンクの式　38

索　引

グループ振動　27, 43
グレーティング方程式　108
クロスバリデーション　68
グローバー　99
クロロホルム　44
経験的分子軌道法　86
結合音　30
結合音準位　30
結晶化度　247
決定係数　68
ケモメトリックス　59
減衰全反射法　142
検量　128
校正　128
光電子増倍管　116
高反射材料　117
高分子材料　156, 243
光路長　123
穀類　179
誤差　67
誤差の二乗平均平方根　68
固体レーザー　100
コーヒー　190
個別検出器　116
孤立モード　44
混合物モデル　133

サ

サーキュラバリアブルフィルター　104
差スペクトル　55, 144
撮像法　230
サトウキビ　180
サビツキー–ゴーレイ法　52, 53
サファイア　117
サポートベクターマシン　181
酸化型ヘモグロビン　99
残差平方和　67
ジクロロメタン　44, 45
脂質　179
シトクロム c オキシダーゼ　212
脂肪酸　135
1,2-ジメチルヒドラジン　87

遮光材料　117
重回帰分析　67
重水　47
重水素置換　47
縮重振動　27
主成分　63
主成分回帰分析　68, 69
主成分分析　60
順問題計算　188
錠剤　201, 239, 241
ショットノイズ　119
シリコンフォトダイオード　115
試料温度　49
試料室　114
試料の均一化　126
シングルビームスペクトル　55, 121
シングルビーム方式　98
振動エネルギー準位　14
振動自己無撞着場法　84
振動量子数　17
水産物　192
水分　179, 242
スコア　63
スーパーコンティニュアム光　101
スペクトラロン　125
スペクトル　113
スペクトルデータの行列表記　61
スペックル　101
生体の窓　8, 212
正反射法　38
赤外活性　26
赤外不活性　26
赤外・ラマン交互禁制律　27
積算回数　50
積分吸収係数　19
摂動相関ムービングウィンドウ二次元相関分光法　82
説明変数　62
セラミックス板　125
セル長　124
セルロース　157, 195
遷移確率　14

索　引

遷移双極子モーメント　17, 25
選果システム　183
選択律　17, 25
センタリング　56, 78
占有数　16
相関係数　68
走査法　230
測定条件　126
その場分析　12

タ

第一倍音　30
対称伸縮振動　26, 44, 132
対称面外変角振動　44
対称面内変角振動　44
第二倍音　30
多原子分子の振動　26, 29
多重スリット　108
縦ゆれ振動　27, 44
ダブルビーム方式　98
単回帰分析　67
単純移動平均　50
短波近赤外領域　7
タンパク質　179
チタンサファイアレーザー　101
中心化　56, 78
調和振動　20, 24
調和振動子近似　20
ツェルニーターナー配置　111
ディスクリート検出器　116
低反射材料　117
低密度ポリエチレン　64
テオフィリン　207
テストセット　128
テフロン　126
電子エネルギー準位　14
電場変調近赤外分光法　142
デンプン　179
透過材料　116
透過反射法　121
透過法　121
透過率　17

同時相関スペクトル　78
糖度　127
特性帯　28, 43
土壌　188
トランセプト干渉計　169
トレーニングセット　127
トレンド除去　58

ナ

ニクロム線ヒーター　99
二原子分子　20, 23
二酸化炭素
　　──の基準振動　26
　　──のフェルミ共鳴　36
二次・三次多項式適合　51
二次元相関分光法　75
ノイズ除去　50, 118

ハ

倍音　30
倍音準位　30
ハイパーキューブ　230, 231
灰分　179
はさみ振動　27, 44
波長分散　108
バックグラウンド測定　121
発光ダイオード　99
バリアブルフィルター　104
バリデーション　68, 128
パルスオキシメーター　99, 100, 213
パルス発振型　100
ハロゲンランプ　98
半経験的分子軌道法　86
反対称伸縮振動　132
バンド　43
半導体レーザー　100
光拡散方程式　186
光チョッパー　115
光トポグラフィー検査　217
光ファイバー　12, 117
非経験的分子軌道計算法　86
飛行時間型近赤外分光法　186

277

索　　引

非侵襲分析　170
ひずんだ水素結合モデル　133
非接触分析　12
非調和結合　140
非調和項　32
非調和性　31, 32, 130
非調和定数　32
ひねり振動　27, 44
非破壊分析　12
微分スペクトル　53
ヒルベルトー野田変換行列　78
ピンクノイズ　115, 118
フィルター型分光方式　102
フェルミ共鳴　35
不透明試料　125
部分最小二乗回帰分析　68
ブラッグ回折　107
ブランク試料　125
フーリエ変換分光法　111, 169
ブレーズ型　110
プリズム　108
フロスト板　125
プロセス分析技術　167, 200
分光器の戦場　4, 99
分散型分光方式　107
分子配向状態　49
ベースライン補正　56
ヘテロ二次元相関分光法　82
ヘミセルロース　195
ヘモグロビン　212
変角振動　26, 132
偏光材料　118
偏光子　118
ボーアの振動数条件　14
ポリクロメーター　116, 169
ポリ乳酸　243
ポリヒドロキシブタン酸　157, 243
ポリマーブレンド　156, 243
ホワイトノイズ　119

マ

マイケルソン干渉計　111

前分光　98
マッピング　230
ミオグロビン　212
水
　——二量体　134
　——の基準振動　26, 132
　——の水素結合　146
密度汎関数法　84, 86
ミラー　117
メタンハイドレート　154
N-メチルアセトアミド　28
面外変角振動　27
面内変角振動　27
木材　195
木質バイオマス　195
モースのポテンシャル関数　31
モノクロメーター　116
モル吸光係数　19

ヤ

溶液濃度　48
溶融石英　117
横ゆれ振動　27, 44

ラ

ラグランジュの運動方程式　21
ラマンーナス回折　106
ランベルトーベールの法則　17, 123, 124
リグニン　195
リトロー配置　111
リニアイメージセンサー　116
リニアバリアブルフィルター　104
リファレンス　125
リファレンス測定　121
硫化鉛　115
硫酸トリグリシン　232
リヨ・フィルターの原理　105
量子化学計算　83
臨床検査　218
連続光発振型　100
ロションプリズム偏光子　118
ローディング　63

編著者紹介

尾崎　幸洋　理学博士
1978年大阪大学大学院理学研究科博士課程修了．カナダ国立研究所（NRC）研究員，東京慈恵会医科大学助手・講師，関西学院大学理学部助教授を経て，1993年より関西学院大学理学部教授．学部改変により2001年より関西学院大学理工学部教授．現在は関西学院大学名誉教授，大学フェロー．

NDC 433　286 p　21cm

分光法シリーズ　第2巻
近赤外分光法

2015年3月23日　第1刷発行
2022年6月20日　第5刷発行

編著者	尾崎幸洋
発行者	髙橋明男
発行所	株式会社　講談社

〒112-8001　東京都文京区音羽2-12-21
販　売　(03) 5395-4415
業　務　(03) 5395-3615

KODANSHA

編　集　株式会社　講談社サイエンティフィク
代表　堀越俊一
〒162-0825　東京都新宿区神楽坂2-14　ノービィビル
編　集　(03) 3235-3701

DTP　株式会社双文社印刷
印刷・製本　株式会社KPSプロダクツ

落丁本・乱丁本は，購入書店名を明記のうえ，講談社業務宛にお送り下さい．送料小社負担にてお取替えします．なお，この本の内容についてのお問い合わせは講談社サイエンティフィク宛にお願いいたします．定価はカバーに表示してあります．

© Yukihiro Ozaki, 2015

本書のコピー，スキャン，デジタル化等の無断複製は著作権法上での例外を除き禁じられています．本書を代行業者等の第三者に依頼してスキャンやデジタル化することはたとえ個人や家庭内の利用でも著作権法違反です．

JCOPY 〈(社)出版者著作権管理機構 委託出版物〉
複写される場合は，その都度事前に(社)出版者著作権管理機構（電話 03-5244-5088, FAX 03-5244-5089, e-mail: info@jcopy.or.jp)の許諾を得て下さい．

Printed in Japan

ISBN 978-4-06-156902-7

講談社の自然科学書

学生、研究者に最適な実用書。
付録も充実。研究室には必ず1冊!!

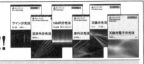

分光法シリーズ ＜日本分光学会・監修＞

1巻 ラマン分光法
濱口 宏夫／岩田 耕一・編著
A5・224頁・定価4,620円
[目次]
- 第1章　ラマン分光
- 第2章　ラマン分光の基礎
- 第3章　ラマン分光の実際
- 第4章　ラマン分光の応用

2巻 近赤外分光法
尾崎 幸洋・編著
A5・288頁・定価4,950円
[目次]
- 第1章　近赤外分光法の発展
- 第2章　近赤外分光法の基礎
- 第3章　近赤外スペクトル解析法
- 第4章　近赤外分光法の実際
- 第5章　近赤外分光法の応用
- 第6章　近赤外イメージング

3巻 NMR 分光法
阿久津 秀雄／嶋田 一夫／鈴木 榮一郎／
西村 善文・編著
A5・352頁・定価5,280円
[目次]
- 第1章　核磁気共鳴法とは―その特徴および発見と展開の歴史
- 第2章　NMRの基本原理
- 第3章　NMR測定のためのハードとソフト
- 第4章　有機化学・分析化学・環境科学への展開と産業応用
- 第5章　生命科学への展開
- 第6章　物質科学への展開

4巻 赤外分光法
古川 行夫・編著
A5・306頁・定価5,280円
[目次]
- 第1章　赤外分光法の過去・現在・未来
- 第2章　赤外分光法の基礎
- 第3章　フーリエ変換赤外分光測定および分光計
- 第4章　赤外スペクトルの測定
- 第5章　赤外スペクトルの解析
- 第6章　赤外分光法の先端測定法

5巻 X 線分光法
辻 幸一／村松 康司・編著
A5・368頁・定価6,050円
[目次]
- 第1章　X線分光法の概要
- 第2章　X線要素技術
- 第3章　蛍光X線分析法
- 第4章　電子プローブマイクロアナリシス（EPMA）
- 第5章　X線吸収分光法
- 第6章　X線分光法の応用

6巻 X 線光電子分光法
髙桑 雄二・編著
A5・368頁・定価6,050円
[目次]
- 第1章　固体表面・界面分析の必要性と課題
- 第2章　X線光電子分光法の基礎
- 第3章　X線光電子分光法の実際
- 第4章　X線光電子分光イメージング
- 第5章　X線光電子分光法の応用
- 第6章　X線光電子分光法の新たな展開

7巻 材料研究のための分光法
一村 信吾／橋本 哲／飯島 善時・編著
A5・288頁・定価5,500円
[目次]
- 第1章　本書のねらい
- 第2章　分光分析法の選択に向けて
- 第3章　材料研究への分光法の適用―事例に学ぶ
- 第4章　分光法各論

8巻 紫外可視・蛍光分光法
築山 光一／星野翔麻・編著
A5・336頁・定価5,940円
[目次]
- 第1章　紫外・可視分光の基礎
- 第2章　吸収／反射分光法
- 第3章　蛍光分光法
- 第4章　円偏光分光法
- 第5章　紫外・可視領域におけるレーザー分光計測法

表示価格は消費税（10%）込みの価格です。　　　「2022年5月現在」

講談社サイエンティフィク　https://www.kspub.co.jp/